Adapter l'Île-de-France aux risques de raréfaction de l'eau

OCDE
DES POLITIQUES MEILLEURES
POUR UNE VIE MEILLEURE

Ce document, ainsi que les données et cartes qu'il peut comprendre, sont sans préjudice du statut de tout territoire, de la souveraineté s'exerçant sur ce dernier, du tracé des frontières et limites internationales, et du nom de tout territoire, ville ou région.

Merci de citer cet ouvrage comme suit :
OCDE (2025), *Adapter l'Île-de-France aux risques de raréfaction de l'eau*, Éditions OCDE, Paris, https://doi.org/10.1787/270e92ac-fr.

ISBN 978-92-64-44887-2 (imprimé)
ISBN 978-92-64-43345-8 (PDF)
ISBN 978-92-64-95920-0 (HTML)

Crédits photo : Couverture © Marc Bruxelle/Shutterstock.com.

Les corrigenda des publications de l'OCDE sont disponibles sur : https://www.oecd.org/fr/publications/support/corrigenda.html.

Avant-propos

En 2024, des villes comme Le Cap en Afrique du Sud et Barcelone en Espagne ont échappé de peu à une pénurie d'eau. Elles ont dû imposer des restrictions strictes après trois ans de sécheresse. Au Cap, les habitants ont été limités à 50 litres par personne et par jour, tandis que Barcelone s'est efforcée de maintenir la consommation en dessous de 200 litres par jour.

Les habitants des grandes villes sont particulièrement vulnérables au manque d'eau, car l'imperméabilisation des sols réduit la capacité des nappes souterraines à se recharger. De plus, les températures en hausse aggravent les phénomènes comme les îlots de chaleur urbains. D'ici 2050, deux fois plus de citadins qu'aujourd'hui – soit environ deux milliards – devraient être exposés aux sécheresses.

Le changement climatique accentue ces tendances : les températures plus élevées assèchent les sols plus rapidement, et la variabilité des précipitations fait chuter les niveaux des nappes phréatiques à des seuils critiques, surtout lors des périodes où la demande en eau est la plus forte. La durée, la fréquence et la sévérité des sécheresses ont augmenté dans de nombreuses régions du monde. En Europe, par exemple, on a observé une hausse de 29 % du nombre et de la durée des sécheresses depuis 2000, par rapport aux deux décennies précédentes.

La capitale de la France, Paris, n'est pas encore confrontée à des crises telles qu'ont pu connaître Le Cap ou Barcelone, mais les sécheresses deviennent une menace croissante pour les habitants et les autorités publiques. Bien que 2024 ait été parmi les plus pluvieuses de l'histoire, les sécheresses successives de 2022 et 2023 ont laissé des déficits hydriques records. En 2019, des restrictions ont été imposées à l'agriculture pour préserver les usages essentiels, et en 2003, plus de 60 % des cultures ont été détruites par la sécheresse. Ces extrêmes illustrent comment le changement climatique bouleverse les régimes de précipitations, favorisant l'alternance d'épisodes de sécheresses prolongées et de pluies torrentielles.

Si la région parisienne dépend moins de la production agricole pour son bien-être économique que d'autres régions, la diminution des ressources en eau a de nombreuses répercussions : la production d'énergie dépend non seulement de la quantité d'eau disponible, mais aussi de son refroidissement suffisant. L'industrie et le transport fluvial dépendent également d'un approvisionnement constant en eau.

Notre rapport montre qu'une sécheresse sévère pourrait coûter jusqu'à 2,5 milliards d'euros à l'économie francilienne, sans compter les dégâts, parfois irréversibles, sur les écosystèmes et les ressources en eau dont dépend l'approvisionnement en eau.

Ce rapport souligne que la robustesse historique des infrastructures de la région pourrait s'avérer insuffisante pour faire face aux sécheresses futures, générant des impacts sociaux, environnementaux et économiques plus graves. Ce rapport appelle à mieux évaluer l'exposition aux sécheresses et à renforcer les politiques et les investissements pour limiter les risques. Il insiste sur la nécessité d'améliorer la gestion de l'offre et de la demande en eau pour préserver la résilience de la région parisienne face à ces défis.

Jo Tyndall

Directrice de la Direction de l'Environnement

OCDE

Remerciements

Ce rapport a été élaboré par la Direction de l'environnement de l'OCDE dirigée par Jo Tyndall, sous la supervision de Walid Oueslati, Chef de la Division du climat, de l'eau et de la biodiversité à la Direction de l'environnement de l'OCDE.

Il a été rédigé par Sophie Lavaud sous la direction de Catherine Gamper, Chef d'équipe Adaptation au changement climatique et résilience de l'OCDE. Simon Touboul a réalisé et rédigé la partie sur l'analyse économique. Le rapport a bénéficié des recherches d'Anaïs Rault et Jiyul Shin de la Direction de l'environnement de l'OCDE.

Les auteurs remercient les responsables de l'organisme de bassin EPTB Seine Grands Lacs (Emmanuelle Lucas, Charlotte Barbé et Philippe Riboust), de la Métropole du Grand Paris (Claire Beyeler, Bertille Puidebat et Marie Berdoulay) et de la Ville de Paris (Pierre Musseau, Agathe Cohen, Noémie Fompeyrine, Marie-Pierre Padovani, Bruno Gouyette) pour leurs conseils et le soutien inestimables et continus apportés tout au long de ce dialogue politique.

Les auteurs tiennent à remercier les responsables des ministères de l'environnement, de l'agriculture, des finances, de l'intérieur au niveau national et régional, l'Agence de la transition écologique (ADEME), l'Office national des forêts (ONF) et l'Office national de la biodiversité (OFB), l'Agence de l'eau Seine-Normandie, le Syndicat régional de l'eau SEDIF, Eau de Paris, Aquavesc mais aussi Suez et Veolia, Voies Navigables de France, Haropa Ports Paris, les producteur (EDF) et distributeur d'énergie (RTE) français mais aussi Fraîcheur de Paris et la CPCU en charge des réseaux de froid et de chaleur, le Syctom (valorisation énergétique des déchets), les collectivités territoriales, départementales et municipales d'Île-de-France, l'Institut Paris Région et l'Agence parisienne d'urbanisme (APUR), les chambres régionales d'industrie et d'agriculture, l'association Aqui'Brie ainsi que France Nature Environnement et le PIREN Seine, mais aussi les chercheurs du BRGM, de Météo France ou de l'INRAE pour avoir partagé leur expertise et leurs précieuses informations pour l'élaboration de ce rapport. Enfin, l'étude économique a bénéficié de l'expertise du laboratoire économique français, le CIRED.

Les auteurs remercient les collègues suivants de l'OCDE pour leurs commentaires sur les versions antérieures du rapport : Xavier Leflaive, Mikaela Rambali, Delia Sanchez Trancon, Sophie Tremolet et Oriana Romano. Les auteurs souhaitent également remercier leurs pairs internationaux qui ont contribué au dialogue politique, notamment Daniel Bicknell, responsable de l'adaptation climatique à la Greater London Authority, Hans Gherels, responsable mondial de la résilience urbaine à l'Institut Deltares et Maria José Chesa Maria, responsable du service environnemental et des relations extérieures à la mairie de Barcelone. Enfin, les auteurs remercient Charlotte Raoult, Camilo Jimenez, Sora Choi, Sama Al Taher Cucci, Beth Del Bourgo, William Foster et Catherine Bremer pour leur soutien administratif et de communication inestimable.

Le soutien financier de la Ville de Paris, de la Métropole du Grand Paris et de l'EPTB Seine Grands Lacs pour l'élaboration de ce rapport est grandement apprécié.

Table des matières

GRAPHIQUES

TABLEAUX

ENCADRÉS

Résumé exécutif

La région Île-de-France ou région parisienne (« la région ») est exposée à un risque croissant de sécheresse. En 2018, la canicule estivale qui a suivi un printemps exceptionnellement sec a obligé les autorités à imposer temporairement des restrictions d'usage de l'eau dans la région. La sécheresse de 2022 a entraîné des déficits en eau records et perturbé l'état des cours d'eau. Le changement climatique est l'une des principales causes des tendances observées. Depuis 1990, les températures moyennes ont progressé de 2 °C et l'humidité moyenne des sols a diminué de 5 %. D'après les projections, la région devrait observer une baisse des précipitations estivales et une amplification de l'évapotranspiration sous l'effet de l'augmentation continue des températures. Ces conditions augmentent la probabilité de survenue de sécheresses sévères.

Outre la modification du climat, le développement socio-économique accentuera le risque de sécheresse à l'avenir. Concentrant près de 20 % de la population et un tiers de la production économique du pays, l'Île-de-France affiche une demande en eau importante. L'agriculture, qui occupe 50 % de sa superficie, a vu ses besoins en eau plus que doubler depuis 2012 et ceux-ci devraient encore accroître de 45 % d'ici à 2050 selon les trajectoires actuelles. L'industrie manufacturière, la navigation fluviale et la production d'énergie aussi sont fortement tributaires des ressources en eau. L'étalement urbain a aggravé le risque de sécheresse en amplifiant l'artificialisation des sols et en faisant obstacle à la recharge des nappes phréatiques et au stockage souterrain. Les efforts de lutte contre les îlots de chaleur urbains, par exemple par la création d'espaces verts, sont également de nature à faire augmenter la demande en eau.

Jusqu'à présent, la région s'est montrée résiliente aux sécheresses. Elle bénéficie d'un solide réseau d'infrastructures fluviales. Quatre lacs réservoirs y jouent un rôle crucial dans le maintien des niveaux d'eau et garantissent l'approvisionnement en eau potable et en eau à usage industriel, agricole et énergétique lorsque les ressources en eau se raréfient. Le réseau d'eau potable de la région affiche un taux de fuites plus faible que toutes les autres villes françaises et les principales villes européennes. Des sources souterraines variées et l'interconnexion d'une partie des réseaux de distribution d'eau confèrent à la région une relative sécurité d'approvisionnement en eau potable.

Néanmoins, un épisode de sécheresse majeur pourrait gravement perturber les activités économiques, engendrant des coûts économiques pouvant atteindre 2.5 milliards EUR. En nous basant sur les sécheresses historiques comme celles de 1921 et 1976, nous modélisons dans ce rapport trois scénarios de la raréfaction future de l'eau sous l'effet de la modification des conditions climatiques. Il en ressort que les répercussions économiques des possibles sécheresses pourraient varier entre 1.4 milliard EUR en 2050 et 2.45 milliards EUR en 2100. Les coûts directs représenteraient 70 % du coût économique total. Les industries manufacturières et l'agriculture seraient en première ligne. Le recul de la production agricole se répercuterait sur le secteur alimentaire et d'autres branches économiques seraient touchées indirectement par la baisse de la production manufacturière. L'Île-de-France étant la première région importatrice et exportatrice du pays, le manque à produire pourrait également avoir un impact économique sur d'autres régions françaises (pouvant atteindre 330 millions EUR) et européennes (pouvant atteindre 170 millions EUR). Il faut y ajouter les dommages causés au bâti par le phénomène de retrait des argiles sous l'effet de la sécheresse, qui sont estimés à environ 300 millions EUR. Outre les incidences économiques, les importations d'eau potable dans la région risquent de provoquer des conflits avec les agriculteurs d'autres régions, tandis que les sécheresses menacent les écosystèmes et le bien-être.

Pour limiter l'impact des sécheresses futures, la région doit redoubler d'efforts en matière d'adaptation au changement climatique

Si la réduction des prélèvements d'eau est un objectif prioritaire des pouvoirs publics, les efforts consentis par le passé suggèrent une marge de manœuvre limitée. Dans la région, le volume total des prélèvements d'eau a diminué de 14 % depuis 2012 et doit baisser encore de 10 % d'ici à 2030 (et de 14 % dans le cas de l'eau potable). Étant donné que la consommation d'eau des ménages et la part de prélèvements d'eau pour les usages agricoles sont déjà inférieures à la moyenne nationale, ces objectifs constituent un défi.

Les stratégies de gestion des sécheresses et les instruments d'aménagement en place mériteraient de faire l'objet d'une solide évaluation des risques et d'une approche coordonnée, inscrite dans une perspective de long terme. Les stratégies nationales et infranationales existantes classent la sécheresse parmi les risques critiques, mais elles ont un horizon temporel limité à 2030 et ne reflètent pas les tensions à plus long terme que provoquera le changement climatique. Elles ne proposent pas d'évaluation rigoureuse du risque de sécheresse, et notamment des évolutions prévisibles de l'offre et de la demande en eau. Enfin, si les objectifs concernant le risque de sécheresse sont cohérents entre les différents échelons, ils restent à intégrer dans les politiques sectorielles.

Pour cibler efficacement les mesures d'adaptation aux sécheresses, il est essentiel de disposer de données complètes sur les usages actuels de l'eau. L'absence de compteurs d'eau complique la compréhension des modes de consommation de différents groupes de consommateurs (ménages, entreprises, communes...) et empêche ainsi de cibler efficacement les mesures d'adaptation. Ce problème concerne aussi les irrigants et les usagers industriels, qui déclarent leurs prélèvements seulement lorsqu'ils dépassent un certain seuil.

Il serait possible d'assurer une allocation plus stratégique de l'eau *ex ante* dans une optique d'adaptation aux risques de sécheresse à venir. Actuellement, les régimes d'allocation de l'eau ne tiennent pas compte de la rareté de la ressource. Les usagers peuvent procéder à des prélèvements illimités s'ils démontrent que la ressource ou les écosystèmes plus généralement n'en pâtiront pas. C'est seulement en période de sécheresse sévère que des régimes d'allocation plus stricts sont appliqués. Or, des initiatives concertées comme AQUI'Brie, association créée pour gérer une nappe de la région, démontrent que les usagers peuvent décider collectivement de règles d'allocation de l'eau afin de réduire les prélèvements sur le long terme.

Le recours aux ressources en eau non conventionnelles pourrait grandement contribuer à l'efficacité d'utilisation de l'eau à l'avenir. La réutilisation des eaux industrielles et la collecte des eaux de pluie et de drainage pour l'irrigation communale et domestique et le nettoyage des rues se popularisent. Une plus grande sensibilisation à ces possibilités et la levée des obstacles réglementaires permettront d'amplifier cette tendance.

Une stratégie de financement à long terme, traduisant une démarche à l'échelle de l'ensemble de la société, est nécessaire pour stimuler l'investissement dans la résilience aux sécheresses. Pour étayer cette stratégie, il est primordial d'évaluer les besoins de financement pour mettre en œuvre les mesures d'adaptation requises tous secteurs confondus, ainsi que d'identifier les obstacles actuels de financement. Il importe de veiller à la viabilité des mécanismes d'assurance comme le régime de catastrophes naturelles CatNat. Il est également crucial que les financements liés aux sécheresses soient intégrés dans l'ensemble des budgets concernés, dont les fonds nationaux de gestion des catastrophes.

En outre, pour encourager des mesures de long-terme telles que la transition vers des cultures agricoles résistantes à la sécheresse, il peut être nécessaire de considérer des mécanismes incitatifs (financiers ou technologiques) pour rendre une telle démarche rentable.

Augmenter les tarifs de l'eau et rendre les dispositifs de financement existants davantage efficients pourraient permettre d'accroître les financements requis pour s'adapter au risque de sécheresse. Face à l'inélasticité de la demande eau aux prix dans la région, il est peu probable qu'une simple hausse de prix soit suffisante pour ramener la consommation d'eau des ménages à des niveaux souhaitables. Néanmoins, l'augmentation du prix de l'eau pourrait contribuer à combler le déficit de financement suscité par la baisse de revenus conséquente à une diminution des prélèvements mais aussi lié aux besoins accrus en matière d'adaptation. En outre, des financements sectoriels existants comme les fonds européens destinés à l'agriculture pourraient être adaptés pour tenir compte plus concrètement des besoins de réduction des risques de sécheresse.

1 Évaluation et recommandations

Ce chapitre présente les principaux résultats de l'évaluation des risques et des politiques mises en œuvre en Ile-de-France pour faire face aux risques de raréfaction de l'eau induits par les sécheresses favorisées par le changement climatique. L'évaluation réalisée par l'OCDE identifie 22 recommandations pour aider la région parisienne à renforcer sa résilience.

1.1. La sécheresse en Île-de-France dans le contexte du changement climatique : vers un risque de raréfaction de l'eau

1.1.1. Le risque de sécheresse a augmenté en Île-de-France

Les sécheresses sont un phénomène connu en région parisienne. Des exemples sont recensés depuis le XVIe siècle. L'une des pires sécheresses est celle de 1921, au cours de laquelle la rivière principale dans la région, la Seine (Encadré 1.1), a connu un débit estival réduit de moitié et la région a vécu 12 mois de sols secs. Il a été estimé qu'en cas de sécheresse aussi grave dans le contexte actuel, des restrictions d'irrigation, de navigation et d'usage de l'eau dans l'industrie devraient être imposées pendant plus de 150 jours pour préserver les usages critiques comme l'approvisionnement en eau potable (EPTB Seine Grands Lacs, 2021[1]). D'autres sécheresses importantes ont été enregistrées en 1959, 1976 et 1991, ainsi qu'en 2003, où près 40 % du territoire de la région a connu une période prolongée de sécheresse des sols (Météo France, 2022[2]). Plus récemment, en 2019, des mesures de restriction des prélèvements d'eau à usage agricole ont été prises dans près de la moitié de la région en raison de la canicule estivale et des précipitations printanières inférieures à la moyenne. En 2022, à la suite d'un hiver particulièrement sec, marqué par des déficits de précipitations allant jusqu'à 41 % par rapport à la moyenne 1981-2010, la région a subi une sécheresse remarquable tant par sa durée – un an – que par son intensité : 23 % des cours d'eau de la région étaient en situation de crise du fait de leurs faibles débits, et aucun débit n'était visible dans 10 % des cours d'eau en dehors de Paris (DRIEAT, 2023[3]).

Graphique 1.1. Les sécheresses sont un phénomène connu en région parisienne

Précipitations moyennes annuelles en Île-de-France au cours de la période 1901-2021

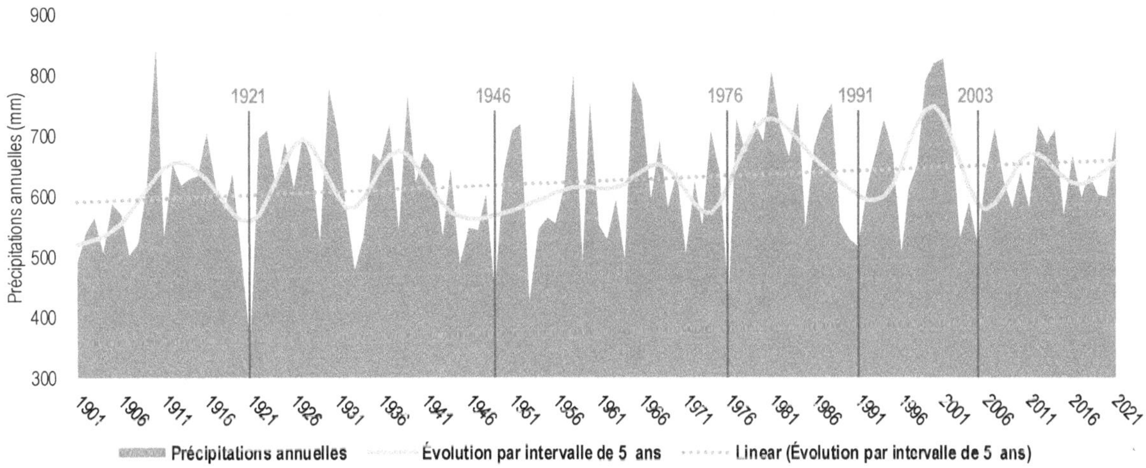

Source : travaux des auteurs, d'après des données de la Banque mondiale.

Les répercussions des sécheresses dans la région ont surtout pris la forme de pertes de récoltes et de dommages aux bâtiments. Les sécheresses agricoles historiques de 1976 et 2003 ont amputé les rendements des cultures de plein champ d'environ un tiers pour la première et 60 % pour la seconde (Kapsambelis, 2018[4]). Au cours de la période 1995-2019, les dégâts causés par le phénomène de retrait-gonflement des argiles au bâti, en particulier aux maisons individuelles, ont représenté un coût global de près de 2 milliards EUR (DRIEAT, 2023[5]), et un coût annuel moyen 1.5 fois supérieur à celui occasionné par les inondations (Caisse Centrale de Réassurance, 2020[6]). En 2022, la région a également connu des restrictions de navigation fluviale sur des canaux via le regroupement de bateaux, ainsi que des restrictions d'usage de l'eau pour l'arrosage des jardins, installations sportives et potagers, pour le lavage des voitures ou encore pour l'irrigation. En cas d'épisode de manque d'eau plus sévère, les restrictions peuvent être élargies au fret et au tourisme fluviaux, de même qu'aux prélèvements liés aux usages industriels et agricoles et à la production d'énergie et d'eau potable.

L'expansion économique de la région est à l'origine d'une forte demande en eau. La région Île-de-France est à l'origine d'un tiers du produit intérieur brut (PIB) de la France. La moitié de sa superficie est consacrée à la production agricole, laquelle recourt de plus en plus à l'irrigation (Encadré 1.1). Les prélèvements d'eau à usage agricole ont plus que doublé sur la période 2012-19 (Ministère de la Transition écologique et de la Cohésion des territoires, 2020[7]). Pour l'industrie manufacturière, qui représente 6 % du PIB de la région, l'eau est un facteur de production et un moyen de refroidissement indispensables (Institut Paris Région ; INSEE ; CCI, 2021[8]). La Seine est une ressource en eau particulièrement importante pour l'économie de la région, où plus de 8 millions de touristes l'empruntent chaque année (Haropa Port, 2023[9]). En outre, le volume de fret transporté sur le fleuve est en hausse et représentait 40 % du transport fluvial de marchandises en France en 2022 (Voies Navigables de France, 2022[10]). Enfin, l'eau de la Seine sert aussi à la production d'énergie dans le cadre de certains réseaux de chauffage et de climatisation qui revêtent une importance capitale pour les populations les plus vulnérables et l'offre de soins. L'eau potable représente 62 % des usages de l'eau dans la région, contre 28 % pour les activités économiques (dont l'industrie manufacturière) et l'énergie. La part des prélèvements destinés à l'irrigation est peu importante (Graphique 1.2).

Graphique 1.2. Usages de l'eau dans la région Île-de-France

Prélèvements d'eau annuels moyens 2018-22

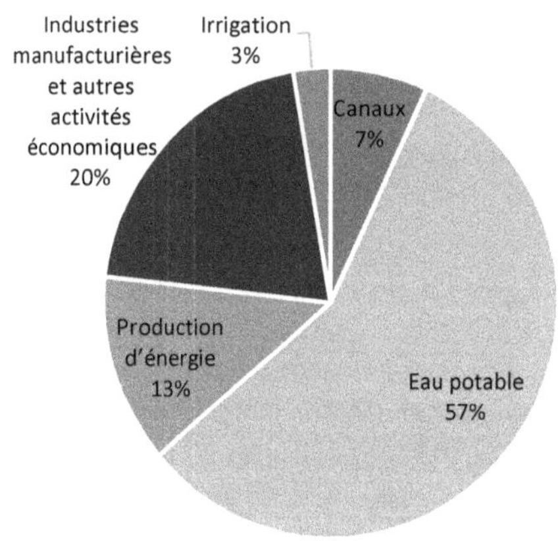

Note : Tous les prélèvements ont été pris en compte hormis ceux des barrages, qui constitueraient 95 % des usages s'ils étaient comptabilisés, mais sont quasiment neutres en termes de consommation.
Source : Auteurs, d'après les données de la banque nationale des prélèvements quantitatifs en eau (BNPE).

L'évolution démographique et l'urbanisation qu'elle a entraînée ont contribué à une baisse des volumes d'eau stockés dans les nappes souterraines. L'Île-de-France est la région française la plus densément peuplée et urbanisée. Elle abrite près de 19 % de la population du pays et sa densité démographique est dix fois supérieure à la moyenne nationale (INSEE, 2022[11]). L'accroissement démographique dans la région s'est accompagné d'un important étalement urbain en dehors des centres-villes (Institut Paris Région, 2021[12]), qui a favorisé l'artificialisation des sols et la diminution de leur perméabilité, perturbant la recharge des nappes phréatiques et l'écoulement naturel des eaux pluviales vers les cours d'eau. Le taux d'artificialisation des sols s'établit à 21 % à l'échelle de la région et atteint

84 % à Paris. Par comparaison, la moyenne nationale est de 9 % (Agreste, 2021[13]) (Graphique 1.3). Dans ces conditions, seuls 30 % des eaux pluviales s'infiltrent dans les sols, moins que dans les autres bassins hydrographiques français.[1]

Encadré 1.1. Ressources en eau de la région Île-de-France

La région tire ses ressources en eau du bassin Seine-Normandie, qui s'étend sur 18 % du territoire métropolitain de la France et se compose de la Seine, de ses affluents (Yonne, Marne et Oise) et d'autres cours d'eau plus petits. La Seine prend sa source à environ 300 kilomètres de Paris, à une altitude de 446 mètres. Elle s'écoule sur 776 km en direction du nord-ouest pour se jeter dans la Manche. La Seine a joué un rôle central dans l'aménagement du territoire, le commerce et les activités industrielles et agricoles, et des industries de transformation (la pétrochimie, par exemple) et manufacturières (l'automobile, l'aéronautique, par exemple) se sont implantées le long de son cours. La région Île-de-France abrite 65 % de la population du bassin. Elle est constituée à 2.8 % de zones humides, qui jouent un rôle clé dans la régulation et la purification de l'eau.

Graphique 1.3. Occupation des sols et implantation des activités agricoles, industrielles et énergétiques tributaires de ressources en eau, ainsi que des usines de production d'eau potable

Source : Travaux des auteurs, d'après les données de la banque nationale des prélèvements quantitatifs en eau (BNPE) et de la base de données CORINE Land Cover 2018.

Les masses d'eau du bassin Seine-Normandie sont soumises à des pressions significatives. Dans ce bassin, les ressources superficielles par habitant sont en moyenne moindres que dans les autres bassins hydrographiques français. Par conséquent, même si les prélèvements par habitant y sont généralement plus faibles que dans ces autres bassins (Tableau 1.1), les activités humaines y exercent une pression plus importante.

Tableau 1.1. Caractéristiques des bassins hydrographiques français et pression exercée sur les ressources en eau de surface

Bassins Seine-Normandie, Adour-Garonne, Rhône Méditerranée et Loire-Bretagne (2020)

Bassin	Seine-Normandie (*région Île-de-France*)	Adour-Garonne	Rhône-Méditerranée	Loire-Bretagne
Superficie (km²)	94 500	117 650	130 000	155 000
Cours d'eau principal	Seine	Garonne	Rhône	Loire
Débit moyen du cours d'eau principal (m³/second)	**480**	830	1700	900
Pluviométrie moyenne (mm/an)	800	750	850	900
Ruissellement moyen	**30 %**	38 %	50 %	n.d.
Densité démographique (habitants/km²)	**199** (*>800*)	75	112	83
Total des prélèvements (Mm³)	**2.7**	1.85	4.4	1.87
Prélèvements par habitant (Mm³/habitant)	**0.13**	0.26	0.28	0.14
Débit moyen par habitant (Mm³/s/habitant)	**26.3**	118.6	109.7	69.2

Note : Dans le bassin Seine-Normandie, les ressources moyennes par habitant sont plus de quatre fois plus faibles que dans les bassins Adour-Garonne et Rhône-Méditerranée. Par conséquent, bien que le volume des prélèvements par habitant y soit moins élevé de moitié, les pressions exercées par les activités humaines y sont plus fortes.
Source : Auteurs, d'après les données de la banque nationale des prélèvements quantitatifs en eau (BNPE) et des documents officiels relatifs aux bassins.

1.1.2. Le changement climatique augmentera le risque de sécheresses futures

La modification du climat a contribué à une hausse du risque de sécheresses dans la région. Si la pluviométrie annuelle moyenne a légèrement augmenté, la région se caractérise par une importante variabilité interannuelle des précipitations. En outre, depuis 1990, la température moyenne annuelle a progressé de plus de 2 °C, ce qui a favorisé une hausse de l'évapotranspiration et une baisse de 5 % de l'humidité moyenne des sols. La région a également connu 110 jours de sécheresse des sols par an en moyenne au cours de la période 1991-2020, soit plus de 20 % de plus que durant les trois décennies précédentes (Météo France, 2022[2]).

Si la région n'a plus connu de sécheresse aussi grave que celle de 1921, un tel événement deviendra probable à l'horizon 2050, et plus encore à l'horizon 2100, sous l'effet du changement climatique. Les projections relatives à l'évolution du climat francilien laissent entrevoir une baisse des précipitations en période estivale et une augmentation de l'évapotranspiration sous l'effet de la hausse des températures (Graphique 1.4). La plus forte variabilité du climat anticipée pourrait se traduire par des épisodes de précipitations plus intenses mais plus courts tout au long de l'année, lesquels sont moins propices à la recharge des nappes souterraines (Boé et al., 2018[14]). L'évapotranspiration, qui favorise l'assèchement des sols, devrait progresser de 16 % d'ici à 2050 et de 23 % d'ici à 2100 par rapport aux moyennes journalières de la période 1970-2000 (Agence de l'Eau Seine Normandie, 2023[15]). Les effets conjugués du changement climatique entraîneront une diminution du débit des cours d'eau, de l'humidité des sols et du niveau des nappes phréatiques dans la région.

Graphique 1.4. Projections des écarts de température annuelle

Évolution par rapport à la période 1970-2010

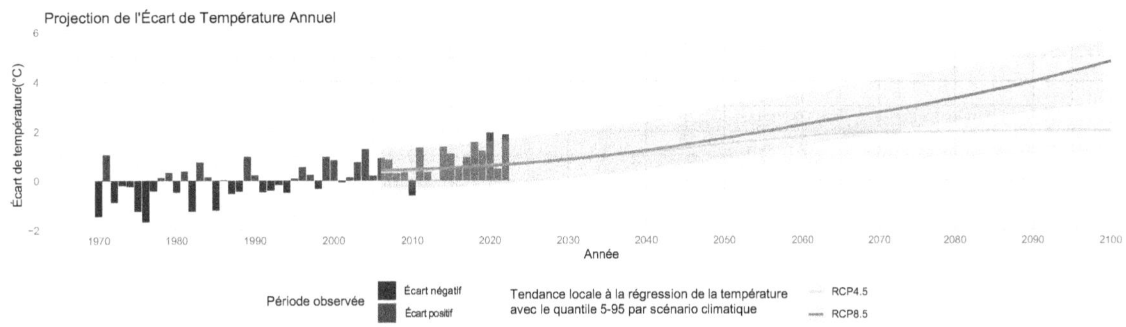

Source : Auteurs, d'après les données de Météo France relatives aux scénarios climatiques RCP 4.5 et 8.5.

1.1.3. Les niveaux de sécheresse et les besoins en eau anticipés menacent la résilience de la région à la raréfaction de l'eau

L'Île-de-France jouit d'un approvisionnement en eau remarquablement résilient au climat. Dans le passé, les répercussions défavorables des sécheresses lui ont été épargnées grâce aux multiples infrastructures en place. Elle bénéficie de quatre grands lacs réservoirs qui assurent des débits suffisants en période de faibles précipitations. Lors de la sécheresse de 2022, ils ont ainsi assuré jusqu'à 50 % du débit de la Seine. Alors que le transport fluvial a été interrompu sur d'autres grands fleuves européens comme le Rhin, la navigation s'est poursuivie sur la Seine. En outre, une partie de la région bénéficie d'un réseau d'approvisionnement souterrain interconnecté alimenté par différentes sources superficielles et souterraines, qui assure la continuité de la distribution d'eau potable en cas d'incident ou d'interruption de la production d'origine naturelle ou humaine dans une ou plusieurs usines d'eau potable.

Toutefois, le développement socio-économique de la région Île-de-France pourrait s'accompagner d'une augmentation de la demande en eau. La région Île-de-France devrait connaître un accroissement de sa population de 5 % d'ici à 2050 par rapport à 2020 (INSEE, 2022[16]), de sorte que la demande en eau potable devrait augmenter. Dans l'agriculture, les besoins en eau pour l'irrigation devraient progresser de 45 % d'ici à 2050 pour permettre au secteur de faire face aux étés plus chauds et plus secs et d'assurer une production stable de fruits et légumes destinés à la consommation locale. Le développement de la production de froid via l'eau de Seine comme solution de climatisation pourrait également amplifier les pressions sur les ressources en eau. Parallèlement, le transport fluvial dans la région devrait doubler, voire tripler d'ici à 2050, et il sera d'autant plus important de maintenir les niveaux et débits d'eau nécessaires.

Alors que la région est susceptible de connaître des sécheresses plus sévères, le risque qu'elle ne puisse pas maintenir son niveau actuel de résilience à ces épisodes suscite des préoccupations grandissantes. Il a été estimé que, si une sécheresse équivalente à celle de 1921 devait se produire, les lacs ne se rechargeraient qu'à hauteur de 28 % de leur capacité (EPTB Seine Grands Lacs, 2021[1]). De plus, il serait nécessaire d'irriguer davantage les cultures en raison des niveaux potentiellement critiques d'humidité des sols, alors même que des restrictions frapperaient l'irrigation. La plupart des activités tributaires des cours d'eau seraient affectées, et jusqu'à 60 jours de restrictions pourraient être décrétés.

De même, dans l'hypothèse où les tendances actuelles à l'épuisement des nappes souterraines se poursuivraient jusqu'en 2050 et 2100, des restrictions d'eau sévères pourraient s'appliquer jusqu'à une année entière durant aux activités qui dépendent de ces ressources. Ainsi, confrontée à la fois à de graves sécheresses et à une hausse de la demande en eau, la région pourrait ne plus avoir accès à des ressources en eau suffisantes et se retrouver en situation de raréfaction d'eau.

1.1.4. Les épisodes futurs de sécheresse peuvent entraîner d'importantes pertes économiques pour la région

Une sécheresse équivalente à celle de 1921 provoquerait d'importantes pénuries d'eau. Sur la base de la sécheresse de 1921, ce rapport propose trois scénarios de sécheresse induits par le changement climatique, caractérisés par les débits des cours d'eau, l'humidité des sols, la température des eaux de surface et le niveau des nappes souterraines dans la région (Tableau 1.2). Dans le scénario de base, les débits des cours d'eau correspondent à ceux de la sécheresse de 1921. Le scénario médian reflète la concomitance d'une sécheresse et d'une vague de chaleur en intégrant un facteur de température de l'eau élevée. Enfin, anticipant une aggravation du risque de sécheresses et de canicules à l'horizon 2100, le scénario défavorable table sur des débits des cours d'eau inférieurs de 20 % à ceux de 1921 et sur une hausse de 2 °C de la température de l'eau. En ce qui concerne l'humidité des sols, en l'absence de données pour 1921, il prend pour référence les valeurs enregistrées lors de la sécheresse agricole de 1976. Des projections du niveau des nappes souterraines ont été établies à 2050 pour les scénarios de base et médian, et à 2100 pour le scénario défavorable. Les répercussions économiques directes de ces trois scénarios de raréfaction de l'eau sont calculées pour les secteurs suivants : production d'énergie, transport fluvial, production et traitement de l'eau, agriculture, industrie et cadre bâti. Ces coûts directs sont ensuite entrés dans un modèle macroéconomique représentant les liens économiques entre les secteurs et les régions pour évaluer la propagation des répercussions économiques directes dans la chaîne de valeur économique.

Tableau 1.2. Caractéristiques des scénarios de sécheresse

Facteurs de raréfaction	Scénario de base	Scénario médian	Scénario défavorable
Débit des cours d'eau	Sécheresse 1921	Sécheresse 1921	Débit réduit de 20 % par rapport à 1921
Humidité des sols	Sécheresse 1976	Sécheresse 1976	Sécheresse 1976
Température de l'eau	Médiane températures 2050	Dépassement de 25 °C pendant 2 mois	Dépassement de 25 °C pendant 3 mois
Niveau des nappes phréatiques	Diminution de 6 % du niveau	Diminution de 6 % du niveau	Diminution de 12 % du niveau

Note : Les scénarios ont été définis de façon à rendre compte d'éventuels épisodes extrêmes d'ici à 2050 et 2100 (scénario défavorable). La sécheresse de 2021 a été choisie comme référence pour le débit des cours d'eau parce que c'est l'un des épisodes extrêmes qui a été jugé plausible en 2050/2100 par (Boé et al., 2018[14]) dans les deux scénarios RCP 4.5 et RCP 8.5. En outre, c'est l'un des seuls scénarios pour lesquels on dispose de données prenant en considération les lacs réservoirs. Comme il n'existe pas de données sur l'humidité des sols dans ce scénario, des estimations des niveaux extrêmes d'humidité du sol ont été utilisées sur la base des niveaux observés lors de la sécheresse de 1976. Enfin, le niveau des nappes souterraines est modélisé à l'horizon 2050 comme l'extrapolation des tendances de diminution de niveau observées entre 2020 et 2022 (dernières données disponibles), soit une diminution de 6 % par rapport à 2020. La température des eaux de surface est définie comme le profil de température médian issu d'une modélisation pluriannuelle de température d'eau de Seine dans un scénario RCP8.5 à l'horizon 2050. Le deuxième scénario vise à isoler l'effet de la température de l'eau. Le scénario défavorable correspond à une aggravation des tendances à la raréfaction de l'eau dans le temps.
Source : travaux des auteurs, d'après les modélisations de (Boé et al., 2018[14]) et de la Caisse centrale de réassurance (CCR).

Sur la base de ces scénarios, il ressort de l'évaluation de l'impact économique présentée dans ce rapport qu'une sécheresse sévère survenant dans la région Île-de-France à l'horizon 2100 pourrait

coûter jusqu'à 2.5 milliards EUR. Les coûts directs – découlant des restrictions d'usage de l'eau appliquées pour cause de faible débit des cours d'eau et de bas niveau des nappes phréatiques, ainsi que des pertes dues à la faible humidité des sols – s'échelonneraient de 966 à 1446 millions EUR et représenteraient jusqu'à 70 % du coût total pour la région (Tableau 1.3). Dans chacun des scénarios, près de la moitié des coûts seraient supportés par les industries manufacturières du fait des restrictions d'usage de l'eau faisant suite à l'épisode de sécheresse. Les coûts estimés pour le secteur agricole pourraient atteindre 220 millions EUR sous l'effet des restrictions d'irrigation et 146 millions EUR sous celui de la sécheresse des sols, les deux étant synonymes de manque à produire. La perturbation de la production d'énergie pour cause de réchauffement de l'eau représente un coût de 24 millions EUR en 2050 et 50 millions EUR en 2100. Enfin, au-delà des restrictions d'usage, la sécheresse des sols est à l'origine du phénomène de retrait des argiles, qui est responsable de dégâts structurels au cadre bâti estimés à environ 300 millions EUR dans chacun des scénarios. Pour des raisons qui tiennent aux données et à la méthodologie, l'impact de la raréfaction de l'eau sur la santé et la viabilité des écosystèmes n'est pas analysé. Dans le scénario de base, le coût est comparable à celui des dégâts occasionnés par les importantes inondations qui ont frappé la France en 2016 [1.4 milliard EUR (Fédération française de l'assurance, 2017[17])] et sont considérées comme les pires depuis 1982. Dans le scénario défavorable, le coût total pour la région est comparable à celui de la tempête Xynthia de 2010 (2.5 millions EUR (Association française de l'assurance, 2011[18])), l'une des pires catastrophes naturelles ayant frappé le pays au cours des dernières décennies.

Les modifications de la production et de la demande provoquées par les sécheresses se répercutent sur l'ensemble des chaînes de valeur économiques. Certaines activités économiques comme le transport routier, la distribution de biens et les banques ne sont pas forcément touchées directement par les situations de sécheresse, mais subissent indirectement un préjudice économique du fait de la baisse d'activité de leurs fournisseurs ou clients. Dans le même ordre d'idées, en se propageant le long de la chaîne de valeur, les perturbations économiques atteignent des acteurs extérieurs à l'Île-de-France et peuvent se faire ressentir dans les autres régions de France et d'Europe. En l'occurrence, on estime que ces coûts économiques supplémentaires varient entre 200 et 330 millions EUR dans les autres régions françaises et peuvent atteindre 170 millions EUR ailleurs dans l'UE.

Tableau 1.3. Répercussions économiques estimées d'une sécheresse majeure dans la région Île-de-France

Millions EUR

	Scénarios de sécheresse		
	Scénario de base	Scénario médian	Scénario défavorable
Coût économique total pour la région Île-de-France	**1 416**	**1 438**	**2 449**
Coûts directs pour la région Île-de-France	966	990	1 446
Coût total pour la France	1 618	1 639	2 781
Coût total pour l'UE (hors France)	102	101	172

Note : Les coûts représentent les pertes en valeur ajoutée exprimées en EUR de 2020. Le coût total comprend les coûts directs et indirects.
Source : Auteurs.

Les sécheresses ont également des répercussions sociales et environnementales, qui vont bien au-delà de leurs conséquences économiques. Les restrictions imposées aux usages domestiques et récréatifs de l'eau rejaillissent sur le bien-être des citoyens. En outre, les sécheresses réduisent la dilution des substances chimiques (par exemple, l'azote et le phosphore d'origine agricole et provenant des rejets d'eaux usées) et des composés organiques dans les masses d'eau, ce qui menace la santé des écosystèmes. L'augmentation de la pollution ou de la température des masses d'eau du fait de la baisse de leur niveau peut entraîner un manque d'oxygène et une toxicité accrue de l'eau. Cela met en péril le bon état écologique des masses d'eau et leur biodiversité aquatique, et risque de les rendre impropres à la production d'eau potable et aux usages récréatifs (baignade, par exemple). Les sécheresses peuvent en outre provoquer une dégradation des infrastructures vertes urbaines comme les parcs et jardins, qui jouent un rôle crucial dans la lutte contre les îlots de chaleur et dans la régulation des eaux pluviales, et qui contribuent à la santé publique. L'allocation des ressources en période de rareté de l'eau peut également être un motif de tensions avec les usagers de bassins extérieurs à la région Île-de-France ou entre les usagers urbains et les autres usagers du bassin, comme les agriculteurs, d'autant que la ville de Paris puise une partie de son eau potable en dehors de la région.

1.2. Cadre stratégique pour la gestion du risque de raréfaction de l'eau dans la région Île-de-France

1.2.1. Les stratégies de lutte contre les risques de raréfaction de l'eau résultant des sécheresses ont été sensiblement améliorées

Tous les principaux plans stratégiques nationaux considèrent la sécheresse comme un risque stratégique et une priorité d'action. Le risque de sécheresse a été largement reconnu dans les premiers plans nationaux d'adaptation de la France, donnant lieu à la première évaluation nationale du risque de sécheresse (Explore 2070). Le deuxième plan national d'adaptation, publié en 2018, a conduit à l'élaboration de la première stratégie nationale d'adaptation des ressources en eau au changement climatique (Ministère de la Transition écologique et de la Cohésion des territoires, 2018[19]), un accord multipartite visant à optimiser l'utilisation des ressources en eau grâce à une meilleure préservation et une utilisation plus rationnelle de l'eau, une meilleure allocation de l'eau, la mobilisation de ressources non conventionnelles et une eau de meilleure qualité. Celle-ci met en avant la nécessité de coordonner l'aménagement urbain et les schémas directeurs d'aménagement et de gestion des eaux des bassins versants. De même, le plan Eau, élaboré au niveau national en 2023 préconise une réduction de 10 % des prélèvements d'eau à l'horizon 2030, en prônant la prise de mesures préventives comme la préservation de l'eau, l'utilisation rationnelle des ressources et le recours à des ressources en eau non conventionnelles (comme les eaux de pluie récupérées).

Au niveau régional, les documents stratégiques reconnaissent l'importance de la gestion des risques de sécheresse. La stratégie d'adaptation au changement climatique du bassin Seine-Normandie inclut des projections hydrologiques témoignant de possibles épisodes de sécheresse sévères et présente un ensemble de mesures préventives visant à renforcer la résilience face à la raréfaction de l'eau. Dans cette logique, la région Île-de-France a publié en 2022 un plan d'adaptation au changement climatique (Région Île-de-France, 2022[20]) qui reconnaît que la sécheresse constitue un risque pour les actifs construits et les écosystèmes de la région. La prévention des risques de sécheresse est une composante centrale de cette stratégie. De même, la Métropole du Grand Paris a élaboré son Plan Climat Air Énergie en 2018, qui met en lumière la vulnérabilité aux sécheresses des logements individuels due au retrait-gonflement des argiles, et prévoit de renforcer les connaissances relatives aux répercussions des sécheresses sur les écosystèmes et les actifs au niveau de la métropole (Métropole du Grand Paris, 2018[21]). Si la stratégie de résilience de la Ville de Paris désignait déjà la sécheresse comme un risque majeur, son prochain plan pour le climat (2024-30) accorde une importance prépondérante aux risques de raréfaction de l'eau, fixant des objectifs ambitieux en matière d'atténuation de ces risques et de réduction de la vulnérabilité face à ceux-ci. Le plan propose de réduire de 15 % les prélèvements d'eau à des fins de production d'eau potable d'ici à 2030 et d'optimiser la gestion des ressources en eau non conventionnelles comme les eaux de pluie, voire les eaux de piscines (Ville de Paris, 2023[22]).

1.2.2. Les stratégies existantes ne traduisent pas de vision à long terme fondée sur l'évaluation des risques de sécheresse

Il manque à toutes les stratégies une vision stratégique à long terme, ce qui est le reflet d'un manque de connaissances sur les risques de sécheresse. Les investissements et les changements comportementaux nécessaires en matière d'utilisation et de gestion des ressources en eau dans le contexte du changement climatique appellent une planification et une vision à long terme. Or, aucune stratégie ne se projette au-delà de l'horizon 2030. Cela s'explique en partie par l'absence de scénarios concernant le changement climatique dans les évaluations des risques de sécheresse. À ce jour, aucune évaluation n'a été réalisée pour déterminer si l'approvisionnement futur en eau sera suffisant pour répondre à la demande d'eau à long terme. Par conséquent, les compagnies des eaux, l'organisme chargé de gérer les cours d'eau ou toute institution tributaire des ressources en eau ignorent si elles seront exposées ou vulnérables aux sécheresses à l'avenir et dans quelle mesure. Pour établir ce type de pronostic, il faut disposer d'informations quantitatives, spatiales et temporelles sur la demande en eau. Des efforts sont déployés pour renforcer les connaissances sur les risques de sécheresse découlant du climat, un nouveau programme (Explore2) ayant été lancé en vue de fournir des données actualisées sur les projections hydrologiques afin d'effectuer des évaluations des risques.

Les stratégies pourraient être insuffisantes pour assurer la résilience au risque de raréfaction de l'eau. Au niveau national et du bassin versant, les objectifs fixés pour assurer la résilience à la raréfaction de l'eau sont la réduction de 10 % des prélèvements d'eau, l'optimisation des ressources et l'amélioration de la qualité de l'eau. Bien qu'il existe des normes de qualité de l'eau, il n'est pas certain qu'elles seront suffisantes pour assurer l'usage de l'eau en cas de diminution de la capacité de dilution des milieux aquatiques lors des sécheresses. En outre, si des stratégies visant à préserver la qualité de l'eau sont mises en œuvre depuis des décennies, la qualité de l'eau n'a pas connu l'amélioration escomptée (Agence de l'eau Seine Normandie, 2019[23]), ce qui soulève des doutes concernant les mesures proposées. De même, si la réduction de 10 % des prélèvements d'eau au niveau du bassin versant permet de réduire la vulnérabilité aux sécheresses, cet objectif n'est pas dérivé d'une évaluation des risques et ne correspond à aucun niveau de résilience précis. Par conséquent, malgré une réduction de cette ampleur des prélèvements d'eau, la région pourrait encore être soumise à des restrictions d'usage de l'eau dans le cas d'une sécheresse comparable à celle de 1921. Par ailleurs, si l'on examine des scénarios de statu quo tels que ceux utilisés pour l'évaluation des coûts économiques mentionnés ci-avant, l'objectif de réduction des prélèvements fixé dans les stratégies paraît extrêmement difficile à atteindre. La mesure dans laquelle les parties prenantes nationales et régionales sont disposées à accepter des restrictions liées à la sécheresse, c'est-à-dire les coûts sociaux et économiques que la région accepte d'encourir dans le cadre de différents scénarios de sécheresse, n'est pas abordée dans les différents plans et stratégies décrits ci-dessus.

1.2.3. Malgré une gouvernance intégrée robuste, une coordination sectorielle plus poussée est nécessaire pour favoriser l'alignement des politiques

Malgré une gouvernance intersectorielle, permettant la représentation de tous les acteurs de la société dans la gestion des ressources en eau, la prise en compte des enjeux liés à l'eau dans les politiques sectorielles reste un défi. La gouvernance de l'eau qui prévaut en France est de nature à favoriser la résilience face à la raréfaction de l'eau. Elle reconnaît le rôle de tous les secteurs et de toutes les parties prenantes en matière de gestion de l'eau, tous intéressés à la préservation des ressources. Néanmoins, le secteur agricole, par exemple, néglige largement la question de la raréfaction de l'eau, allant même jusqu'à promouvoir des pratiques contradictoires avec la préservation de l'eau (Cour des comptes européenne, 2021[24]). Au niveau régional, les politiques agricoles et l'ambition affichée de renforcer la sécurité alimentaire (Région Île-de-France, 2021[25]) pourraient entraîner une augmentation de 45 % des besoins en eau destinée à l'irrigation d'ici à 2050. Si la région Île-de-France, ainsi que la Ville de Paris, envisagent de mettre en place des stratégies en faveur de la mobilité verte et des énergies propres, elles ne semblent pas évaluer adéquatement les risques de raréfaction de l'eau. Par exemple, le renforcement des réseaux de froid comme source propre d'air conditionné pourrait ne pas être compatible avec la lutte contre la raréfaction future de l'eau. Aujourd'hui, les réseaux de froid de la Ville de Paris dépendent à 70 % de ressources provenant de la Seine (Ville de Paris, 2019[26]).

En outre, la région tirerait parti d'une plus grande coordination amont-aval, en particulier entre les zones urbaines et périurbaines du bassin Seine-Normandie. L'ensemble des stratégies et des plans régionaux ont l'ambition de renforcer la prévention de la raréfaction de l'eau exprimée dans le plan Eau défini au niveau national, mais ils diffèrent en termes de mesures selon le mandat des parties prenantes régionales. Par exemple, les administrations régionales supervisent les politiques environnementales et de développement économique et axent donc davantage leurs efforts sur la protection de la biodiversité que sur l'approvisionnement en eau, dont la gestion est assurée au niveau municipal. Étant donné que toutes les autorités locales ont la charge de la planification urbaine, il est important que les objectifs de gestion de l'eau fixés au niveau du bassin soient intégrés de manière coordonnée. À titre d'exemple, l'amélioration de la qualité de l'eau fait partie des objectifs à propos desquels les décisions prises par les municipalités en amont ont une incidence sur celles en aval, quels que soient leurs plans respectifs. De même, les stratégies aux niveaux national et du bassin versant visent une réduction de 10 % des prélèvements d'eau, ce qui nécessite une coordination afin de déterminer comment chaque municipalité doit contribuer à cet objectif tout en tenant compte de la solidarité amont-aval. À ce jour, aucun mécanisme de coordination ne permet d'assurer la complémentarité des documents stratégiques dans la région, de préserver la cohérence de la planification urbaine, de faciliter la coopération amont-aval et de hiérarchiser les actions menées au sein de la région.

1.3. Renforcer la résilience future aux sécheresses en adaptant la demande d'eau, l'approvisionnement en eau, et la qualité de l'eau

Pour renforcer la résilience à la raréfaction de l'eau induite par la sécheresse, il faut combiner des mesures visant à gérer à la fois la demande et l'offre d'eau, ainsi qu'à améliorer la qualité de l'eau. Les mesures en rapport avec la demande d'eau visent à préserver l'eau ou à en rationaliser son utilisation (il peut s'agir de campagnes de sensibilisation visant à promouvoir des changements dans les modes d'utilisation de l'eau ou de mécanismes d'allocation de l'eau). Les mesures relatives à l'approvisionnement en eau visent à améliorer l'efficacité des usages existants ou à apporter des ressources supplémentaires, autres que les prélèvements. Enfin, améliorer la qualité de l'eau contribue à atténuer les risques de raréfaction de l'eau liés à une diminution de la capacité de dilution du milieu aquatique, qui pourrait entraîner des problèmes de pollution rendant difficile la pratique d'activités comme la baignade, la production d'eau potable ou la reproduction d'espèces de poissons, pour ne citer que celles-ci.

1.3.1. La réduction des prélèvements d'eau réduit les risques de raréfaction de l'eau découlant de la sécheresse

Par le passé, la région est parvenue à réduire les prélèvements d'eau. Les volumes totaux de prélèvements d'eau ont diminué de 14 % depuis 2012 (Graphique 1.5). La demande d'eau potable a diminué de 8 % entre 1998 et 2008, des écarts importants étant observés entre Paris (-32 %) et les territoires plus ruraux de la région, dont la consommation a augmenté (Agreste, 2011[27]). La consommation d'eau des ménages d'Île-de-France, qui est de 123 litres par personne et par jour, est désormais inférieure à la moyenne française et est relativement faible par rapport à celle des autres pays de l'OCDE. Le déclin des grandes industries sidérurgiques et chimiques de la région (Chevrot et al., 2018[28]) a entraîné une diminution annuelle moyenne de 14 % des prélèvements d'eau industriels entre 2015 et 2022. À l'inverse, l'augmentation des surfaces irriguées (7 %) (Agreste, 2022[29]) s'est traduite par un doublement des prélèvements destinés à l'irrigation entre 2012 et 2020.

Graphique 1.5. Tendances des prélèvements d'eau en Île-de-France

Volumes prélevés chaque année entre 2012 et 2020 (en m^3)

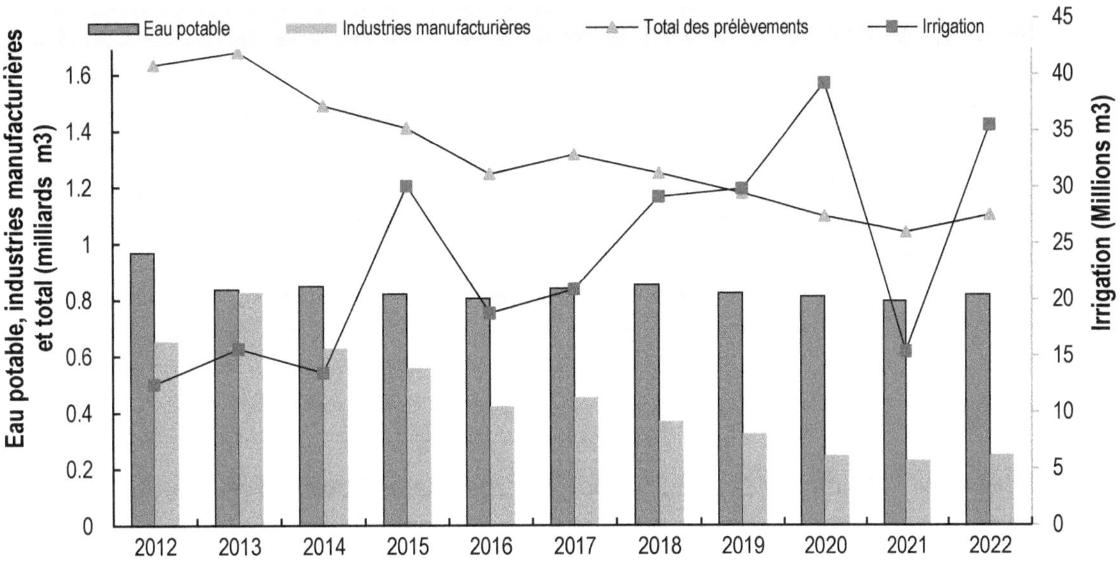

Source : Auteurs, d'après la banque nationale des prélèvements quantitatifs en eau (BNPE).

Les objectifs du « Plan Eau » national visant à réduire encore les prélèvements d'eau pourraient s'avérer particulièrement ambitieux, étant donné les modes de consommation actuels. Pour traduire l'objectif de réduire de 10 % les prélèvements d'eau fixé par le plan national de l'eau en objectifs sectoriels, il faut réduire les prélèvements d'eau potable de 14 % d'ici à 2030 par rapport à leur niveau de 2022, un taux qui dépasse largement les tendances historiques (Agence de l'Eau Seine Normandie, 2023[15]). Les prélèvements d'eau industriels devraient diminuer de 4 %, alors que la France a l'ambition de réindustrialiser le pays. Enfin, les prélèvements d'eau à des fins d'irrigation doivent se maintenir à un niveau constant, ce qui s'apparent à un défi alors que les politiques relatives au changement climatique et à la sécurité alimentaire devraient entraîner une augmentation des besoins dans un secteur où la consommation d'eau est aujourd'hui marginale (Graphique 1.6).

Graphique 1.6. Tendances des prélèvements d'eau agricoles à des fins d'irrigation dans la région Île-de-France

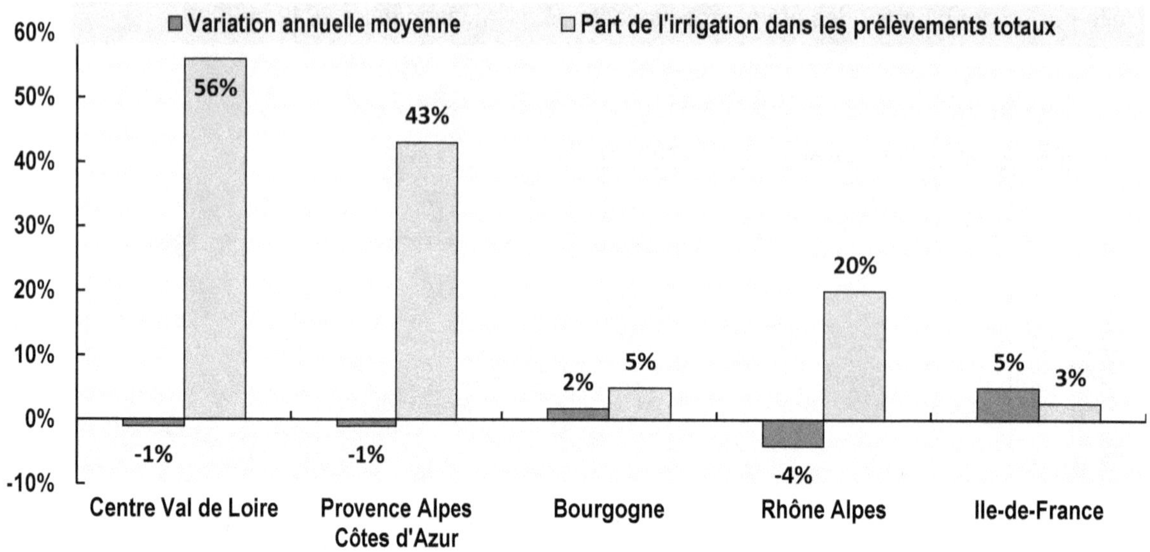

Note : La part des prélèvements à des fins d'irrigation exclut les usages liés à l'énergie et aux canaux.
Source : Auteurs, d'après les données de la banque nationale des prélèvements quantitatifs en eau (BNPE).

1.3.2. Les mesures axées sur la gestion de la demande ont contribué à réduire les prélèvements d'eau, mais leur potentiel pourrait être davantage exploité

Les mesures de sensibilisation pourraient être renforcées

Les mesures de sensibilisation devraient être axées sur la réduction à long terme de la consommation d'eau. Des services de suivi des risques de sécheresse, comme VigiEau,[2] ont été créés en vue de renforcer la préparation des citoyens en cas de sécheresse et de communiquer sur les mesures et risques associés. Le ministère de l'Environnement a élaboré une campagne de communication intitulée « Chaque geste compte, préservons nos ressources » afin d'aider les parties prenantes locales et les compagnies des eaux dans leurs efforts de sensibilisation aux risques de sécheresse et d'approfondir les connaissances sur les moyens de réduire la consommation d'eau.[3] Néanmoins, ces mesures ont été axées sur l'anticipation et la gestion des crises. D'autres mesures, telles que les labels relatifs aux économies d'eau attribués aux appareils ménagers, devraient être renforcées afin de permettre aux consommateurs de faire des choix informés. Cette mesure pourrait permettre de réduire de 22 % (Ademe, 2021[30]) la consommation d'eau des ménages dans la région et favoriser davantage l'innovation en matière de conception des produits. Les mesures visant à former les agriculteurs à l'utilisation de cultures économes en eau, comme le plan « Enseigner à produire autrement », constituent des pistes prometteuses en vue de réduire encore les prélèvements d'eau dans l'avenir.

Les prix de l'eau n'en reflètent pas la rareté, mais leur augmentation pourrait ne pas être efficace et s'avérer difficile.

Les prix de l'eau potable dans la région Île-de-France sont peu élevés et n'en reflètent pas la rareté. De manière générale, en France la part du budget de consommation des ménages consacrée à l'eau est relativement modeste, et moitié moindre que dans de nombreux pays européens (Graphique 1.7). Le coût de l'eau potable varie à travers la région, les prix étant particulièrement bas dans le centre de Paris et supérieurs à la moyenne nationale dans d'autres villes de la région. Les prix actuels de l'eau potable pour les consommateurs sont établis de manière à couvrir les coûts des compagnies des eaux, mais n'ont pas été fixés de manière à refléter la rareté de l'eau.

Graphique 1.7. Dépenses de consommation des ménages consacrées à l'approvisionnement en eau en proportion des dépenses de consommation totales des ménages dans une sélection de pays européens et partenaires

Moyenne en % sur la période 2018-22

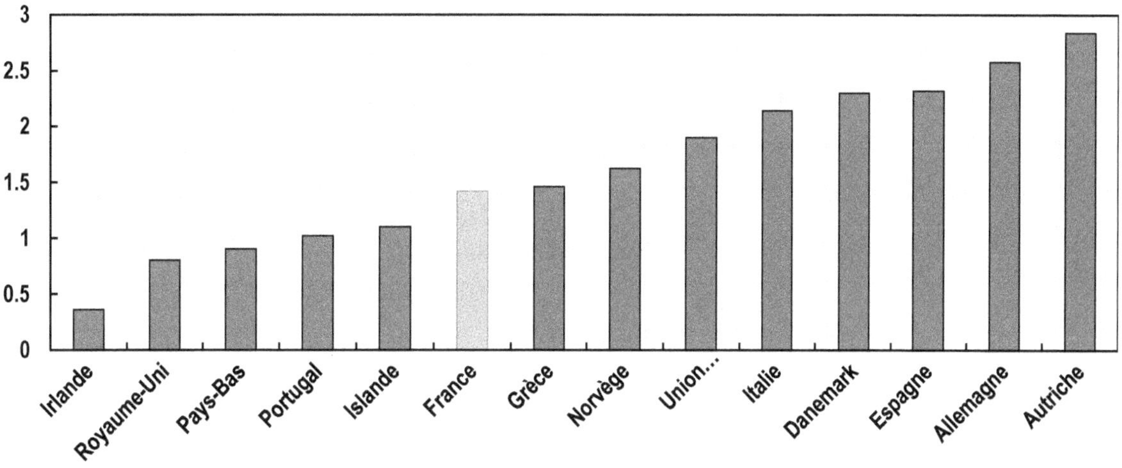

Source : Auteurs, d'après des données d'Eurostat. Le total des dépenses des ménages couvre 12 catégories de dépenses comme les loisirs, les transports, la santé, l'éducation, l'ameublement, le logement (eau et énergies comprises) et les boissons, entre autres.

Bien que les prix de l'eau potable soient relativement bas, il est peu probable que leur augmentation entraîne des économies d'eau. Étant donné que la région se caractérise par une population essentiellement urbaine dont les niveaux de consommation d'eau sont déjà inférieurs à la moyenne, la hausse des prix de l'eau pourrait ne pas être une mesure efficace pour réduire la demande d'eau potable. En outre, les tarifs de l'eau sont les plus faibles dans les départements les plus riches de la région. Par conséquent, là où il est possible d'augmenter les prix de manière significative, c'est là aussi que l'élasticité des prix est en théorie la plus faible (Graphique 1.8). Enfin, l'installation de compteurs, qui pourrait permettre aux ménages de mieux comprendre leur consommation individuelle et ainsi être incités à réduire leur consommation dans un souci d'économies financières, reste rare dans la région.

Graphique 1.8. Tarifs de l'eau pour les différents groupes de revenu et départements de la région parisienne et de France

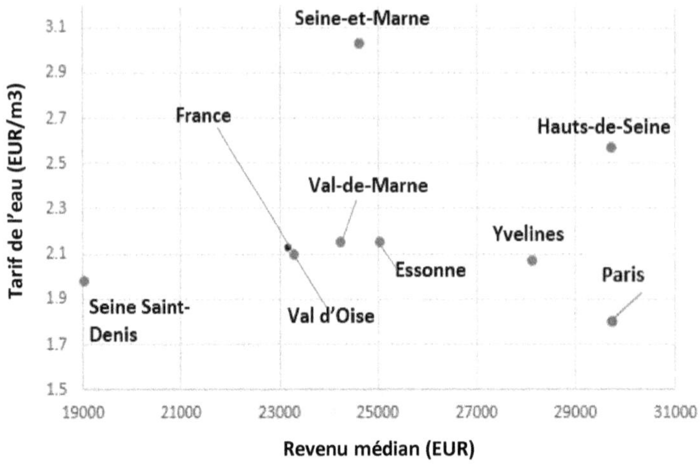

Note : Chaque point représente un département de la région Île-de-France.
Source : Auteurs, d'après les données de l'Institut national de la statistique et des études économiques (INSEE) et du système d'information des services publics d'eaux et d'assainissement (SISPEA).

Les prix de l'eau pour l'agriculture et l'industrie manufacturière ne reflètent pas non plus la rareté de l'eau, mais les augmenter serait complexe. Le prix de l'eau servant à l'irrigation est plus élevé dans la région Île-de-France que dans d'autres bassins versants de France (Graphique 1.9), excepté pour l'irrigation par gravité, qui est très peu pratiquée dans la région. Néanmoins, les prix de l'eau restent trop bas pour inciter les agriculteurs à se tourner vers des cultures moins gourmandes en eau ou à réduire la superficie des surfaces irriguées. Dans le secteur manufacturier, les prix ne sont pas fixés de manière à favoriser la préservation de l'eau ou son utilisation rationnelle. Néanmoins, pour que les augmentations de prix dans le secteur agricole aient une incidence sur la demande d'eau, il faudrait qu'elles soient significatives (jusqu'à un décuplement des prix) et poseraient des problèmes d'acceptabilité.

Graphique 1.9. Prix de l'eau pour les secteurs agricole et de l'industrie manufacturière en Île-de-France par rapport aux autres bassins versants de France

0.01 EUR/m³, 2022

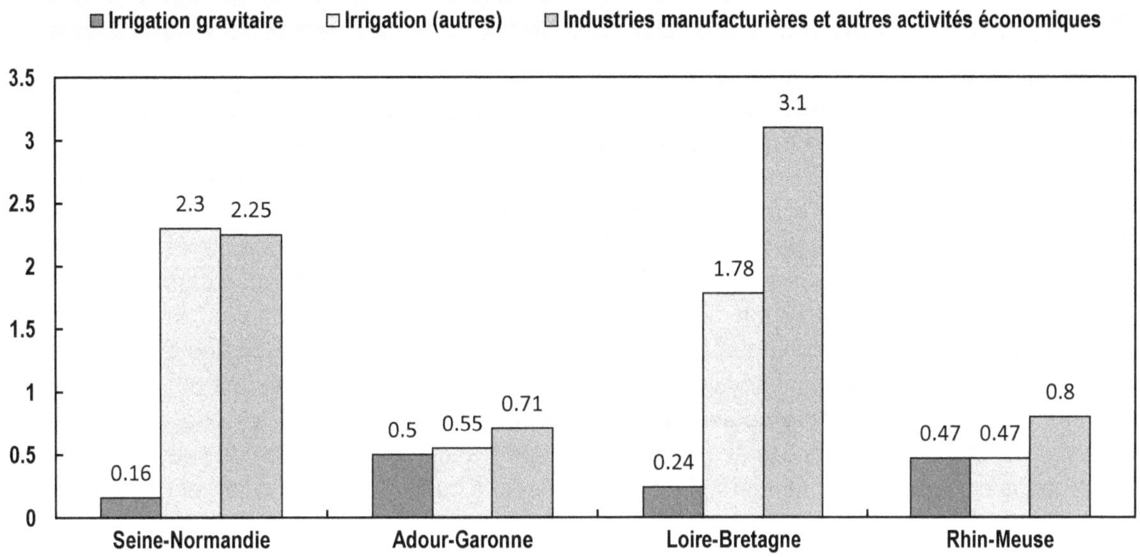

Source : Auteurs, d'après des données des différentes agences de l'eau.

Les mécanismes d'allocation de l'eau ont été utilisés pour limiter l'utilisation de l'eau uniquement lors de la gestion de sécheresses.

Le régime d'allocation de l'eau en vigueur dans la région Île-de-France ne restreint que très peu les prélèvements, sauf en cas de sécheresse. En règle générale, l'allocation de l'eau dans le bassin de la Seine-Normandie s'effectue sur de longues périodes, sans restriction, si l'utilisateur peut démontrer, sur la base d'une évaluation environnementale, qu'il n'y aura pas d'incidences négatives sur les ressources et les écosystèmes. [4] Des restrictions ne sont appliquées qu'en cas de sécheresse. Les arrêtés départementaux liés à la sécheresse (Ministère de la Transition Ecologique et de la Cohésion des Territoires, 2023[31]) réglementent ensuite l'allocation de l'eau en fonction des utilisations prioritaires. Ils établissent un système de restrictions progressives allant de la sensibilisation aux interdictions de prélèvement, en vue d'éviter une pénurie d'eau potable et la dégradation des écosystèmes. En vertu de ces restrictions, le secteur agricole, par exemple, pourrait être invité à réduire jusqu'à 50 % ses prélèvements afin d'économiser l'eau, tandis que les particuliers ne subiraient aucune restriction en matière d'utilisation de l'eau potable.

Des initiatives prometteuses visant à réduire à long terme les prélèvements d'eau sont en cours aux niveaux régional et national. À titre d'exemple, l'association Aqui'brie gère un aquifère qui fournit de l'eau potable à près de 10 % des habitants de la région, ainsi que de l'eau destinée à l'irrigation et à l'industrie. Alors que le niveau de l'aquifère diminuait, cette association a été créée pour assurer une gestion conjointe et durable des prélèvements, s'appuyant sur des modèles scientifiques et rassemblant les utilisateurs des services des eaux, ainsi que les secteurs de l'agriculture et de l'industrie, afin de réduire les prélèvements d'eau collectivement et de manière constante au fil du temps. Au niveau national, de nouvelles dispositions réglementaires ont été adoptées pour inciter les entreprises à réduire leur consommation d'eau en assouplissant les restrictions d'eau auxquelles elles sont soumises en période de sécheresse. Enfin, une initiative nationale favorise les mécanismes de partage de l'eau par l'intermédiaire d'associations d'agriculteurs (organismes uniques de gestion collective) ou, plus récemment, de projets territoriaux collaboratifs (projets de territoire de gestion de l'eau). Les associations d'agriculteurs peuvent distribuer des droits de prélèvements d'eau en se fondant sur leurs propres critères d'allocation (Cinotti, Galtier and Granger, 2020[32]). Dans le cas des projets territoriaux, les usagers de l'eau doivent apporter la preuve qu'ils prennent en compte les effets du changement climatique dans leurs trajectoires de consommation d'eau.

Compte tenu du caractère ambitieux des objectifs fixés pour l'irrigation, il est nécessaire de déployer des efforts considérables pour allouer de manière durable les permis d'utilisation de l'eau existants dans le secteur agricole. Bien que le secteur devrait maintenir à niveau les volumes d'eau utilisée à des fins d'irrigation, la région Île-de-France entend renforcer la sécurité alimentaire (Région Île-de-France, 2021[25]), laissant penser que les besoins en eau d'irrigation augmenteront. En outre, si les conditions climatiques s'aggravaient, cela pourrait faire également augmenter les besoins d'irrigation. Par conséquent, lorsque les permis de prélèvement d'eau sont répartis entre les agriculteurs par le biais d'une association d'agriculteurs, celle-ci pourrait promouvoir un système qui récompense ceux qui adoptent des pratiques propices à la préservation de l'eau et à l'optimisation des ressources ou qui favorisent la réduction à long terme des prélèvements d'eau. De même, l'inclusion de trajectoires de préservation de l'eau à long terme dans les demandes de permis d'utilisation d'eau pourrait devenir obligatoire. Enfin, les restrictions liées à la sécheresse peuvent être encore modifiées pour inciter les usagers à réduire leur consommation d'eau. Cela suppose de passer d'un modèle statique d'allocation de l'eau à un modèle qui encourage les comportements vertueux, favorisant ainsi une culture de l'innovation et de la résilience au sein du secteur agricole.

Il est possible d'accroître le taux d'adoption des dispositifs domestiques permettant d'économiser de l'eau

Malgré les avantages potentiels des technologies permettant d'économiser l'eau, leur adoption reste limitée dans la région Île-de-France. Par exemple, des initiatives comme la distribution de kits d'économie d'eau visent à réduire la consommation d'eau potable (comme celle provenant des robinets) sans que cela nuise au confort des usagers. Bien que ces technologies permettent de réaliser des économies d'eau estimées à 10 % en moyenne (Ville de Paris, 2013[33]), leur adoption reste limitée dans la région. L'une des raisons invoquées est le manque de durabilité de ces solutions, car les usagers sont susceptibles ne pas remplacer leur équipement, voire simplement de ne pas installer les solutions. Il semble donc nécessaire de mieux faire connaître ces technologies et de mettre en place des incitations financières ou réglementaires pour promouvoir leur adoption.

1.3.3. La poursuite des investissements dans les mesures relatives à l'approvisionnement en eau sera un élément important de la résilience face aux sécheresses

Si les infrastructures fluviales ont contribué de manière significative à la résilience de la région, leur efficacité pourrait être compromise par la sévérité des sécheresses futures

L'Île-de-France est dotée d'un réseau solide d'infrastructures fluviales, qui joue un rôle crucial en veillant à ce que le débit et le niveau d'eau des principaux cours d'eau soient adéquats. La région dispose de quatre lacs-réservoirs qui offrent une importante capacité de stockage de l'eau. En régulant les débits et les niveaux d'eau, ils contribuent à garantir l'approvisionnement en eau potable et en eau à usage industriel, agricole et énergétique pendant les périodes de rareté de l'eau. Ils jouent également un rôle important dans la gestion des risques d'inondation (OCDE, 2014[34]). La capacité volumétrique des lacs est équivalente à 71 % des prélèvements annuels d'eau dans la région Île-de-France. L'eau stockée est libérée chaque année du mois de juin à la fin du mois d'octobre, et peut contribuer à hauteur de 70 % aux débits fluviaux pendant l'été (AESN ; DRIEE, 2016[35]). Les barrages mobiles installés le long des cours d'eau permettent de réguler les niveaux d'eau tout au long de l'année, garantissant ainsi la navigabilité sur les cours d'eau tout en permettant de gérer les risques d'inondation pendant les périodes de fortes pluies. D'après les scénarios de l'OCDE, y compris dans le scénario défavorable de raréfaction de l'eau, les débits seront suffisants pour maintenir les niveaux d'eau nécessaires à la navigation sur la Seine, ce qui donne à penser que le secteur du transport fluvial est particulièrement résilient à la raréfaction de l'eau.

Il est difficile d'utiliser les lacs-réservoirs pour gérer à la fois la raréfaction accrue de l'eau et le risque prononcé d'inondations. Jusqu'à une date récente, les lacs-réservoirs étaient essentiellement utilisés pour gérer les risques d'inondation tout au long de l'année, selon une stratégie consistant à libérer l'excédent d'eau de manière ponctuelle et à utiliser la capacité de stockage pour atténuer les risques d'inondation en cas de fortes pluies. L'organisme assurant la gestion des réservoirs (l'« Établissement public territorial du bassin (EPTB) ») est de plus en plus conscient de la nécessité de gérer ces lacs de manière à accroître la capacité de stockage de l'eau afin de faire face aux sécheresses. Toutefois, compte tenu de l'augmentation du risque d'inondation en hiver, permettre le stockage de l'eau à plus long terme afin de contribuer à lutter contre la sécheresse estivale suppose un arbitrage important. La création de nouvelles infrastructures lacustres pour augmenter la capacité de stockage n'est pas considérée comme une initiative efficace en matière de gestion de la sécheresse, notamment en raison des inquiétudes existantes liées à la possibilité de remplir les réservoirs déjà existants à l'avenir.

L'approvisionnement en eau potable repose sur des réseaux et des stratégies de distribution robustes

Les infrastructures d'eau potable sont résilientes à la raréfaction de l'eau. Dans la région, les pertes moyennes d'eau du réseau s'élèvent à environ 10 % (SISPEA, 2021[36]), ce qui est bien au-dessus des moyennes nationale (20 %) et européenne (23 %) (EurEau, 2021[37]). Les opérateurs d'eau sont fermement déterminés à entretenir et à améliorer cette performance et réalisent des investissements importants à cette fin. En outre, certains d'entre eux ont mis en place des interconnexions pour s'assurer un soutien mutuel en période de raréfaction de l'eau (Aquavesc, SEDIF, Sénéo, Ville de Paris, 2020[38]). Parmi eux, la régie de la ville de Paris (Eau de Paris) dispose de diverses ressources en eau souterraines situées en dehors de la région, et stocke au total deux fois les besoins en eau potable de Paris.

Si les performances des réseaux publics de distribution d'eau sont généralement excellentes, il existe des disparités entre les communes et davantage pourrait être fait sur les réseaux privés. Les systèmes d'alerte fuites mis en place sur les réseaux privés de la région par les opérateurs d'eau ont apporté la preuve qu'il était possible de faire des économies d'eau considérables. La généralisation de ces efforts pourrait permettre de réaliser des économies d'eau importantes et de réduire les factures d'eau des ménages, des entreprises ou des administrations publiques. Par ailleurs, si les performances des réseaux publics sont généralement excellentes, il existe des disparités entre les communes, certaines zones rurales étant équipées de réseaux de canalisation plus anciens et moins bien entretenus. Par conséquent, bien que les quatre réseaux de distribution situés dans la zone interconnectée affichent un ratio de performance supérieur à 90 %, 25 % des réseaux communaux dans la région ont un ratio de performance inférieur à 77 % et donc à la moyenne nationale (Graphique 1.10). Améliorer de 10 % les performances de ces réseaux peut contribuer à la réalisation d'économies d'eau significatives (près de 12 % des économies d'eau requises par le plan national de l'eau).

Graphique 1.10. Performance des réseaux de distribution d'eau des communes de la région Île-de-France

Ratio des volumes consommés par rapport aux volumes distribués dans les communes de la région, de France et pour les pays européens en 2021

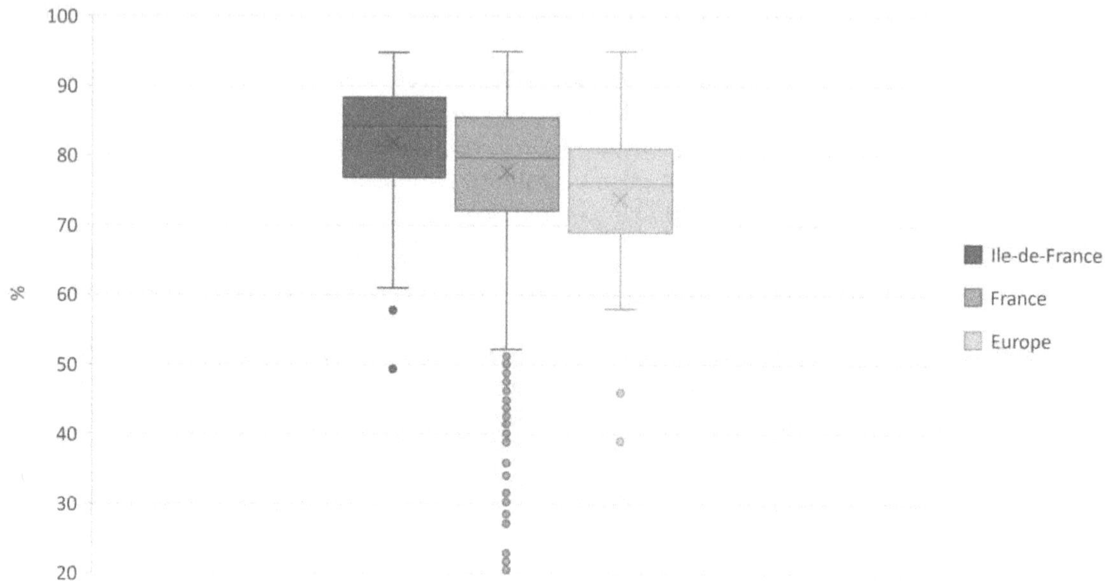

Note : La performance moyenne des réseaux de distribution municipaux de la région est inférieure à la performance moyenne de la région. Cet écart s'explique par la méthode de calcul employée, la performance moyenne de la région correspondant au ratio des volumes totaux consommés dans la région par rapport aux volumes totaux distribués. Les données fournies dans ce graphique accordent le même poids aux réseaux de distribution des zones rurales de petite taille et à ceux de la zone interconnectée, ce qui explique que la performance moyenne des réseaux de distribution municipaux de la région soit plus faible.
Source : Auteurs, d'après des données du SISPEA.

Les solutions fondées sur la nature progressent, mais leur adoption nécessite des connaissances plus approfondies

Des solutions fondées sur la nature contribuant à la rétention d'eau sont progressivement mises en œuvre dans la région Île-de-France. La protection des zones humides et des zones forestières peut accroître la capacité de stockage de l'eau en améliorant l'humidité des sols et la recharge des nappes phréatiques et peut éviter le ruissellement de l'eau (Office français pour la biodiversité, 2012[39]). Dans les villes, la végétalisation et la désimperméabilisation peuvent réduire considérablement l'effet d'îlot de chaleur urbain et limiter ainsi l'augmentation de la consommation d'eau potable observée pendant les vagues de chaleur. La restauration de la biodiversité, y compris la protection des zones humides, le boisement et les infrastructures urbaines vertes font partie des mesures prioritaires mises en œuvre par l'agence de l'eau Seine-Normandie (Agence de l'Eau Seine Normandie, 2022[40]). Un programme prévoit de protéger 1000 hectares de terrains urbains abandonnés d'ici 2025 et de soutenir la plantation de 2 millions d'arbres à l'horizon 2030 (Région Île-de-France, 2022[41]). De même, la Métropole du Grand Paris a créé un fonds pour la biodiversité aux objectifs ambitieux afin de financer les opérations de plantation d'arbres, le comblement des lacunes écologiques, ainsi que la désimperméabilisation et la végétalisation des espaces. Par le biais d'appels à projets, la Métropole du Grand Paris promeut également des solutions innovantes afin de les intégrer dans la planification urbaine. Enfin, la ville de Paris a élaboré une stratégie en faveur de la biodiversité visant à réduire les taux d'évaporation de l'eau et les besoins en eau de la végétation en procédant à une sélection cohérente des espèces. Cette stratégie met également en avant l'importance de la désimperméabilisation (Ville de Paris, 2018[42]).

Pour exploiter pleinement le potentiel des solutions fondées sur la nature, il faut cartographier les écosystèmes et leurs services. Des études ont été réalisées afin d'évaluer le potentiel de désimperméabilisation des espaces publics dans la ville de Paris en vue d'accroître la capacité naturelle de stockage des eaux souterraines (APUR, 2023[43]). Compte tenu des coûts que représente la désimperméabilisation, la priorité devrait être donnée aux zones où le stockage permettra d'atténuer efficacement les risques de raréfaction de l'eau, c'est-à-dire aux endroits où l'infiltration peut effectivement conduire à une augmentation du stockage. Des études similaires sont actuellement menées pour évaluer les possibilités de végétaliser des cours d'eau et des zones humides. Néanmoins, à peine 10 % des zones humides sont actuellement cartographiées et remplissent donc les conditions requises pour bénéficier d'une protection (DRIEAT, 2020[44]). Connaître l'état des zones tampons permettrait d'identifier les zones qui disposent de la plus grande capacité de stockage d'eau et donc de soutien pendant les périodes de faible débit en été, et qui doivent être préservées en priorité. Une analyse à l'échelle du bassin versant pourrait aider à recenser les zones où investir stratégiquement dans des solutions fondées sur la nature pour générer des avantages en matière de sécurité hydrique.

Le recours aux ressources en eau non conventionnelles pourrait grandement contribuer améliorer l'efficacité d'utilisation de l'eau.

La réutilisation de l'eau est envisagée de plus en plus sérieusement dans la région. L'agence de l'eau Seine-Normandie finance des projets de réutilisation des eaux usées en circuit fermé afin de réduire les prélèvements d'eau industriels ou pour répondre aux besoins énergétiques des infrastructures. Compte tenu de la poussée actuelle en faveur de la réindustrialisation du pays, la réutilisation de l'eau sera particulièrement importante. De même, dans la région, l'utilisation de l'eau de pluie est autorisée pour toutes les activités extérieures, les chasses d'eau, le lavage des sols et la lessive. Pour les particuliers, la région Île-de-France subventionne à hauteur de 50 % l'installation de collecteurs d'eau en vue d'un usage sanitaire ou de l'arrosage d'un jardin (Région Île-de-France, 2022[45]). La Ville de Paris sensibilise les habitants à la possibilité de récupérer l'eau de pluie, notamment en vue de l'arrosage des jardins partagés ou de la végétation. Elle oblige également les promoteurs immobiliers à installer des collecteurs d'eau de pluie pour l'arrosage des espaces associés aux bâtiments et à des fins sanitaires. En outre, des projets de réutilisation des eaux de drainage et des eaux des piscines ont été lancés dans la région et font actuellement l'objet d'études approfondies. Le volume potentiel de l'eau des piscines parisiennes pourrait représenter à lui seul 16 % des volumes d'eau non potable utilisés par la ville (APUR, 2022[46]). En revanche, la région ne dispose pas d'infrastructures de récupération des eaux usées ou grises.

La réutilisation de l'eau pourrait constituer une piste intéressante pour les nouveaux bâtiments, en fonction de son rapport coût-efficacité. L'installation dans les bâtiments existants de systèmes de collecte des eaux pluviales afin de stocker et de réutiliser ces ressources peut être complexe et coûteuse, ce qui a entravé leur adoption. Dans les nouvelles constructions, en particulier dans les zones moins denses, la collecte de l'eau de pluie peut être facilement intégrée aux infrastructures d'approvisionnement en eau et d'assainissement. En ce qui concerne les eaux des piscines et d'exhaure, les rapports coûts-bénéfices varient en fonction des utilisations finales et le déploiement des infrastructures nécessaires à l'utilisation de ces ressources nécessite une analyse au cas par cas, comme celle fournie par l'Atelier parisien d'urbanisme (APUR) (APUR, 2013[47]). Enfin, si les eaux usées traitées ne sont pas adaptées à une réutilisation par les ménages, elles pourraient être utilisées pour l'irrigation.

Lever les obstacles réglementaires peut favoriser la mise en œuvre de mesures de réutilisation de l'eau. La réglementation en vigueur, en particulier en ce qui concerne la réutilisation des eaux grises, entrave les investissements dans l'amélioration des technologies connexes. La réutilisation des eaux grises est actuellement soumise à la réglementation sur les eaux usées traitées, ce qui limite leur utilisation à l'irrigation et à l'arrosage des espaces verts après qu'elles ont fait l'objet d'un traitement adéquat, principalement pour des raisons sanitaires. Par conséquent, malgré les exemples provenant d'Espagne et du Japon qui démontrent le potentiel des eaux grises en matière de préservation de l'eau domestique traditionnellement utilisée pour l'assainissement, elles ne peuvent actuellement pas être intégrées dans des projets de construction privés. Ces restrictions s'appliquent également à la réutilisation des eaux de pluie, les cadres réglementaires en vigueur ne fournissant que des orientations ou une assistance minimale. En 2022, la législation a été modifiée afin de rationaliser les procédures et de faciliter la réutilisation des eaux usées en éliminant les obstacles réglementaires tels que les évaluations, les processus d'autorisation et des normes spécifiques de qualité des eaux usées, sous certaines conditions. Des efforts supplémentaires doivent être déployés pour favoriser une adoption à plus grande échelle des pratiques de réutilisation de l'eau.

Lors de la mise en œuvre des mesures de réutilisation de l'eau, il est essentiel d'éviter de créer par inadvertance une maladaptation. Les infrastructures grises visant à favoriser la réutilisation de l'eau sont souvent présentées comme un moyen efficace d'atténuer les risques de raréfaction de l'eau et s'inspirent de pratiques en vigueur dans le monde entier. Toutefois, la réutilisation de l'eau pourrait avoir un impact négatif sur les débits de la Seine, car le déversement des eaux usées traitées peut contribuer à hauteur de 70 % au débit du fleuve pendant les périodes où le niveau de l'eau est bas. Par conséquent, détourner cette eau pour la réutiliser pourrait réduire considérablement le débit du fleuve.

Outre la réutilisation de l'eau, d'autres ressources non conventionnelles peuvent être envisagées, qui présentent un toutefois un risque important de maladaptation. Si les réservoirs d'eau sont considérés comme un moyen d'atténuer la raréfaction de l'eau, ils peuvent également avoir des répercussions négatives sur les ressources en eau et l'environnement en réduisant les débits fluviaux et les débits d'étiage (Carluer N., 2017[48]). L'agence de l'eau Seine-Normandie adopte une approche prudente, ne donnant son aval concernant ce type d'infrastructure que dans des cas spécifiques et que lorsque la réduction à long terme des prélèvements d'eau peut être démontrée. Cette stratégie prudente contribue à éviter une plus grande dépendance à l'égard de l'eau et, une vulnérabilité accrue à la raréfaction de l'eau, ainsi qu'à toute maladaptation potentielle. Les transferts d'eau entre bassins versants s'accompagnent de risques semblables.

1.3.4. Les mesures liées à la qualité de l'eau n'ont pas atteint leurs objectifs

Garantir la qualité de l'eau est un élément essentiel de l'adaptation aux sécheresses futures. La qualité des ressources en eau de l'agglomération parisienne est dégradée par les pollutions diffuses d'origine agricole (azote, phosphore, pesticides) et par les pollutions d'origine urbaine. Des mesures comme la réglementation des niveaux de pollution de l'eau ou des incitations financières en faveur des pratiques agricoles durables sont essentielles pour éviter la raréfaction de l'eau induite par une moindre capacité de dilution en cas de sécheresse. Toutefois, même sans tenir compte des répercussions du changement climatique, les mesures existantes se sont avérées insuffisantes pour garantir la qualité de l'eau sur le bassin versant, 41 % des eaux de surface et 30 % des ressources en eau souterraines ayant été jugées de bonne qualité en 2019 (Agence de l'Eau Seine Normandie, 2022[40]), les résultats étant encore plus mauvais dans la région Île-de-France (Graphique 1.11).

Graphique 1.11. Qualité de l'eau des cours d'eau du bassin Seine-Normandie et de la région Île-de-France en 2019

2019

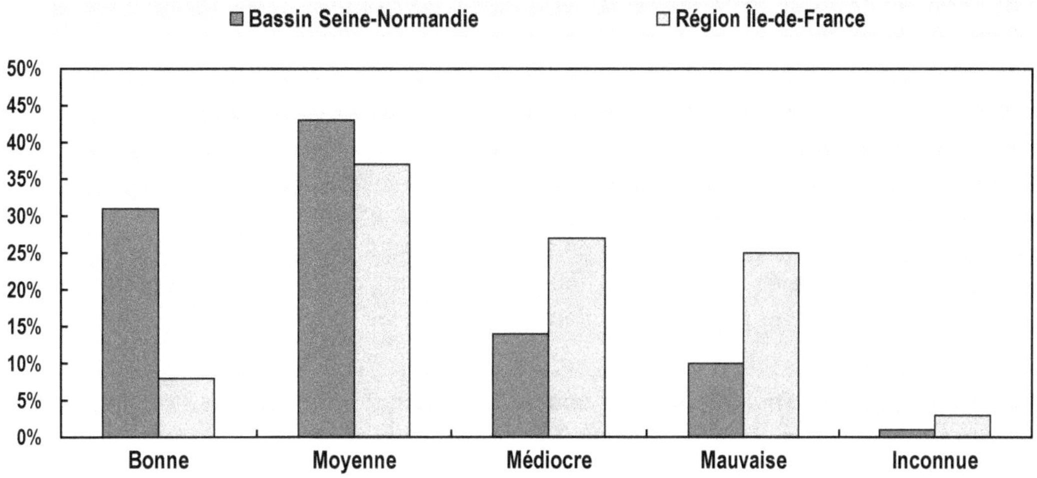

Source : (DRIEAT, 2019[49]).

1.3.5. Les mesures de résilience à la raréfaction de l'eau doivent être adaptées aux types d'usagers

Il est important de comprendre le profil des usagers de l'eau pour concevoir des mesures adaptées et efficaces de résilience à la raréfaction de l'eau. Compte tenu de l'objectif ambitieux de réduction de consommation d'eau pour la région, tous les types d'usagers de l'eau devront contribuer proportionnellement à leurs capacités. Pour que les mesures soient adoptées efficacement, il est donc important d'évaluer précisément le niveau d'effort que l'on peut attendre de chaque usager, qui dépend notamment des efforts de réduction de la consommation d'eau déjà consentis par le passé, mais aussi de ses besoins et de sa consommation actuelle. Par exemple, face à l'accroissement des besoins induit par les conditions climatiques et les stratégies alimentaires mises en place dans la région, le secteur agricole pourrait ne pas être en mesure de maintenir les prélèvements pour l'irrigation à un niveau constant d'ici 2030, comme prescrit par l'agence de l'eau Seine-Normandie. Pour faire face à la demande future d'eau dans le secteur tout en maintenant les prélèvements d'eau à un niveau constant par rapport à ceux de 2022, il se peut que le secteur agricole doive recourir à la réutilisation de l'eau pour satisfaire une partie de ses besoins d'irrigation, utiliser des équipements économes en eau et envisager de changer de type de culture ou de réduire la superficie des surfaces irriguées afin d'économiser de l'eau.

Toutefois, la région ne dispose que d'une connaissance limitée des modes de consommation d'eau de chaque type d'usager. Il n'existe actuellement pas de données sur la consommation d'eau de chaque type d'usager, car il n'existe peu de compteurs individuels dans la région. La plupart des études réalisées portent sur un périmètre très spécifique d'usagers domestiques et ne rendent pas compte de la diversité des usages de l'eau potable (par exemple : les usages des administrations, des entreprises, des hôtels, des habitants des zones rurales ou des zones urbaines, etc.). Si les volumes annuels consommés sont connus, il n'existe pas de données granulaires permettant d'évaluer les utilisations effectives faites par les secteurs de l'agriculture et de l'industrie. Enfin, en dessous d'un certain volume, les prélèvements d'eau ne font l'objet d'aucune déclaration.

1.4. Financement des mesures de réduction des risques de raréfaction de l'eau dans un contexte de changement climatique

La région n'est pas dotée d'une stratégie de financement reposant sur une évaluation des besoins en vue de renforcer la résilience face à la raréfaction de l'eau. En l'absence d'objectif de résilience précis, il est difficile de déterminer avec précision quels sont les besoins financiers. Toutefois, le plan d'action figurant dans le plan Eau fait état de la nécessité d'accroître les financements publics, ainsi que les efforts déployés visant à attirer les investissements privés, mettant ainsi en évidence qu'un effort financier collectif est indispensable. En outre, si la réduction de la consommation d'eau est bénéfique à sa préservation, elle met en péril la stabilité financière des opérateurs d'eau qui dépendent de la tarification de l'eau. Ces recettes sont essentielles au financement de la modernisation des infrastructures et aux initiatives en faveur de la résilience. De même, les systèmes de compensation financière tels que l'assurance nationale contre les catastrophes naturelles (CatNat), qui couvrent les dommages causés aux bâtiments liés au phénomène de retrait-gonflement des argiles, sont confrontés à des problèmes de soutenabilité financière.

Compte tenu des besoins financiers, il est essentiel d'identifier des sources de financements. Ces sources pourraient provenir de fonds existants ou de nouveaux canaux. Premièrement, intégrer les risques de raréfaction de l'eau dans les fonds existants, comme le Fonds de prévention des risques naturels majeurs et le Fonds vert, pourrait renforcer les synergies entre les efforts de prévention des inondations et ceux visant l'amélioration de la résilience à la raréfaction de l'eau, avec à la clé d'importantes retombées bénéfiques. En effet, le financement de mesures de résilience à la raréfaction de l'eau pourrait contribuer à atténuer les risques d'inondation. Par ailleurs, l'alignement des instruments financiers comme les fonds européens agricoles sur des pratiques en matière d'eau durables pourrait permettre d'allouer efficacement des ressources pour renforcer la résilience à la raréfaction de l'eau. Enfin, explorer de nouvelles sources de revenus, comme les paiements pour services écosystémiques, l'augmentation de la tarification volumétrique de l'eau, l'introduction de charges fixes au service du renforcement de la résilience ou l'imposition de redevances au titre de la pollution de l'eau, pourrait renforcer la résilience financière face aux risques de raréfaction de l'eau. En outre, en complément de ces ressources supplémentaires, il est essentiel d'encourager les investissements du secteur privé dans la résilience à la raréfaction de l'eau et de favoriser une culture de la gestion des risques liés à l'eau.

Encadré 1.2. Recommandations

Évaluation du risque de sécheresse

- Améliorer la connaissance des usages de l'eau et le suivi des prélèvements par usager dans la région pour comprendre l'impact cumulé des prélèvements sur les ressources et leur disponibilité.
- Actualiser les projections hydrologiques pour évaluer la disponibilité des ressources en eau au niveau régional en intégrant les projections climatiques les plus récentes.
- Établir des projections de la demande d'eau dans différents scénarios socio-économiques.
- Au niveau régional, recenser les activités économiques et non économiques exposées au risque de sécheresse tenant compte des projections climatiques et évaluer leur vulnérabilité (p. ex. : débit fluvial en dessous duquel le transport fluvial est menacé, niveau d'humidité des sols entraînant des pertes des récoltes, etc.).
- En se fondant sur l'analyse des vulnérabilités, définir un niveau de risque acceptable (par exemple, débit minimal pour garantir le fonctionnement des écosystèmes ou l'accès à l'eau potable, etc.).
- Informer le public des résultats de l'évaluation des risques de sécheresse afin d'améliorer la sensibilisation.

Cadre stratégique

- Renforcer les plans et les stratégies pour accroître la résilience aux sécheresses en adoptant une vision intersectorielle à long terme reposant sur une évaluation approfondie des risques de sécheresse qui tienne compte de l'incertitude et reste flexible, pour réorienter l'action menée en fonction des trajectoires climatiques.
- Renforcer la coordination entre les municipalités afin d'harmoniser les mesures de gestion de l'eau et d'assurer la solidarité amont-aval et la coordination entre les zones urbaines et périurbaines.
- Renforcer la cohérence entre les objectifs de gestion de l'eau et les politiques relatives au développement économique régional, à la planification urbaine, au changement climatique, à l'industrie et à l'agriculture.
- Mobiliser les parties prenantes dans tous les secteurs et définir les responsabilités de chacune et les actions qu'elles doivent entreprendre dans le cadre des plans de résilience à la sécheresse.

Mesures de gestion de la demande

- Poursuivre les efforts d'information et de sensibilisation du public qui favorisent des économies d'eau pour tous les types d'usagers, comme le recours à des cultures économes en eau dans le secteur agricole ou un changement de comportement des ménages, y compris en dehors des périodes de sécheresse.
- Promouvoir l'utilisation de technologies économes en eau, comme les kits d'économie d'eau destinés aux ménages ou les équipements d'irrigation efficace en eau.
- Utiliser les mécanismes existants d'allocation de l'eau, comme les autorisations de prélèvement ou les dérogations aux restrictions d'usage de l'eau en cas de sécheresses, pour favoriser une réduction à long terme des prélèvements d'eau.

- Promouvoir les initiatives de collaboration, comme Aqui'brie ou les associations d'agriculteurs, pour réduire les prélèvements d'eau à long terme.

Mesures relatives à l'approvisionnement en eau

- Pour optimiser la sélection des mesures relatives à l'approvisionnement en eau, réaliser un diagnostic de la consommation d'eau afin d'évaluer la nécessité de compléter les efforts de préservation de l'eau par des mesures d'approvisionnement en eau.
- Poursuivre les efforts visant à améliorer l'efficience du réseau d'eau, en particulier au niveau municipal.
- Assurer une surveillance systématique des fuites dans les réseaux privés afin d'encourager les ménages, les administrations ou les entreprises à économiser l'eau.
- En ce qui concerne la réutilisation des eaux grises, envisager l'adoption de dispositions réglementaires en la matière de même que l'inclusion de la réutilisation des eaux grises dans la réglementation existante.
- Favoriser, s'il y a lieu, la réutilisation des eaux de pluie dans le secteur de la construction.
- Intensifier les efforts déployés pour cartographier les services écosystémiques afin d'identifier les zones où il est prioritaire de déployer des solutions fondées sur la nature pour accroître la capacité naturelle de stockage des eaux souterraines.

Financement de la résilience à la raréfaction de l'eau

- Élaborer une stratégie de financement qui évalue les coûts des investissements publics nécessaires pour mettre en œuvre les mesures préconisées au niveau du bassin versant, de la région et des municipalités, ainsi que les sources de financement pour renforcer la résilience à la raréfaction de l'eau.
- Mieux aligner les investissements publics sur la résilience à la sécheresse pour renforcer l'efficacité des fonds existants, comme le Fonds national de prévention des risques naturels majeurs et le Fonds vert, ou ceux des exploitants d'infrastructures publiques.

Références

Ademe (2021), "L'étiquette énergie pour l'équipement de la maison", http://www.guidetopten.fr (accessed on 17 August 2023). [30]

AESN ; DRIEE (2016), *Mission sur le fonctionnement hydrologique du bassin de la Seine*, Agence Eau Seine Normandie, https://doi.org/10.5194/hess-2016-308. [35]

Agence de l'Eau Seine Normandie (2023), *Stratégie d'adaptation du bassin Seine Normandie*. [15]

Agence de l'Eau Seine Normandie (2022), "Schéma Directeur d'Aménagement et de Gestion des Eaux 2022-27". [40]

Agence de l'eau Seine Normandie (2019), *Etat des lieux du bassin Seine-Normandie*. [23]

Agreste (2022), *Memento Île-de-France*. [29]

Agreste (2021), *L'occupation du sol entre 1982 et 2018*. [13]

Agreste (2011), *Enquête sur les services publics de l'eau potable et de l'assainissement en 2008.* [27]

APUR (2023), *Plan de végétalisation et de rafraichissement de la Plaine Commune.* [43]

APUR (2022), *L'eau potable, témoin du taux d'usage des bâtiments*, https://www.apur.org/fr/nos-travaux/eau-potable-temoin-taux-usage-batiments-exemple-paris (accessed on 17 August 2023). [46]

APUR (2013), *Du réseau d'eau non potable à l'optimisation de la ressource en eau.* [47]

Aquavesc, SEDIF, Sénéo, Ville de Paris (2020), *Étude relative à la sécurisation de l'eau potable en Ile-de-France.* [38]

Association française de l'assurance (2011), *La tempête Xynthia du 28 Février 2010 - Bilan chiffré au 31 Décembre 2010*, https://www.mrn.asso.fr/wp-content/uploads/2018/01/2010-bilan-tempete-xynthia-2010-ffsa-gema.pdf. [18]

Boé, J. et al. (2018), *Scénarios sécheresse sur le bassin Seine-Normandie.* [14]

Caisse Centrale de Réassurance (2020), *La Prévention des Catastrophes Naturelles par le Fonds de Prévention des Risques Naturels Majeurs*, https://catastrophes-naturelles.ccr.fr/documents/148935/543490/Rapport+r%C3%A9gional+%C3%8Ele-de-France.pdf/384c8761-bdcc-da4c-db07-5df7e419bd06?t=1612802977674. [6]

Carluer N., B. (2017), *Impact cumulé des retenues d'eau sur le milieu aquatique..* [48]

CGEDD and CGAAER (eds.) (2020), *Bilan du dispositif des organismes uniques de gestion collective (OUGC) des prélèvements d'eau pour l'irrigation.* [32]

Chevrot, J. et al. (2018), "L'industrie francilienne : des mutations de long terme toujours à l'œuvre", *INSEE Analyses* 91, https://www.insee.fr/fr/statistiques/fichier/version-html/3673585/if_ina_91.pdf. [28]

Cour des comptes européenne (2021), *La PAC et l'utilisation durable de l'eau dans l'agriculture.* [24]

DRIEAT (2023), *Bilan annuel de l'étiage en Île-de-France - Saison 2022.* [3]

DRIEAT (2023), *Le risque lié au retrait-gonflement des sols argileux*, https://www.drieat.ile-de-france.developpement-durable.gouv.fr/le-risque-lie-au-retrait-gonflement-des-sols-a3768.html. [5]

DRIEAT (2020), *L'eau et les milieux aquatiques en Ile-de-France*, https://www.drieat.ile-de-france.developpement-durable.gouv.fr/IMG/pdf/2020_01_28_eau_et_milieux_aquatiques_idf.pdf. [44]

DRIEAT (2019), *La qualité des eaux d'Île-de-France : état de la situation en 2019*, https://www.drieat.ile-de-france.developpement-durable.gouv.fr/IMG/pdf/presentation_edl_idf_vf2.pdf. [49]

EPTB Seine Grands Lacs (2021), *Etude globale sur l'incidence socio-économique et environnementale des étiages sévères sur le bassin amont de la Seine.* [1]

EurEau (2021), *Europe's Water in Figures*, https://www.eureau.org/resources/publications/eureau-publications/5824-europe-s-water-in-figures-2021/file (accessed on 17 August 2023). [37]

Fédération française de l'assurance (2017), *L'assurance des catastrophes naturelles en 2016*, https://www.mrn.asso.fr/wp-content/uploads/2017/01/2017-chiffre-assurance-des-catastrophes_naturelles_2016.pdf. [17]

Haropa Port (2023), *Premier port fluvial européen*, https://www.haropaport.com/fr/premier-port-fluvial-europeen (accessed on 10 November 2023). [9]

INSEE (2022), "Populations légales au 1er janvier 2020", *INSEE Flash Île-de-France*. [11]

INSEE (2022), "Prévisions démographiques en Île-de-France à horizon 2070 : vieillissante, la région resterait la plus jeune de France" INSEE Flash Île-de-France n° 72, https://www.insee.fr/fr/statistiques/6666275. [16]

Institut Paris Région (2021), *Un recentrage de la croissance démographique francilienne confirmé entre 2007 et 2017*. [12]

Institut Paris Région ; INSEE ; CCI (2021), *Chiffres clés de la Région Ile-de-France*. [8]

Kapsambelis, D. (2018), *Analyse des pertes de récoltes à l'échelle de l'exploitation agricole dans le cadre de l'assurance multirisques climatique en France métropolitaine*. [4]

Météo France (2022), *DRIAS Les futurs du climat*. [2]

Métropole du Grand Paris (2018), *Plan Climat Air Energie*. [21]

Ministère de la Transition Ecologique et de la Cohésion des Territoires (2023), *Guide circulaire de mise en œuvre des mesures de restriction des usages de l'eau en période de sécheresse*. [31]

Ministère de la Transition écologique et de la Cohésion des territoires (2020), *GEOIDD*, https://geoidd.developpement-durable.gouv.fr/#bbox=-376051,7172142,1155553,588024&c=indicator&f=agri&i=eau_prel_usage.volume_eau_prel&s=2019&selcodgeo=11&t=A08&view=map20 (accessed on 2024). [7]

Ministère de la Transition écologique et de la Cohésion des territoires (2018), *Plan national d'adaptation au changement climatique 2*. [19]

OCDE (2014), *Étude de l'OCDE sur la gestion des risques d'inondation : la Seine en Île-de-France 2014*, Éditions OCDE, Paris, https://doi.org/10.1787/9789264207929-fr. [34]

Office français pour la biodiversité (2012), *De la qualité des milieux aquatiques dépendent de nombreux services rendus à la société*. [39]

Région Île-de-France (2022), *« Île-de-France Nature » succède à l'Agence régionale des espaces verts*, https://www.iledefrance.fr/toutes-les-actualites/ile-de-france-nature-succede-lagence-regionale-des-espaces-verts. [41]

Région Île-de-France (2022), *Plan de protection, de résistance et d'adaptation de la région Île-de-France*. [20]

Région Île-de-France (2022), *Plan régional d'adaptation au changement climatique*. [45]

Région Île-de-France (2021), *Le Plan régional pour une alimentation locale, durable et solidaire.* [25]

SISPEA (2021), *Île-de-France.* [36]

Ville de Paris (2023), *Projet de Plan Climat Air Energie 2024-30*, https://cdn.paris.fr/paris/2024/02/09/projetplanclimatparis2024-2030_adopte-07VX.pdf. [22]

Ville de Paris (2019), *Schéma directeur du réseau de froid.* [26]

Ville de Paris (2018), *Plan Biodiversité 2018-24*, https://cdn.paris.fr/paris/2021/02/17/fbb551749cd3dabdf2b730d5f4097629.pdf. [42]

Ville de Paris (2013), *Rapport annuel 2013 sur le prix et la qualité des services publics d'eau potable et d'assainissement*, https://cdn.paris.fr/paris/2019/07/24/7408eea1a73c088b675cdbf55996576c.pdf. [33]

Voies Navigables de France (2022), *https://www.vnf.fr/vnf/accueil/logistique-fluviale/economie-du-secteur-logistique/panorama-tendances-et-chiffres-cles-du-transport-fluvial/.* [10]

Notes

[1] https://www.eau-seine-normandie.fr/NL16/55000

[2] La plateforme VigiEau est accessible au public sur vigieau.gouv.fr.

[3] Cette plateforme contient des messages et des outils destinés à aider les acteurs locaux à sensibiliser le public à la sécheresse et aux mesures d'économie d'eau : https://www.ecologie.gouv.fr/actualites/secheresse-france.

[4] L'évaluation environnementale s'inscrit dans le cadre d'une procédure normalisée prévue par la loi sur l'eau et décrite sur le site web de la région Île-de-France. (Dossiers loi sur l'eau : mode d'emploi | DRIEAT Île-de-France (developpement-durable.gouv.fr))

2 Impacts des sécheresses en Ile-de-France dans le contexte du changement climatique

Ce chapitre présente les enjeux sociaux, économiques et environnementaux liés aux sécheresses en Ile-de-France dans le contexte du changement climatique. Il propose également une estimation des coûts économiques directs et indirects dans différents scénarios de sécheresse.

2.1. Introduction

Les sécheresses ont toujours ponctué la vie de la région parisienne et des exemples sont recensés depuis le XVIème siècle. Parmi les sécheresses documentées, la plus marquante est celle de 1921 faisant suite à un hiver 1920 très sec (déficit de précipitations de 58% par rapport à la moyenne 1981-2010). Cette sécheresse a entraîné des répercussions importantes sur la production agricole, la navigation ou les écosystèmes (Van der Schrier et al., 2021[1]). D'autres sécheresses ont également marqué le XXème siècle, telle que la sécheresse de 1976 caractérisée par des étiages parmi les pires jamais enregistrés dans la région (DRIEAT, 2023[2]), induits par une canicule majeure et de faibles précipitations annuelles.

Les évolutions socio-économiques, parmi lesquelles l'urbanisation, ont favorisé le développement d'épisodes de sécheresse. La région Ile-de-France est la région la plus densément peuplée de France, hébergeant près de 19% de sa population (INSEE, 2022[3]). Bien que la croissance démographique tende à se stabiliser, la région a vu sa population augmenter de 15% entre 1968 et 1990, caractérisée en partie par un étalement urbain significatif (60% de la croissance démographique) (Institut Paris Région, 2021[4]). Cet étalement urbain a contribué à l'artificialisation des sols qui diminue leur perméabilité et perturbe la recharge des nappes, tout comme l'écoulement naturel des eaux de pluie vers les cours d'eau, favorisant ainsi des phénomènes de sécheresse. Le développement de la région s'est également accompagné de l'aménagement de rivières en biefs, modifiant le cycle naturel de l'eau et la disponibilité de la ressource dans l'espace et dans le temps.

Néanmoins, la région a été relativement protégée des impacts des sécheresses au cours des cinquante dernières années grâce à un réseau d'infrastructures performant et une stratégie de prévention. La plupart des dommages recensés sont dans le secteur agricole et sur le bâti, laissant suggérer des impacts environnementaux liés à un manque d'eau dans les sols. La production d'eau potable, bien qu'exposée sur certains axes stratégiques a su maintenir des niveaux de service suffisants pour les populations. Enfin, l'assainissement, le transport fluvial ou la production d'énergie de la région n'ont jamais été affectés. Cette apparente robustesse face à la raréfaction de l'eau est le résultat d'un réseau d'infrastructures performant, d'une stratégie d'alimentation en eau potable résiliente, mais aussi d'une logique de réduction des risques reposant sur des mesures d'information et réglementaires. Ainsi, si la sécheresse de 1921 aurait entrainé des restrictions strictes d'usage de l'eau pendant 151 jours, les infrastructures déployées depuis permettent d'éviter des restrictions sur une grande partie des usages dépendants des rivières de la région (EPTB Seine Grands Lacs, 2022[5]).

Pourtant, face à une fréquence plus soutenue et l'intensité des sécheresses observées depuis 2003, les impacts des sécheresses sont de plus en plus visibles. La durée des épisodes de sécheresse a augmenté de 4% en moyenne et l'assèchement des sols a augmenté de 5 % entre les périodes 1961-1990 et 1981-2010 (Météo France, 2022[6]). Cette tendance est essentiellement concentrée sur le printemps et l'été. Les projections climatiques confirment cette tendance, et prévoient une baisse importante des débits des cours d'eau, un accroissement de la durée des sécheresses et par conséquent une diminution du niveau des nappes, pour se rapprocher des niveaux les plus secs actuels.

Ce chapitre étudie les impacts potentiels d'une raréfaction de l'eau en Ile-de-France résultant de sécheresses sévères, favorisées par le changement climatique. Il s'intéresse aux aléas de sécheresse et de vagues de chaleur qui favorisent la raréfaction de l'eau et détermine des scénarios futurs probables, tenant compte des mesures existantes sur le bassin Seine Normandie pour prévenir les risques liés aux sécheresses. Il analyse également l'évolution des prélèvements et de la consommation d'eau dans la région parisienne et sa vulnérabilité en cas de diminution des ressources disponibles. Il propose enfin une évaluation économique des coûts que pourrait connaître la région Ile-de-France en cas d'épisode de raréfaction sévère et inclut une modélisation des effets en cascade d'une raréfaction de l'eau pour comprendre les impacts économiques à l'échelle de la région et du pays. Cette étude d'impact permettra de cibler les leviers à activer pour améliorer la résilience de ce territoire face à ce risque.

2.2. Évolution des sécheresses observées en Ile-de-France

L'Ile-de-France dépend des ressources en eau superficielles du bassin versant Seine-Normandie et de nappes phréatiques stratégiques. Le bassin versant Seine Normandie compte 55 000 km de rivières dont le fleuve de la Seine, ses affluents majeurs (l'Yonne, la Marne et l'Oise), mais aussi de petits fleuves et rivières. De même, le bassin versant dispose d'une dizaine de nappes stratégiques aux propriétés géologiques variées, permettant de stocker l'eau et dans certains cas d'alimenter les cours d'eau. La Seine s'écoule sur 776 km et se jette dans la Manche, alimentant ainsi différentes régions en amont et en aval de l'Ile-de-France (Graphique 2.1).

Graphique 2.1. Carte du bassin versant Seine-Normandie et de la région Ile-de-France

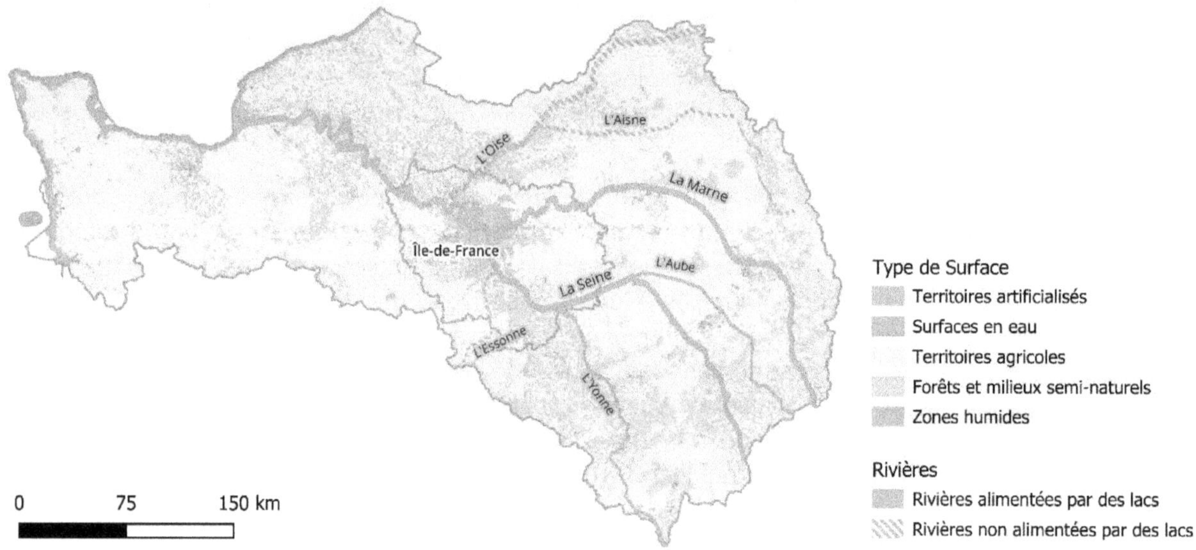

Source : Auteurs.

Les régimes de précipitations influent sur les débits de la Seine et de ses affluents, mais également sur le niveau des ressources souterraines. Les hauteurs de précipitations annuelles sont légèrement plus faibles que celles observées dans les autres bassins français (Tableau 2.1). De plus les reliefs du bassin sont peu marqués et génèrent des débits naturels relativement faibles (AESN ; DRIEE, 2016[7]). La part des précipitations qui s'écoule sur le bassin et assure la recharge des nappes est estimée à seulement 30% des précipitations reçues[1] contre 50% pour le bassin Rhône-Méditerranée. La Seine atteint son débit maximum en janvier-février, lorsque l'évapotranspiration est la plus faible, et minimum au mois d'août, lorsque celle-ci est la plus forte. Le débit moyen annuel de la Seine à Paris est de 310 m³/s (PIREN-Seine, 2018[8]). Selon la période et le niveau de précipitations, ce débit peut varier fortement. Par exemple, à Paris, le débit moyen interannuel peut atteindre 550m³/s en cas de précipitations importantes en hiver et 150m³/s en période d'étiage au mois d'août,[2] soit près de trois fois le débit observé lors de la sécheresse de 1976 (EPTB Seine Grands Lacs, 2022[5]). Ce débit est relativement plus faible et les prélèvements effectués sur la Seine ont donc un impact très important sur celui-ci par rapport à d'autres bassins versants.

Tableau 2.1. Comparaison des caractéristiques des différents bassins versants français

	Seine-Normandie	Rhin-Meuse	Adour-Garonne	Rhône-Méditerranée	Loire-Bretagne
Débit moyen (m^3/s)	480	2200	830	1700	900
Pluviométrie moyenne (mm/an)	800	900	750	850	900
Débit moyen par million habitants (m^3/s/million hab)	26	507	119	110.68	69
Prélèvements bruts relatifs au débit moyen	0.51%	0.04%	0.22%	0.26%	0.20%

Source : OCDE à partir des données des différentes agences de l'eau, BRGM et EauFrance ; Climatologie - SIGES Occitanie - ©2023 (brgm.fr); https://eau-grandsudouest.fr/usages-enjeux-eau/eau-grand-sud-ouest/etat-ressources-gestion-quantitative;Le bassin de la Seine | Agence de l'Eau Seine-Normandie (eau-seine-normandie.fr).

Températures et précipitations sont les facteurs météorologiques à l'origine des sécheresses. En effet, une sécheresse peut se produire lorsqu'il existe un déficit de précipitations en comparaison des moyennes observées. Elle peut donc survenir indépendamment de la saison, et sa sévérité dépendra essentiellement de la durée passée en déficit de précipitations. Plus cette durée est longue, plus les impacts de la sécheresse vont se propager, affectant l'humidité des sols, puis les débits des rivières et le niveau des nappes. Une sécheresse peut également être facilitée par des températures très élevées qui favorisent les phénomènes d'évaporation (e. g, transformation d'un liquide en vapeur) et évapotranspiration (e.g, eau qui s'évapore par les sols et la transpiration des végétaux) et contribuent à assécher les sols. La sécheresse qui a frappé la région en 1921, est caractéristique d'une sécheresse induite par un déficit de précipitations important (58%) durant la période hivernale de 1920. La Seine a alors connu des débits réduits de moitié par rapport aux moyennes estivales du XIXe siècle, et la région a vécu 12 mois de sols secs. Il a été évalué qu'une telle sécheresse dans le contexte actuel aurait entraîné des restrictions d'irrigation, de navigation, d'usages de l'eau pour l'industrie ou l'arrosage des jardins et autres installations sportives pendant près de 151 jours (EPTB Seine Grands Lacs, 2022[9]). Elle a enfin été aggravée par les températures estivales qui ont favorisé l'évaporation de l'eau des sols. A l'inverse, la sécheresse de l'été 2019 survient après un hiver pluvieux mais a été favorisée par des températures extrêmement chaudes.

La région parisienne est marquée par une augmentation de l'évapotranspiration. Les précipitations dans la région ont ainsi légèrement augmenté depuis 1961, sans différence notoire selon les saisons. Toutefois, certaines années connaissent des déficits importants, à l'instar des années 1921, 1949, 1976 ou 2006. En parallèle, la température moyenne dans la région parisienne augmente en moyenne de 0.3°C par décennie depuis 1959, avec des vagues de chaleur de plus en plus fréquentes et longues (Météo France, 2022[10]) ayant conduit à une augmentation de l'évapotranspiration annuelle moyenne croissante d'environ 6% entre la période 1960-1975 et 2003-2018 (Graphique 2.2).

Graphique 2.2. Évolution de l'évapotranspiration en France et en Ile-de-France

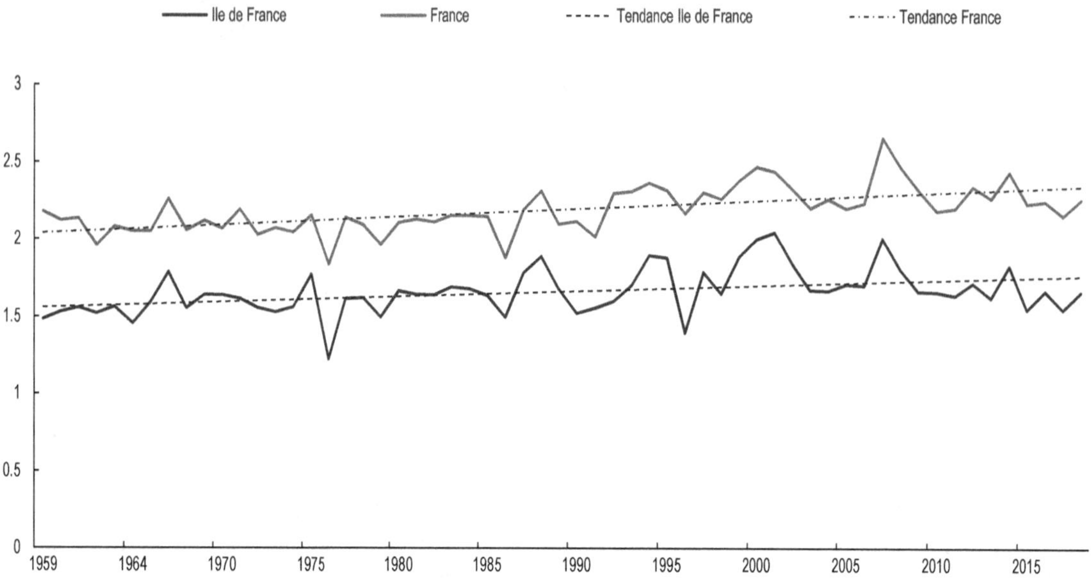

Note : Les valeurs annuelles pour l'Ile-de-France correspondent à la moyenne de l'évapotranspiration pour chacune des saisons. Les valeurs annuelles pour la France correspondent à la moyenne sur l'ensemble des bassins de la moyenne de l'évapotranspiration pour chacune des saisons.
Source : Auteurs à partir des données Banque Mondiale.

Ces tendances permettent d'expliquer l'évolution du profil des sécheresses qu'a connues la région Ile-de-France depuis le début du XXème siècle. Entre la période 1961-1990 et 1991-2020 la région Ile-de-France enregistre un assèchement des sols de l'ordre de 5 % sur l'année (Ministère de la Transition Écologique, 2023[11]), essentiellement concentré sur le printemps et l'été. Les événements de sécheresse de 2006 et 2011 correspondent aux records de sol sec atteints durant l'hiver depuis 1959. La sécheresse de 2003 causée par de faibles précipitations printanières et une canicule record a entraîné jusqu'à 60% de pertes de récoltes agricoles (Kapsambelis, 2018[12]). Plus récemment, faisant suite à un hiver 2021-2022 particulièrement sec, la région a connu des déficits de précipitations allant jusqu'à 41% par rapport à la moyenne 1981-2010 (Météo Paris, s.d.[13]). Cette sécheresse est remarquable tant par sa durée (un an) que son intensité. Près de 20% des rivières traversant la région ont connu des restrictions strictes en raison de leurs faibles débits (DRIEAT, 2023[2]). Des regroupements de bateaux aux écluses ont été effectués. Cette sécheresse a aussi causé des dégâts au bâti en raison des phénomènes de retrait-gonflement des argiles. Les projections climatiques confirment cette tendance, et prévoient une baisse importante des débits des cours d'eau, un accroissement de la durée des sécheresses et par conséquent une diminution du niveau des nappes, pour se rapprocher des niveaux les plus secs actuels.

Le développement urbain a également contribué à fragiliser le renouvellement des ressources souterraines, favorisant l'installation des sécheresses. 80% des sols de Paris et des départements les plus proches sont artificialisés. À l'échelle de la région, le taux d'artificialisation est de 21%, ce qui est très supérieur à la moyenne nationale (9% pour la France métropolitaine (Agreste, 2021[14])). Cette artificialisation réduit les capacités d'infiltration d'eau dans les sols et donc la recharge des nappes phréatiques.

Les sécheresses peuvent engendrer une raréfaction de l'eau. Lors d'un épisode de sécheresse caractérisé par des débit plus faibles, ou des niveaux d'eau souterraine en-dessous de la moyenne, les ressources en eau peuvent ainsi devenir insuffisantes pour satisfaire les usages à l'échelle de la région. La raréfaction de l'eau induite par les sécheresses survient ainsi lorsque les quantités d'eau disponibles sont insuffisantes pour les usages humains (Kumari et al., 2021[15]). Même si les ressources en eau sont présentes, la raréfaction peut résulter de restrictions ou interdictions d'usages de l'eau. Par exemple, la région a connu une sécheresse historique par son intensité durant l'été 2019, favorisée par des températures estivales extrêmes, allant jusqu'à 42.6°C. Près de la moitié de la région a alors connu des restrictions d'usage de l'eau pour les prélèvements agricoles et les sols ont été très affectés. En 2022, lors de la sécheresse qui frappa le pays tout entier, près de 20% des rivières d'Ile-de-France étaient considérées en situation de crise sécheresse en raison de leurs faibles débits (DRIEAT, 2023[3]), générant des restrictions de navigation fluviale sur certains canaux via le regroupement de bateaux, des restrictions d'usage de l'eau pour l'arrosage des jardins, des installations sportives, des potagers, le lavage des voitures, ou encore l'irrigation.

Les sécheresses induites par le changement climatique pourraient s'accompagner de températures plus élevées, créant une autre source de raréfaction de l'eau. La diminution des débits résultant des sécheresses induites par le changement climatique limite la capacité de dilution des milieux. En présence de polluants, la qualité des eaux superficielles dépend pourtant de cette capacité pour conserver des propriétés nécessaires à leur équilibre. Les rejets de fertilisants diminuent par exemple la concentration en oxygène des milieux par des phénomènes d'eutrophisation et les produits phytosanitaires génèrent une toxicité qui porte atteinte à la biodiversité et remet en cause la production d'eau potable. Selon les mêmes mécanismes, les rejets d'eaux usées, industrielles ou domestiques (e. g réseaux d'assainissement) participent à la dégradation de la qualité des eaux de surface. Enfin, la variabilité climatique projetée dans la région suggère également des épisodes d'inondation sévères pouvant menacer la qualité des ressources pour la distribution d'eau potable (Aquavesc, SEDIF, Sénéo, Ville de Paris, 2020[16]).

Encadré 2.1. Sécheresses et raréfaction de la ressource en eau

La variabilité climatique peut conduire à 3 grands types de sécheresse :

- **La sécheresse météorologique** correspond à un déficit de précipitations durant une longue période. L'étude de vulnérabilité conduite par la ville de Paris conclut à un signal très faible pour ce type de sécheresse, à l'exception du pire scénario climatique, qui montre une tendance à l'augmentation de ce type de sécheresse à la fin du siècle.
- **La sécheresse du sol ou agricole** se caractérise par un déficit en eau des sols superficiels (entre 1 et 2m de profondeur) suffisant pour altérer le bon développement de la végétation. Elle dépend des précipitations et de l'évapotranspiration, et est donc sensible à l'humidité, la température de l'air, le vent et la nature des plantes et sols. Elle peut survenir à la suite d'une sécheresse météorologique, mais pas nécessairement.
- **La sécheresse hydrologique** se manifeste lorsque les lacs, rivières ou nappes souterraines montrent des niveaux anormalement bas. Elle dépend des précipitations et de l'état du sol, influant sur le ruissellement et l'infiltration. Elle survient généralement à la suite d'épisodes de sécheresse agricole et peut avoir des effets plus durables.

La raréfaction de l'eau correspond au risque que les volumes d'eau disponibles ne suffisent pas à assurer le fonctionnement des systèmes, qu'il s'agisse d'un problème quantitatif ou qualitatif. Il peut s'agir d'un risque temporaire (e. g un épisode de sécheresse plus ou moins long) ou pérenne.

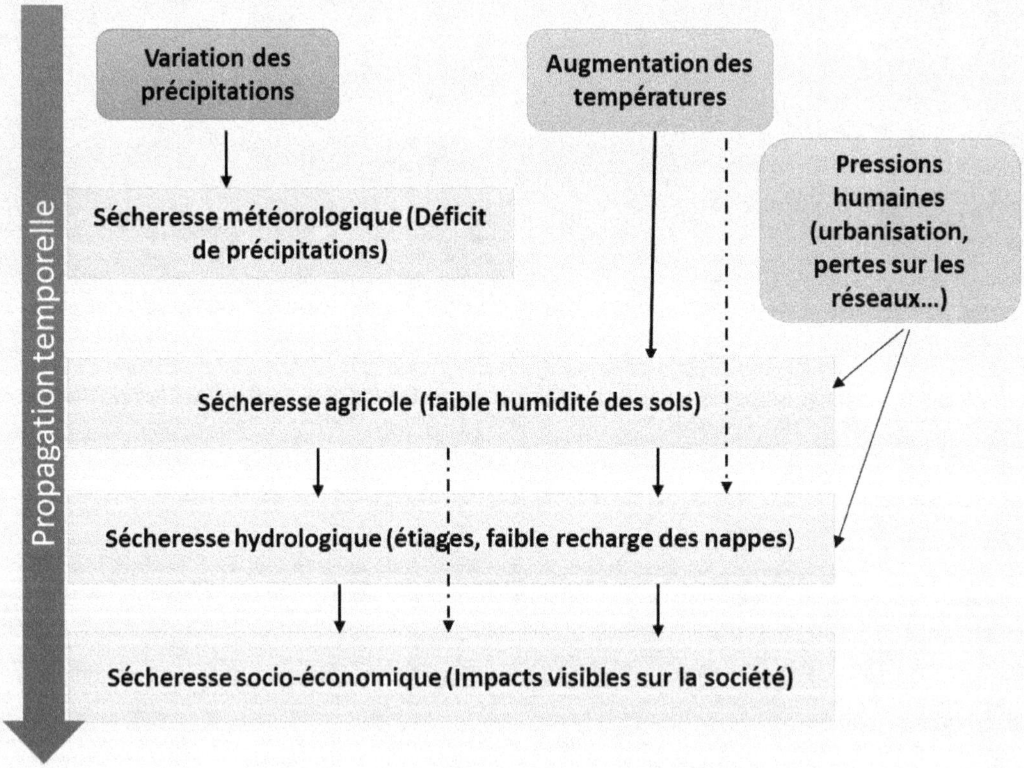

Source : (Bureau des Nations Unies pour la prévention des catastrophes, 2021[17]) ; Météo France.

2.3. Le changement climatique pourrait intensifier les impacts induits par les sécheresses

Le changement climatique pourrait entraîner un assèchement des sols, particulièrement lors des périodes estivales. Les projections climatiques pour la région Ile-de-France indiquent une tendance à la diminution des précipitations estivales et une augmentation de l'évaporation et l'évapotranspiration liée à l'augmentation des températures (Graphique 2.3). Une plus grande variabilité climatique pourrait conduire à des pluies plus intenses mais plus courtes au cours de l'année, moins efficaces pour la recharge des nappes et l'humidification des sols en amont des périodes estivales (Météo France, 2022[10]). On estime aussi que l'évapotranspiration pourrait augmente en moyenne de 16% en 2050 et 23% en 2100 sur le bassin Seine Normandie par rapport aux moyennes journalières sur la période 1970-2000[3] (Agence de l'Eau Seine Normandie, 2016[18]). Ces projections pourraient conduire à un allongement moyen de la période de sol sec de 2 à 4 mois par rapport à la période 1961-1990[4] (Météo France, 2022[10]).

Graphique 2.3. Précipitations estivales et évapotranspiration en Ile-de-France (1970-2100)

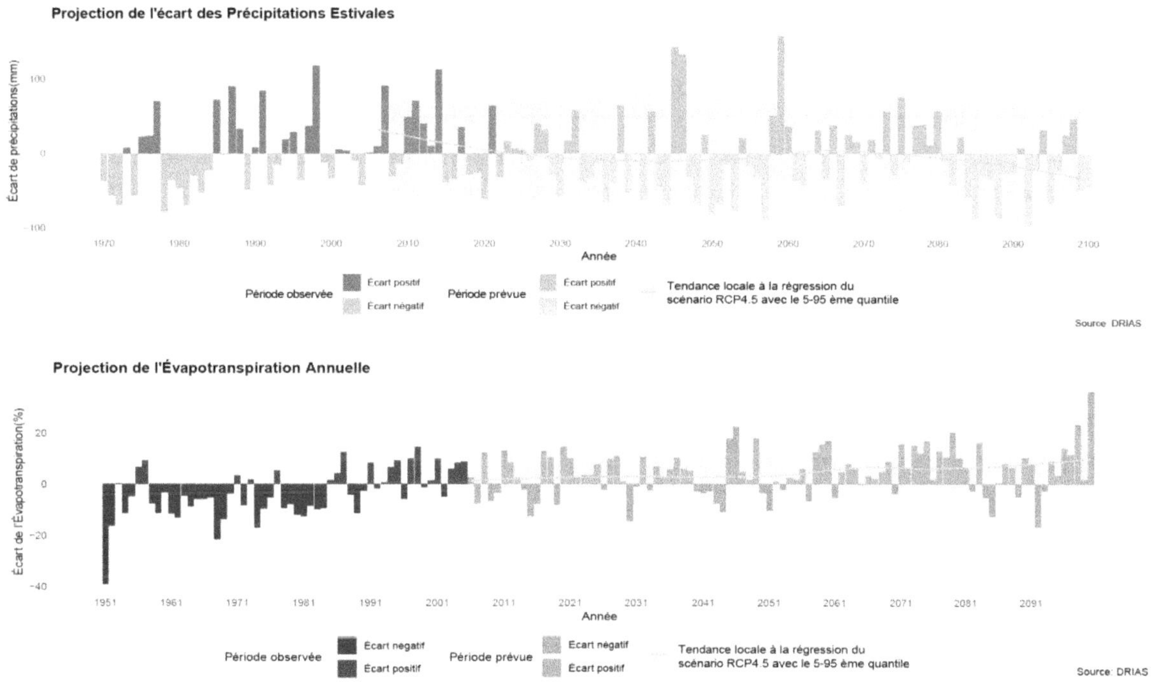

Note : Les précipitations estivales sont définies comme le cumul de précipitations sur la période allant de juin à septembre. L'évapotranspiration (ETP) annuelle est représentée par le cumul de l'évapotranspiration potentielle journalière sur l'année. Elle est déterminée en suivant la formule FAO avec rayonnement elle-même basée sur la méthode Hargreaves. Les graphiques représentent la différence des indicateurs de précipitations et d'évapotranspiration relative à la valeur moyenne de ces indicateurs pour la période (1976-2005). Le scénario retenue (RCP4.5) correspond à un scénario de changement climatique intermédiaire de réchauffement de la surface moyenne du globe comprise entre 1°C et 4,5°C (par rapport à l'ère pré-industrielle) à l'horizon 2100.
Source : Auteurs, basées sur données DRIAS (Ministère de la Transition Écologique, 2023[11]).

À l'horizon 2050, le changement climatique pourrait créer des conditions de sécheresse similaires à celles observées sur le pourtour méditerranéen à la fin du XXe siècle. À l'horizon 2050, les sols de la région Ile-de-France en été pourraient devenir en moyenne aussi secs que ceux du pourtour méditerranéen sur la période 1976-2005. L'humidité moyenne du sol en 2100 pourrait correspondre aux situations de sécheresse extrême des sols actuelles (Graphique 2.4).

Graphique 2.4. Niveaux de sécheresse des sols observés et projetés en France

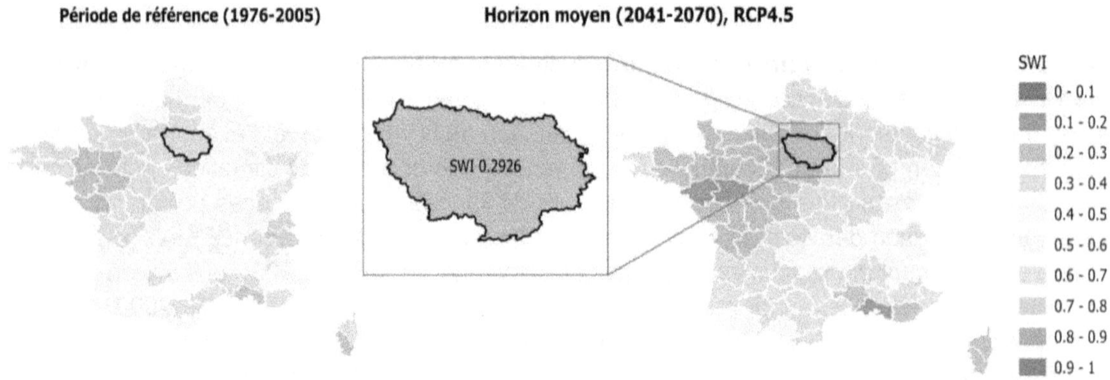

Note : L'indicateur de sécheresse utilisé est le SWI pour 'Soil Water Index'. L'index, compris entre 0 et 1, représente la quantité d'eau contenu dans les sols. Plus la valeur est proche de 0, plus les sols sont secs. L'indicateur représente la moyenne des SWI par département pour la période, ou la projection selon un scénario climatique intermédiaire RCP4.5 (réchauffement compris entre 1.0°C et 5,5°C à l'horizon 2100).
Source : Auteurs, basées sur données DRIAS (Ministère de la Transition Écologique, 2023[11]).

Conséquence de l'allongement de la durée des sécheresses, la région devrait subir une baisse sensible des débits d'étiage et du niveau des nappes. Une baisse des débits des cours d'eau de 10% à 30 % par rapport à la période 1970-2005 pourrait survenir à horizon 2070-2100 (Agence de l'Eau Seine Normandie, 2016[18]). Certaines simulations prévoient même une multiplication par 10 du nombre de jours passés en sécheresse hydrologique sur le bassin de la Seine (Boé et al., 2018[19]). À l'horizon 2050, la recharge des nappes pourrait aussi diminuer (Ville de Paris, 2021[20]). On estime ainsi que le niveau moyen des nappes du bassin versant pourrait correspondre à celui des 10% des années les plus sèches connues à ce jour par rapport à 1970-2005 (Agence de l'Eau Seine Normandie, 2016[18]). La région pourrait alors connaître davantage de sécheresses particulièrement intenses et longues. Ainsi, une sécheresse similaire à celle de 1921, deviendrait un évènement probable à l'horizon 2050 (Graphique 2.5).

Graphique 2.5. Sécheresse des sols et hydrologiques projetées à l'échelle du bassin Seine Normandie (1961-1990 & 2031-2060)

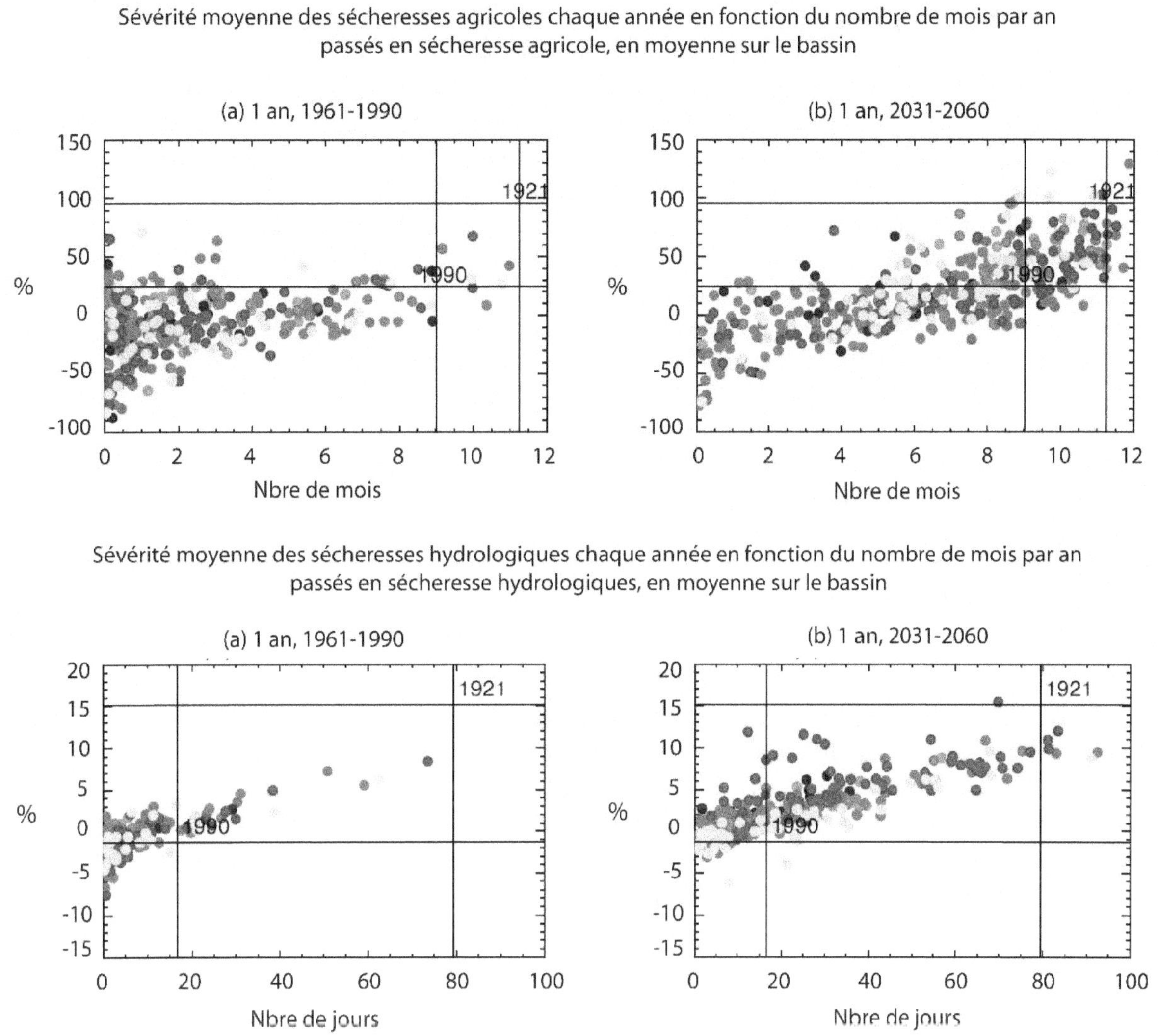

Note : Chaque point correspond représente une simulation de sécheresse annuelle pour un modèle climatique donné. Les graphiques de gauche simulent des sécheresses qui auraient pu se produire en tenant compte des paramètres météorologiques passés. Les graphiques de droite simulent des sécheresses qui pourraient se produire en intégrant des projections climatiques. Chaque couleur reflète un modèle climatique, un même modèle pouvant produire des résultats différents. Les sécheresses agricoles, ou sécheresses des sols reflètent le niveau d'humidité des sols mesuré par l'indicateur de *Soil Wetness Index* (SWI) défini par (Vidal et al., 2010[21]). Les sécheresses hydrologiques reflètent un niveau annuel moyen de débit de la Seine. La sévérité des sécheresses sur l'axe des ordonnées représente la différence relative entre les valeurs d'humidité des sols ou de débit modélisé et la valeur moyenne de ces indicateurs observés sur la période 1958-2005 (humidité des sols) ou 1961-1990 (débit). Le nombre de jours en situations de sécheresse correspond au nombre de jours pour lesquels l'indice de sécheresse est en dessous d'un seuil correspondant à un faible niveau d'humidité des sols ou de débit de la Seine observés sur les périodes historiques ci-dessus.
Source : (Boé et al., 2018[19]).

Le changement climatique menace aussi la qualité de la ressource en eau. Une diminution de la quantité d'eau, combinée à une augmentation des températures moyennes et extrêmes, pourrait conduire à augmentation moyenne allant jusqu'à 2°C de la température des cours d'eau à l'horizon 2100 par rapport à 1976-2005 (Agence de l'Eau Seine Normandie, 2016[18]). À horizon 2050, la température de l'eau pourrait par exemple augmenter de 0.2°C en amont du bassin, et de 0.9°C en aval (EPTB Seine Grands Lacs, 2022[9]) entraînant des impacts sur les écosystèmes aquatiques. Enfin, une baisse de 10% à 30 % des débits d'étiages réduit d'autant la capacité de dilution des polluants dans les milieux.

2.4. Impacts économiques des sécheresses en Ile-de-France

La région Ile-de-France est le siège de la capitale administrative, économique et culturelle de la France. La région Ile-de-France regroupe 1 276 communes, parmi lesquelles la capitale française qui héberge toutes les administrations nationales. Avec 12.2 millions de franciliens habitant la région, soit 19% de la population française (INSEE, 2023[22]), elle concentre 23% (INSEE, 2021[23]) des emplois français et contribue à 31% du PIB français en 2020 (INSEE, 2022[24]). L'économie de la région repose sur un secteur tertiaire très développé (86.3% de la valeur ajoutée de la région et 78.8% de la valeur ajoutée du tertiaire nationale en comptant les activités marchandes et les services administratifs), mais est également le principal pôle en termes d'emplois industriels. L'industrie produit 8.4% de la valeur ajoutée régionale et 13.7% de la valeur ajoutée de l'industrie l'échelle de la France. Enfin, bien que l'agriculture ne représente que 0.1% de la valeur ajoutée régionale (1.9% de la valeur ajoutée de l'agriculture en France), les surfaces agricoles couvrent 50% du territoire (Institut Paris Région ; INSEE ; CCI, 2021[25]). Cette activité économique se reflète dans les échanges commerciaux de la région qui est à la fois le premier exportateur (25% de la production nationale exportée à l'international) et importateur (29%) de France. L'agriculture produite dans la région, hors produits de l'industrie agroalimentaire, contribue à 3.4% des exports français (France, 2023[26]). Ces échanges sont d'ailleurs favorisés par les infrastructures de transport de la région qui en font un hub international et européen, grâce à ses aéroports internationaux, réseaux ferroviaires et infrastructures fluviales et portuaires. C'est par exemple la deuxième plateforme fluviale d'Europe. Enfin, la région est la première région touristique mondiale.

Les ressources en eau sont essentielles à l'activité de la région. Les eaux de surface, dans lesquels 75% des prélèvements bruts de la région sont réalisés (moyenne pour la période 2017-2021) servent à la production et distribution d'eau potable[5] (63%), la production énergétique avec restitution (16%), ou l'industrie (11%). De plus, la bonne santé des écosystèmes et une large part de la production agricole de la région dépendent de l'humidité des sols qui tend à diminuer (Graphique 2.6), ainsi que du niveau des nappes qui font également l'objet de prélèvements (ex. irrigation, eau potable, industrie).

Graphique 2.6. Besoins et usages de l'eau en Ile-de-France

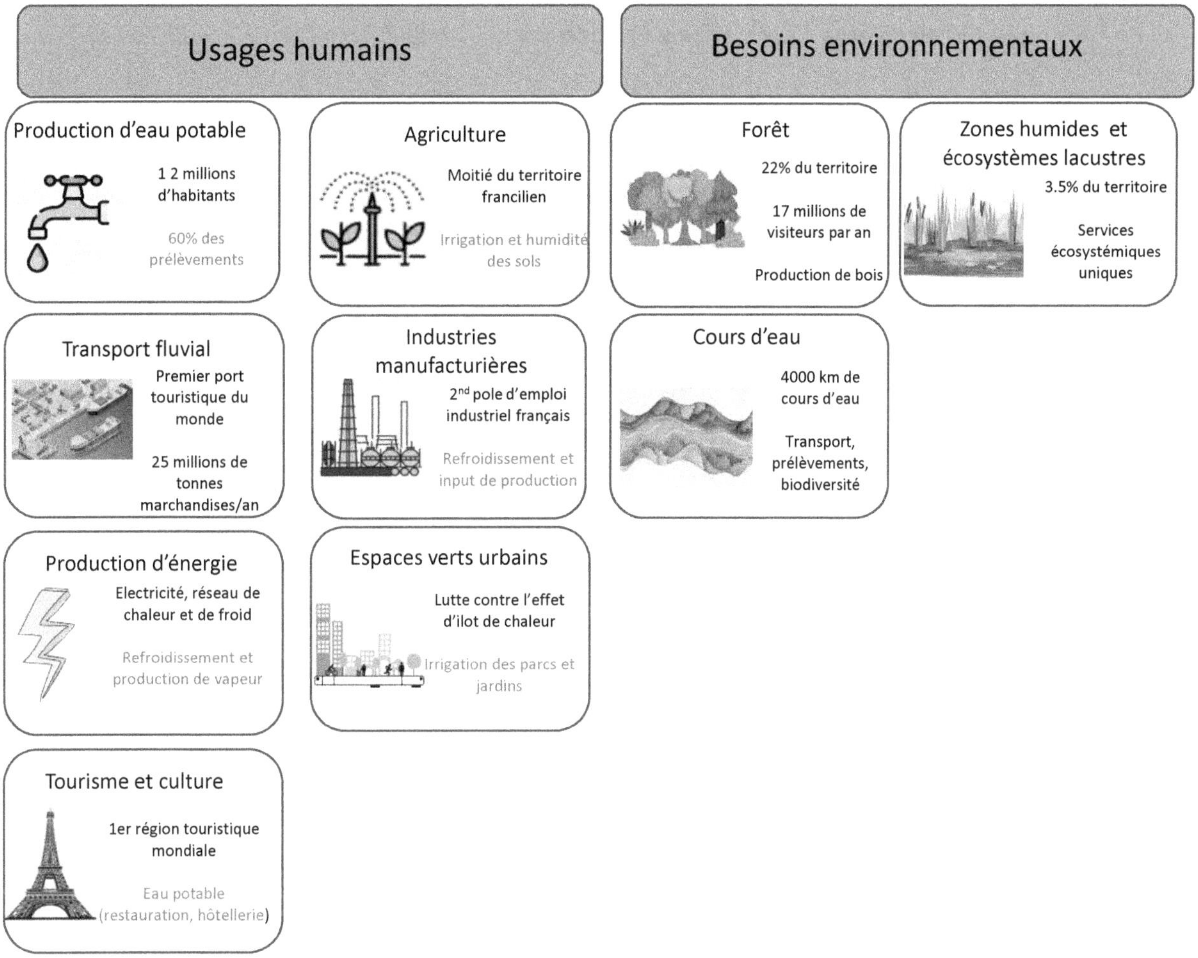

Source : Auteurs.

Si la région a vu sa consommation d'eau diminuer ces vingt dernières années, celle-ci pourrait s'accroître à nouveau. La demande d'eau potable a diminué de 8% en moyenne entre 1998 et 2008, avec d'importantes disparités entre Paris (-32%) et les départements plus éloignés qui ont connu une hausse des consommations du fait de l'étalement urbain (Agreste, 2011[27]). Cette dynamique tend à se stabiliser (Cour des comptes, 2018[28]). Le déclin de grandes industries de sidérurgie ou de chimie (Chevrot et al., 2018[29]) a induit en moyenne une diminution de 14% des prélèvements d'eau pour usages industriels dans la région presque chaque année depuis 2015. Cependant, la croissance démographique, estimée à 0,05% par an jusqu'en 2070 (INSEE, 2022[30]), et les effets du changement climatique, tels que les îlots de chaleur urbains, devraient entraîner une hausse de la demande en eau. D'ici 2030 à 2050, le seul changement climatique pourrait augmenter la consommation d'eau de 2%, notamment dans les villes peu végétalisées (Ville de Paris, 2021[20]). À titre de comparaison, la consommation d'eau pourrait augmenter de 9 à 15% pour la ville de Naples en Italie pour ces même raisons (Fiorillo et al., 2021[31]). Enfin, les prélèvements pour l'irrigation ont doublé entre 2012 et 2020, en raison de l'augmentation des surfaces irriguées (7%) (Agreste, 2022[32]) et de la demande croissante des plantes due aux vagues de chaleur, tendance qui devrait se poursuivre. Ces prélèvements devraient continuer à croître, en partie pour faire face aux enjeux climatiques d'autant plus grand que les vagues de chaleur vont accroître la demande en eau des plantes.

Graphique 2.7. Diminution des prélèvements d'eau en Ile-de-France

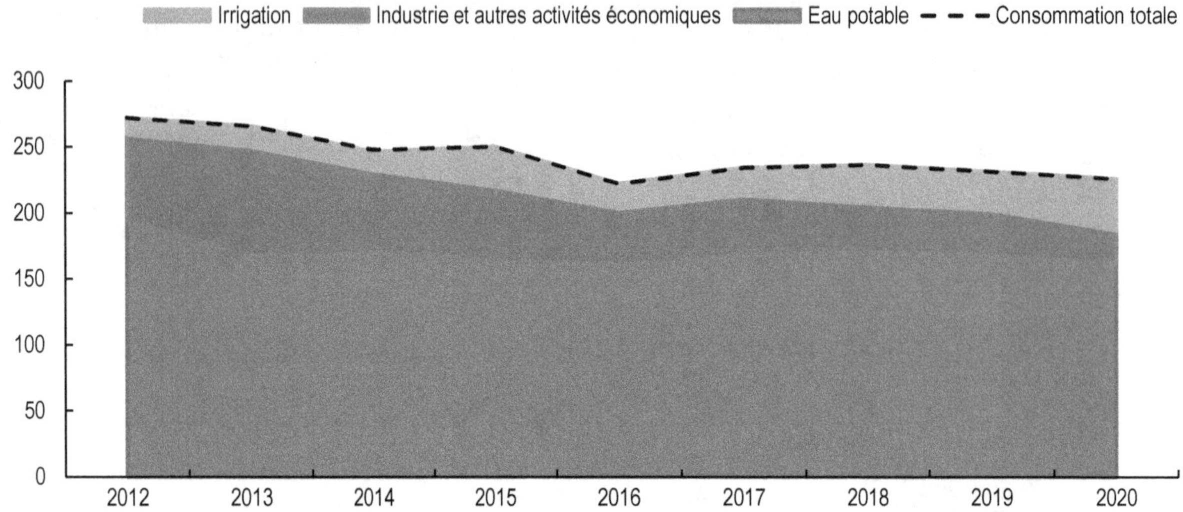

Source : Auteurs, d'après les données de la Base Nationale des Prélèvements d'Eau. Les consommations (millions m3) sont calculées en considérant que 80% de l'eau prélevée pour les usages d'eau potable et 90% de celle prélevée pour les usages industriels est restituée aux milieux après usage. 100% de l'eau prélevée pour l'irrigation est en revanche consommée.

La population francilienne est le premier usager des ressources d'eau et dépend des capacités de production d'eau potable. La région est la plus densément peuplée de France, ce qui génère des besoins d'eau potable significatifs. Avec 1 021 habitants au km2, la densité de population de la région est dix fois plus élevée que dans le reste de la France (INSEE, 2023[22]). Les prélèvements pour la production d'eau potable, sur la zone interconnectée[6] proviennent à 65 % des eaux de surface et à 35 % de ressources souterraines (Sénéo ; Aquavesc ; SEDIF ; Ville de Paris, 2019[33]). Une raréfaction de la ressource pourrait entrainer des difficultés d'approvisionnement des usines de production, mais aussi une augmentation des coûts de traitements dus une moindre dilution des polluants ou au développement d'agents pathogènes dans une eau plus chaude. Par le passé, la production d'eau potable, bien qu'ayant fait l'objet de limites de prélèvements en 2003, 2011 et 2012,[7] a su maintenir des niveaux de service suffisants pour les populations. Aujourd'hui, avec 123 litres par personne et par jour en moyenne[8] (SEDIF, s.d.[34]), la consommation domestique de la région[9] est en-dessous de la moyenne française de 148 litres (France, 2023[35]), et relativement basse comparativement à celle d'autres pays de l'OCDE (Graphique 2.8). L'usage de l'eau dans la région semble donc raisonnable. Une raréfaction de l'eau engendrée par des restrictions de consommation d'eau potable pourraient donc affecter des usages essentiels.

Graphique 2.8. Consommation d'eau potable domestique dans différentes villes du monde (litres/jour/habitant)

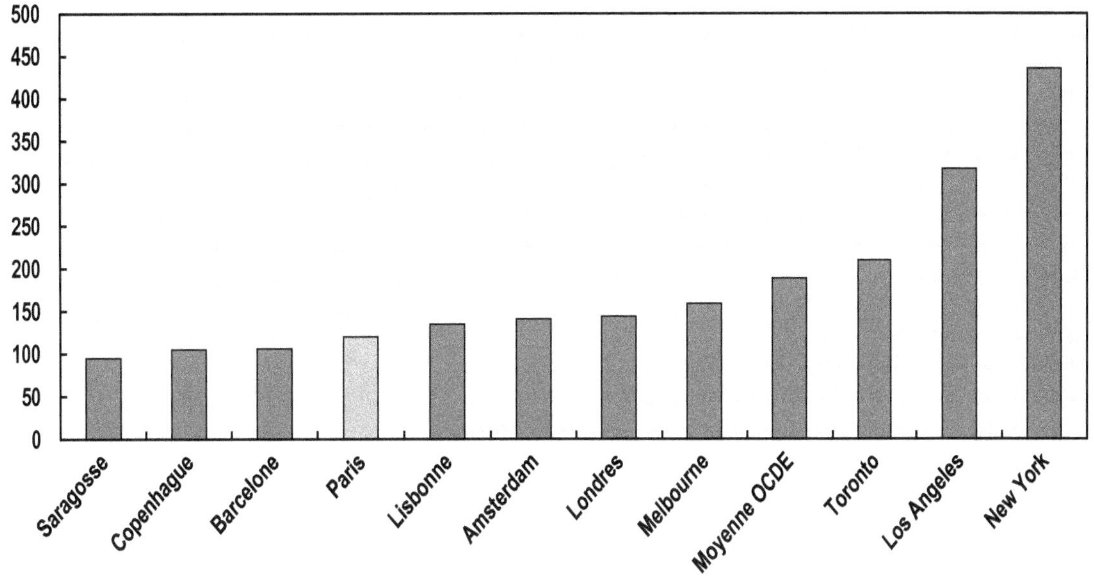

Note : Ces chiffres sont à analyser avec précaution en raison de la méthodologie de comptage, de la prise en compte des commerces et bureaux qu'il est parfois complexe d'isoler et varie selon les villes, mais aussi en raison de la prise en compte des fuites dans le calcul.
Source : (Barcelona Metropolis, 2023[36]) ; (London Assembly, 2022[37]) ; (Waternet, 2021[38]); (Eau de Paris, s.d.[39]); (Danva, 2022[40]); (EPAL, s.d.[41]) (Victoria State Government, s.d.[42]); (Toronto, s.d.[43]); Données du Pacific Institute (California Urban Water Use Data); (Climate ADAPT, 2018[44]); (OCDE, 2022[45]).

Le secteur tertiaire est largement tributaire de la distribution d'eau potable et pourrait donc être affecté par la raréfaction de l'eau. Des restrictions d'usage d'eau potable pour le secteur peuvent entraîner des conséquences sanitaires et économiques importantes pour certaines activités économiques. Par exemple, la région abrite le plus grand marché de produits frais du monde (marché de Rungis), également l'un des plus grands consommateurs d'eau de la région pour satisfaire les exigences sanitaires mais aussi la qualité des ressources vendues. En cas de difficultés d'approvisionnement, des arbitrages économiques et sanitaires seraient probablement essentiels, au détriment des consommateurs et commerces clients du marché. De même, la région accueille régulièrement congrès, salons et évènements sportifs. L'activité touristique, mais aussi les évènements sportifs tels que Roland Garros ou les Jeux Olympiques de 2024 requièrent de grandes quantités d'eau en périodes estivales.

L'industrie manufacturière dépend de la ressource en eau comme facteur de production et pour le refroidissement de ses installations. Parmi les secteurs les plus importants figurent l'industrie automobile, l'électronique, l'aéronautique mais aussi l'agro-alimentaire (Institut d'aménagement et d'urbanisme, 2016[46]). Dans une moindre mesure, l'industrie pharmaceutique et chimique sont aussi tributaires de la Seine (EPTB Seine Grands Lacs, 2022[9]) et peuvent être impactées par les normes de qualité de rejets de l'eau. Ce secteur n'a pour l'instant jamais été affecté par le passé, mais des tensions existent autour de l'usage de l'eau dans la production industrielle. C'est par exemple le cas du conflit qui oppose la ville de Grigny à l'entreprise Coca-Cola qui dispose de forages privés et est accusé de fragiliser les ressources disponibles en utilisant l'eau de nappes souterraines.[10]

La production énergétique de la région repose sur l'eau comme fluide caloporteur. Bien que la région ne produise que 13% de l'énergie qu'elle consomme (ROSE, 2023[47]), trois des cinq plus importants préleveurs d'eau de la région pour la période 2017-2021 sont des usines de production d'énergie (BNPE,

2022[48]). La production d'électricité résultant de l'incinération des ordures ménagères, qui représente 23% de l'électricité produite en Ile-de-France (DRIEAT Ile-de-France, 2022[49]) (RTE, 2021[50]) dépend des eaux de surface, et en grande majorité la Seine, pour produire de la vapeur et de l'électricité. Cette vapeur est au cœur de la production de chaleur du réseau parisien qui alimente tous les hôpitaux de Paris en eau chaude sanitaire, ainsi que 40% des bâtiments du tertiaire et 45% du résidentiel social (CPCU, 2019[51]). Une perturbation même brève de la production de chaleur due à une eau de Seine trop chaude implique des délais de remise en service de plusieurs mois en raison des caractéristiques de pression du réseau. La région s'est aussi dotée de réseaux de froid, dont environ 70% de la puissance repose sur l'eau de la Seine comme fluide caloporteur. Ces réseaux de froid climatisent les musées, hôtels et bureaux à hauteur de 17% de leurs besoins (APUR, 2019[52]). Ces réseaux sont pourtant essentiels à la santé des populations les plus vulnérables (e. g surmortalité lors des canicules, risques sanitaires…) et au maintien de l'offre de soins dans la région.

Occupant 50% du territoire francilien, la production agricole a été l'activité de la région la plus exposée au risque de raréfaction dans le passé. Le Plan régional pour une alimentation locale, durable et solidaire de la région Ile-de-France fait de la souveraineté alimentaire une priorité, et soutient le développement économique du secteur (Région Île-de-France, 2021[53]). Aujourd'hui 22% de la production agricole francilienne est d'ailleurs distribuée en circuit-court.[11] De plus, la production agricole de l'Ile-de-France alimente l'industrie agro-alimentaire qui représente en moyenne 1% de la valeur ajoutée de la région (INSEE, 2023[54]) sur la période 2015-2020 et 4% des exports de la région (Ministère des Finances, 2023[55]). L'agriculture francilienne, en particulier les cultures céréalières et oléagineuses, qui représentent environ la moitié de la valeur de la production agricole de la région, dépend en majorité des précipitations pour assurer une humidité des sols propices à la production agricole. Elle dépend également de l'irrigation, aujourd'hui indispensable à une partie la production de fruits et légumes ainsi que du maïs, mais qui peut être limitée voir temporairement interdite par arrêtés en cas de sécheresses sévères.

La ressource en eau est aussi essentielle au transport de marchandises et de touristes de la région. L'Ile-de-France transporte 25 millions de tonnes de marchandises sur la Seine (Institut Région parisienne, 2021[56]), soit plus de la moitié du transport de marchandises par voie fluviale du pays (Voies Navigables de France, 2022[57]). L'attractivité de Paris repose aussi sur la Seine pour le transport de passagers. Ports de Paris est par exemple le premier port touristique au monde avec près de 8 millions de passagers transportés dans la capitale (Haropa Port, 2023[58]). Les étiages sévères diminuent le débit et la profondeur des cours d'eau, limitant potentiellement le chargement des bateaux voire leur circulation, à l'origine de retards de livraison ou d'annulations de croisières. En plus de représenter une perte pour le secteur fluvial, ces arrêts d'activité impactent la chaine logistique et peuvent affecter d'autres activités économiques ou entraîner un report modal sur le camion ou le bus, à l'origine d'une augmentation des nuisances et de la pollution comme les émissions de CO_2. Bien que la navigation commerciale sur la Seine ait été relativement épargnée par les sécheresses passées, la navigation de plaisance sur les canaux, ouvrages artificiels alimentés entièrement par prélèvements dans les principales rivières de la région, est particulièrement menacée en cas d'étiage par les arrêtés sécheresses limitant leur remplissage. En 2022, le transport fluvial sur les canaux a d'ailleurs été limité ponctuellement dans un effort de solidarité.

La **sécheresse des sols** peut affecter le **bâti**. La sécheresse des sols contribue au phénomène de retrait gonflement des argiles. Ce phénomène, induit par la variation de l'humidité des sols, endommage principalement les maisons individuelles. L'Ile-de-France est la plus exposée des régions françaises à ce risque avec 76% du territoire situé en zone de risque moyen à fort, donnant lieu à une indemnisation moyenne de 62 millions d'euros par an entre 1995 et 2016 (Institut Paris Région, 2022[59]) (Graphique 2.9).

Graphique 2.9. Risques de retrait-gonflement des argiles en Ile-de-France

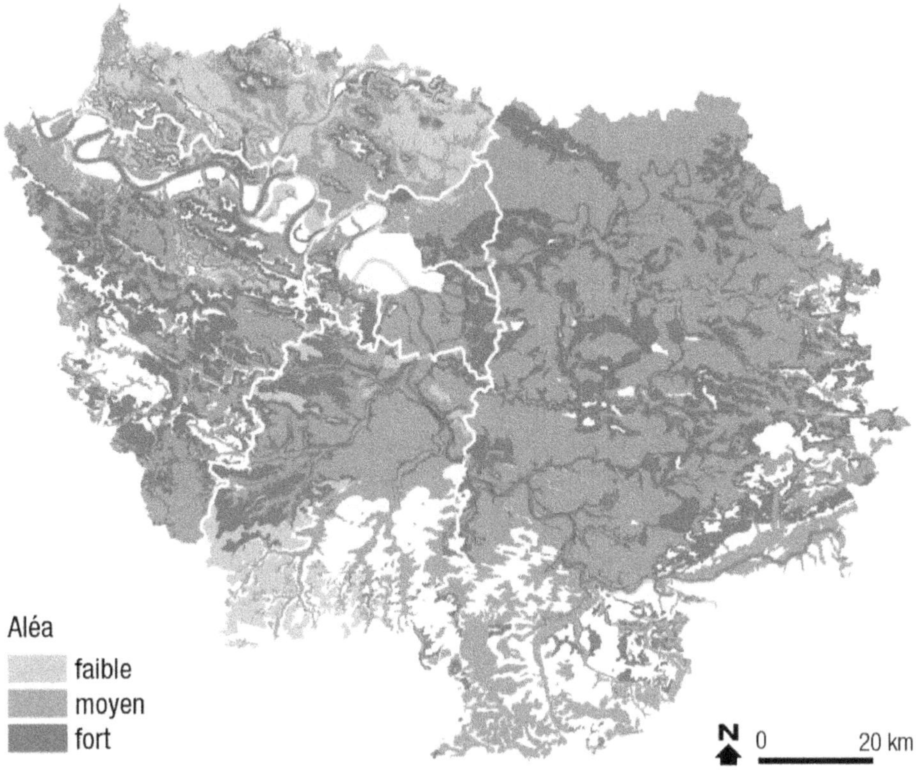

Source : (Institut Paris Région, 2022[59]).

Enfin, les espaces verts en ville et les écosystèmes de la région qui contribuent à sa résilience sont également menacés par la raréfaction de l'eau. L'arrosage des parcs et jardins, indispensable à leur survie, fait partie des premiers usages restreints en cas de sécheresses importantes. Pourtant, la renaturation des espaces urbains est mise en avant dans les plans d'adaptation ou stratégies de résilience au changement climatique de la région et de certaines municipalités (Région Île-de-France, 2022[60]) (Ville de Paris, 2019[61]). Les espaces verts favorisent l'infiltration de l'eau dans les sols, ce qui permet à la fois d'éviter l'engorgement des égouts lors de fortes pluies (source d'inondations et de pollution accrue des cours d'eau) et donc de diminuer la quantité d'eau à traiter. Cette infiltration permet aussi la filtration de l'eau par les sols et donc diminue les besoins de traitement. De plus, les espaces végétalisés permettent de lutter contre l'effet de chaleur urbain. La plantation d'arbres, en apportant un rafraichissement naturel lors des périodes estivales, permet de limiter l'augmentation des consommations d'eau potable observée dans d'autres villes (Fiorillo et al., 2021[31]). La sécheresse des sols menace également les écosystèmes tels que les milieux humides de la région qui contribuent au maintien de la biodiversité et permettent le stockage de l'eau. Les zones humides occupent plus de 2,8% du territoire francilien et les forêts couvrent 22% du territoire de la région (Institut Paris Région ; INSEE ; CCI, 2021[25]). Les sécheresses rendent plus vulnérables les essences à la propagation de pathogènes (Région Île-de-France, 2022[60]) et peuvent provoquer l'arrêt de la croissance des arbres voire leur mort. Les sécheresses induisent donc des coupes d'arbres anticipées, dites sanitaires, ayant pour effet de diminuer le potentiel productif de la forêt et la valeur du bois produit.

2.5. Évaluation des impacts économiques des sécheresses futures

L'évaluation des coûts économiques futurs des sécheresses permet d'identifier les secteurs les plus impactés par le changement climatique et les effets en cascade potentiels de ces événements. L'OCDE a élaboré des scénarios socio-économiques pour projeter la demande en eau et s'appuie sur des scénarios climatiques existants pour anticiper l'offre en eau. Cette approche évalue les effets directs des sécheresses sur les activités économiques de la région et modélise leur impact plus large sur les économies française et européenne.

L'Ile-de-France à l'horizon 2050

Le développement socio-économique de la région Ile-de-France augmente son exposition future au risque de raréfaction de la ressource en eau. Bien que de nombreux scénarios de développement très différents existent pour l'Ile-de-France à l'horizon 2050 (Encadré 2.2), l'extrapolation des évolutions sectorielles actuelles ainsi que les documents de planification existants traduisent une plus grande dépendance de la région à la ressource en eau au milieu du XXIe siècle. Indépendamment des progrès potentiellement réalisés dans l'efficacité d'usage de la ressource, le développement économique et démographique de la région pourrait donc accroître besoins en eau.

La population francilienne devrait augmenter d'environ 5% à l'horizon 2050, et avec elle les besoins en eau potable et assainissement (INSEE, 2022[30]). Cette demande potentiellement accrue sera exacerbée par le changement climatique, caractérisé par des épisodes caniculaires qui conduisent à une augmentation de la demande en eau potable pour l'hydratation et le rafraichissement. L'effet du réchauffement climatique augmenterait la consommation en eau de 2% entre 2030 et 2050 (Ville de Paris, 2021[20]). De plus, l'augmentation de la population du bassin entraînera davantage de rejets des collectivités et besoins de traitement d'eau (Agence de l'Eau Seine-Normandie, 2019[62]), avec un risque accru de dégradation de la qualité des eaux de surface.

Bien que les prélèvements pour irrigation soient pour l'instant limités, les besoins d'irrigation pourraient fortement augmenter à l'horizon 2050. L'augmentation des productions légumières et fruitières pour répondre à l'augmentation de la demande de circuit court, combinée à une augmentation des sécheresses agricoles, favorisent le développement de l'irrigation. Les surfaces irriguées franciliennes ont d'ailleurs augmenté de 14% entre 2010 et 2020. La poursuite de cette tendance conduirait donc à une hausse de 45% des surfaces irriguées en Ile-de-France à l'horizon 2050 par rapport à 2020.[12]

Le développement de la production de froid à partir de l'eau de la Seine pour apporter une climatisation naturelle pourrait être affecté par l'augmentation de la température de l'eau. Les besoins en air conditionné vont augmenter dans un contexte de changement climatique, et avec eux les besoins de refroidissement des installations de production. À l'échelle de la ville de Paris, le schéma directeur du réseau de froid parisien, dont on estime que 70% de la production dépendra de l'eau de Seine en 2050, prévoit que la quantité d'énergie délivrée par le réseau parisien devrait atteindre 1000 GWh/an en 2050, soit une multiplication par presque 2,5 de la puissance actuelle en 2050 (Ville de Paris, 2019[63]).

Le transport fluvial devrait lui aussi augmenter significativement à l'horizon 2050. Le taux de croissance actuel du fret fluvial, en augmentation de 3% entre 2020 et 2021 (Voies Navigables de France, 2022[64]), pourrait entrainer une multiplication par 2,4 du volume actuel de marchandises transportées d'ici 2050. Cette évolution correspond à l'ambition de développer davantage le transport fluvial dans la région, comme le démontre le projet Seine-Escaut dont l'objectif est de connecter Paris et Le Havre aux grands ports maritimes de la Mer du Nord, via la Seine, l'Oise, l'Escaut et la Lys. De même, le tourisme fluvial augmente actuellement de 4% par an. En maintenant une telle trajectoire, celui-ci pourrait donc être multiplié par 3 d'ici 2050.

Encadré 2.2. Élaboration d'un scénario de développement socio-économique pour la région Ile-de-France en 2050-2070

De nombreux scénarios prospectifs décrivent l'évolution de l'Ile-de-France à l'horizon 2050. Aucun d'entre eux ne bénéficie d'un consensus et n'a donc été sélectionné comme scénario de référence pour l'étude. En effet, chacun de ces scénarios reflètent des objectifs et des hypothèses différentes. Par exemple, l'Agence française pour la transition écologique (ADEME) a développé 4 scénarios pour la France à l'horizon 2050, qui peuvent être déclinés à l'échelle de la région. Ces 4 scénarios correspondent à des choix de société différents (économiques, techniques, etc.) pour atteindre la neutralité carbone en 2050. Certains reposent sur une plus grande sobriété de consommations et des usages, quand d'autres font du développement technologique et de l'essor du numérique un moteur de développement plus écologique. L'Institut Momentum propose lui une description de l'Ile-de-France post-effondrement. Ce scénario de rupture intitulé « Bio Région 2050 » propose un changement systémique drastique. La région Ile-de-France y est divisée en petites entités territoriales autonomes, et la voiture y a disparu. Des appels à projet, tel que « Vers Paris 2050, affronter ensemble les défis de notre siècle », proposent aussi de construire un récit sur le futur de la capitale française à l'horizon 2050.

De nombreux plans sectoriels et d'aménagement du territoire réalisent aussi cet exercice prospectif. En Ile-de-France, le SDRIF-E, pour schéma directeur environnemental de la région Ile-de-France, est le document réglementaire de référence pour la planification urbaine et régionale. Le SDRIF-E, voté à l'été 2024, encadre le développement régional jusqu'en 2040. De même, le Plan pour une alimentation locale, durable et solidaire propose 66 mesures pour améliorer l'indépendance alimentaire de l'Ile-de-France à l'horizon 2030

Enfin, le projet EXPLORE 2070, dont l'objectif est d'étudier l'impact du changement climatique sur la ressource en eau et les milieux aquatiques en France à l'horizon 2070, a aussi réalisé un exercice prospectif pour quantifier les futurs besoins en eau à l'échelle du pays. Les auteurs ont pour cela construit deux scénarios socio-économiques et démographiques tendanciels, reposant sur une extrapolation des évolutions passées. L'un des scénarios repose sur une hypothèse de densification de l'habitat, l'autre sur une hypothèse d'étalement. Ces scénarii diffèrent en termes de besoin de transport, d'artificialisation des sols et de surface disponible pour l'agriculture.

Source : (Institut Région parisienne, 2023[65]) ; (Conseil Régional d'Île de France, 2021[66]) ; (Ministère de l'écologie, du développement et de l'énergie, 2012[67]).

Les projections concernant l'évolution de l'industrie manufacturière en Ile-de-France sont moins évidentes. Les tendances à la fermeture de sites industriels ces dernières années pourraient être compensées par les politiques de réindustrialisation. L'hypothèse d'une industrie manufacturière identique à aujourd'hui (en composition et valeur) semble pertinente.

L'évolution future des écosystèmes et des espaces verts urbains dans un contexte de changement climatique est aussi difficile à appréhender. Ainsi, bien que la Ville de Paris et la région parisienne aient fait de la plantation d'arbre l'un des leviers majeurs de leur stratégie de résilience, il semble difficile d'anticiper les impacts sur la demande en eau. En effet, ceux-ci dépendent des espèces plantées ou des effets de rafraichissement procurés par ces espaces verts. De même, si la stratégie régionale pour la biodiversité 2020-2030 en Ile-de-France (Conseil régional d'Île de France, 2019[68]), ou l'objectif national de zéro artificialisation nette laissent suggérer une relative protection des milieux, il semble complexe d'évaluer comment ceux-ci s'adapteront au climat futur. Dans l'analyse d'impacts ci-après, les écosystèmes naturels et urbains sont considérés comme identiques à ce qui existe aujourd'hui par manque d'informations sur les impacts du développement de la région et du changement climatique.

Alors que l'offre en eau pourrait diminuer lors de sécheresses estivales sévères, la demande en eau pourrait s'accroître, augmentant ainsi le risque de raréfaction de l'eau. Afin d'évaluer la dépendance future de la région à la ressource en eau, l'analyse économique ci-après utilise un scénario socio-économique qui extrapole les tendances de développement actuelles pour décrire l'Ile-de-France à l'horizon 2050 (Tableau 2.2).

Tableau 2.2. Développement socio-économique tendanciel de l'Ile-de-France à l'horizon 2050

Extrapolation des tendances passées de développement socio-économique de l'Ile-de-France à l'horizon 2050.

Système	Sous-système	Évolution en 2050 (Référence 2020)
Agriculture	Surface de maraichage	Multiplication par 8
	Production animale	Diminution de 40%
	Surface agricole utile totale	Diminution de 3%
	Surface pour grande culture	Diminution de 3.5%
	Surface irriguée	Augmentation de 45%
Démographie	Population francilienne	Augmentation de 5%
Cycle urbain de l'eau	Demande en eau potable	Augmentation de 5%
	Assainissement	Augmentation de 5%
Energie	Production d'électricité (valorisation des déchets ménagers)	Identique
	Quantité de froid livrée	Multiplication par 2.5
	Production d'électricité (hydroélectrique)	Identique
Espaces urbains	Nombre et emplacement des logements individuels	Identique
	Surface urbanisée	Légère hausse
Industrie	Activité industrielle	Identique
Transport fluvial	Fret fluvial	Multiplication par 2.4
	Plaisance fluviale	Identique
	Tourisme fluvial	Multiplication par 3.2
Écosystèmes	Écosystèmes naturels (non urbains)	Identique

Source : Auteurs, détails du scénario en Annexe.

L'évaluation des impacts économiques d'une sécheresse s'appuie sur trois scénarios plausibles. Des scénarios de sécheresse plausibles, en 2050 et 2100, sont construits afin d'analyser la diversité et l'intensité potentielles de l'impact du changement climatique sur la ressource en eau en Ile-de-France. Chaque scénario décrit une situation hydrologique et météorologique ponctuelle, sur une année. L'analyse repose sur une construction déterministe des scénarios de raréfaction, car elle n'a pas vocation à décrire la distribution des impacts possibles ou leur probabilité, mais à évaluer ce qui pourrait se passer dans plusieurs décennies en cas d'épisodes de raréfaction extrême. Ces scénarios sont définis à partir des projections de modèles climatiques à cet horizon de temps (Encadré 2.3).

L'étude applique les règles de gestion mises en œuvre lors d'une sécheresse et la législation actuelle afin de déterminer les impacts d'origines réglementaires de la raréfaction. L'étude n'a pas vocation à discuter de la pertinence de différents scénarios d'adaptation ou de développement. Elle applique donc les règles actuelles des arrêtés sécheresse départementaux et relatifs aux ICPE, ainsi que la réglementation sur les températures de rejets des activités industrielles, sans juger de leur pertinence (actuelle ou future), ce qui est l'objet des chapitres suivants de ce rapport. Le seuil de crise est ainsi franchi durant 55 et 92 jours sur les mois de juillet à décembre pour la Marne et la Seine respectivement dans le scénario 1 et 2, et 140 et 166 jours d'avril à décembre dans le scénario 3 selon les rivières considérées. De même, la nappe de Champigny, référence pour l'ensemble des nappes franciliennes dans nos scénarios, est en situation de crise de mi-avril jusqu'à fin décembre dans les scénarios 1 et 2, et durant toute l'année pour le scénario 3. Selon les arrêtés sécheresse départementaux, le franchissement du seuil de crise induit une interdiction (eau de surface) ou une diminution de 40% (eaux souterraines) de l'irrigation, un arrêt de la navigation sur les canaux ainsi qu'une diminution de 25% de l'activité industrielle. La température des eaux de surface reste en dessous du seuil critique de 25°C pour le scénario 1, mais le dépasse durant 71 jours de juin à septembre (dont 2 jours au-dessus de 29°C) pour le scénario 2. De même, la température dépasse 25°C durant 107 jours, dont 28 jours à plus de 29°C, pour le scénario 3. Ces températures élevées induisent une diminution de la puissance de froid et d'électricité (combustion des déchets ménagers) produite de 20% entre 25°C et 26°C, et 20% supplémentaires pour chaque degré franchi entre 26 et 29°C. Au-delà de 29°C, la production énergétique est totalement interrompue.

Encadré 2.3. Scénario(s) de sécheresse en Ile-de-France à l'horizon 2050

Afin d'évaluer les impacts d'une sécheresse, trois scénarios sont construits à partir des scénarios de sécheresse existants à l'échelle du bassin, mais également de projections climatiques de température. Ils n'ont pas pour objectif de refléter les conséquences de différentes trajectoires de scénarios de changement climatiques (RCPs ou SSPs), ces scénarios étant statistiquement peu différents à l'horizon 2050. En revanche, ils visent à refléter les différents évènements pouvant conduire à une raréfaction de la ressource à l'horizon 2050 et 2100.

Les scénarios de raréfaction incluent des paramètres de qualité et quantités correspondant aux facteurs de raréfaction principaux pour les différentes activités de l'Ile-de-France exposées à ce risque. Comme décrit dans la table ci-dessous, chaque scénario décrit l'évolution annuelle du débit de rivières et du remplissage des lacs réservoirs de l'EPTB (soutien d'étiage), les niveaux d'eau souterraine, la sécheresse du sol, ainsi que la température des eaux de surface. L'évolution de chacune de ces variables est simulée pour un nombre limité de stations : la Seine à Alfortville, la Marne à Gournay, l'Oise à Creil et la nappe de Champigny à Montereau sur le Jard. Ces stations correspondent aux stations de références des arrêtés sécheresses pour les ressources en eau les plus utilisées, identifiées à l'aide des données de la Banque Nationale de Prélèvement en Eau.

Facteur de raréfaction	Source d'eau	Scénario 1	Scénario 2	Scénario 3
Débit des cours d'eau	Surface (rivières)	Sécheresse 1921	Sécheresse 1921	Sécheresse 1921 moins 20%
Sécheresse agricole	Humidité des sols	Sécheresse 1976	Sécheresse 1976	Sécheresse 1976
Température de l'eau	Surface (rivières)	Médiane températures 2050	Dépassement de 25°C pendant 2 mois	Dépassement de 25°C pendant 3 mois
Nappes phréatiques	Souterraine	Diminution de 6% de la cote	Diminution de 6% de la cote	Diminution de 12% de la cote
Soutien d'étiage	Lacs reservoirs EPTB	Sécheresse 1921	Sécheresse 1921	Sécheresse 1921 moins 20%

Source : (Boé et al., 2018[19]) La construction des scénarios est détaillée en Annexe B.

Quantifier l'impact économique d'évènements liés au changement climatique

Cette étude prospective évalue des coûts directs et indirects induits par la raréfaction de l'eau sur les activités économiques franciliennes dépendantes de la ressource en eau.

Les coûts directs représentent l'ensemble des effets, négatifs comme positifs, subis par les acteurs et régions directement touchés par les évènements. Parmi ces coûts directs on distingue les coûts tangibles, qui représentent les dommages ou autres pertes économiques subis par les activités et actifs directement impactés par l'évènement, et les coûts intangibles, difficiles à traduire en coûts économiques (impacts sur la santé, perte de biodiversité, pollution de l'air ou de l'eau, ...). Les impacts tangibles des évènements naturels concernent des pertes de capital dues à la destruction d'actifs, mais aussi des pertes de production dues à l'indisponibilité de main d'œuvre, moyen de production ou ressources. Les coûts observés peuvent par exemple résulter de pertes de rendements agricoles dues à une moindre disponibilité de l'eau dans les sols, d'une diminution d'activité industrielle due à des arrêtés limitant les prélèvements ou d'un moindre chargement des bateaux de fret fluvial afin de palier la diminution de la profondeur des cours d'eau.

La première étape de l'étude d'impacts est d'identifier les activités (ou systèmes) franciliennes dépendantes de la ressource en eau et les mécanismes qui peuvent conduire à une raréfaction de l'eau pour ces activités. Il s'agit ensuite d'expliciter des indicateurs pertinents (ex : température, pollution, débit...) pour étudier l'impact direct de la raréfaction sur chaque activité, et d'expliciter la relation qui existe entre la valeur de ces indicateurs et les différentes activités. Par exemple, la production d'énergie est affectée par un certain niveau de température et de débit. En-dessous de ces niveaux, l'activité n'est pas impactée. L'objectif est donc d'obtenir, pour chaque activité, une liste d'indicateurs, les valeurs de ces indicateurs à partir desquelles l'activité est impactée, et la relation entre l'évolution de ces indicateurs et l'impact sur l'activité.

La collecte des informations nécessaires au calcul des coûts a été effectuée auprès de chercheurs, acteurs économiques et représentants institutionnels de la région. Des entretiens ont été organisés afin de comprendre les spécificités hydrologiques, environnementales et socio-économiques de la région. L'OCDE a ainsi interrogé une centaine d'acteurs (Annexe) sur leur activité, leur dépendance à la ressource en eau, les moyens dont ils disposaient aujourd'hui pour faire face à ce risque et l'impact que l'atteinte de niveaux de qualité ou quantité critiques de la ressource aurait sur leur activité. Ces entretiens ont permis d'identifier les facteurs de raréfaction susceptibles d'affecter chacune des activités, les seuils à partir desquels les activités peuvent être perturbées ainsi que l'impact de la raréfaction sur l'activité.

Le cadre d'étude restreint et la proximité avec l'ensemble des acteurs locaux impliqués dans la collecte des données, présentent de nombreux avantages en comparaison de la littérature existante. Tout d'abord, une connaissance fine et détaillée de la dépendance de chaque secteur à la ressource en eau permet d'approcher les impacts directs, et notamment de s'abstenir de l'utilisation de fonctions de dommages génériques. De plus, les données sur l'origine de l'eau utilisée par les différentes activités (lieu du prélèvement et source), permettant de distinguer les usages reposant sur les différentes nappes et cours d'eau de la région. Il est donc possible de comprendre comment chaque activité sera impactée, en fonction du type de ressources utilisées. De plus, alors que la plupart des études existantes limitent la définition de la raréfaction à la quantité d'eau disponible, le rôle de la température de l'eau induit par des vagues de chaleur concomitantes aux phénomènes de sécheresse permet d'évaluer les risques de raréfaction de l'eau liés à des problématiques de qualité de l'eau (hors capacité de dilution des milieux). Enfin, l'étude prend en compte les infrastructures existantes, comme l'aménagement de la Seine en biefs et les lacs réservoirs, qui influent de manière importante sur la disponibilité en eau et donc la vulnérabilité de la région.

La seconde étape consiste à évaluer la propagation des impacts ou coûts directs au sein de l'économie francilienne via un modèle macroéconomique. Les coûts indirects sont les conséquences des interruptions d'activité ou dommages en capital sur d'autres activités économiques et régions non directement impactées, qui induisent des coûts additionnels. Le coût complet, ou macroéconomique d'un évènement climatique ne se limite donc pas à son coût direct, mais inclut sa répercussion sur l'ensemble de l'économie régionale, nationale, voire mondiale via les chaînes de valeur et l'interdépendance des différents secteurs économiques (Encadré 2.4). Enfin, la modélisation des coûts indirects permet d'identifier d'éventuels effets positifs de la raréfaction, certains secteurs ou régions pouvant en effet profiter de ces évènements pour accroître leur activité économique. Par exemple, la demande de reconstruction de bâtiments endommagés à la suite d'un évènement climatique augmente l'activité du secteur de la construction, et donc son chiffre d'affaires.

Le modèle macroéconomique dit « d'entrée-sortie » ARIO (pour *Adaptive Regional Input-Output*) est utilisé pour modéliser les impacts indirects et calculer le coût macroéconomique de chaque évènement de raréfaction. Le modèle représente l'économie comme un ensemble de secteurs économiques et de régions (Encadré 2.4). La base de données EUREGIO, basée sur des données de comptabilités nationales et régionales, permet de modéliser les liens entre les différents secteurs économiques au sein de la région Ile-de-France, mais aussi entre les régions françaises et celles de 23 pays européens.[13] Les valeurs mensualisées des coûts directs sectoriels décrits précédemment sont utilisées dans ce modèle pour représenter des interruptions de production, dont l'effet se propage le long des chaines de valeurs.

Encadré 2.4. Modéliser les impacts macroéconomiques des évènements climatiques : Le modèle ARIO (Adaptive Regional Input-Output)

L'identification des coûts indirects d'évènements climatiques suppose l'usage de modèles macro-économiques. Trois catégories existent : les modèles « entrées-sorties » (I-O, pour Input-Output), les modèles d'équilibre partiel ou général calculable (EGC) et les modèles reposant sur les agents. Les modèles d'entrées-sorties et d'équilibre général calculable s'appuient sur des matrices de comptabilité, représentant les flux monétaires entre tous les secteurs d'une économie.

- Les modèles entrées-sorties (I-O) supposent des fonctions de production à proportions fixes et invariables dans le temps pour tous les secteurs économiques et prévoient comment les dommages subis par un secteur affectent le commerce et la production correspondante dans tous les autres secteurs. Les dépendances sectorielles sont prises en compte par le biais de coefficients techniques. Les prix ne sont pas une caractéristique explicite du modèle.
- Les modèles d'équilibre général calculable (EGC) supposent eux un comportement stable, reflété par des fonctions de demande et d'offre stables, et prévoient comment les impacts des catastrophes naturelles modifient la demande, l'offre et les prix sur différents marchés en équilibre. Le comportement des agents est supposé optimal. Les dépendances sectorielles sont prises en compte par le biais d'élasticités constantes.
- Les modèles basés sur des agents sont des modèles informatiques dans lesquels différents agents - ménages, entreprises, agriculteurs, gouvernements - agissent, apprennent, interagissent et évoluent avec leur environnement. Leur comportement est plus complexe que ce que permettrait l'hypothèse de rationalité.

La principale différence entre les modèles I-O et EGC réside dans les possibilités de substitution auxquelles les agents économiques peuvent recourir dans les modèles EGC. Grâce à la possibilité de substituer des intrants en fonction des variations de prix, les agents économiques tendent à être plus résistants dans les modèles EGC, ce qui explique que les ratios plus élevés de pertes indirectes par rapport aux pertes directes dues aux catastrophes dans les modèles I-O ne sont pas observés dans ces applications EGC.

Cette étude utilise le modèle entrée-sortie ARIO conçu pour calculer les coûts indirects des chocs exogènes de capital ou de production. L'économie est modélisée comme un ensemble de secteurs économiques et un ensemble de régions. Chaque secteur économique fabrique un produit générique unique et puise ses intrants dans un inventaire. Chaque secteur répond à une demande totale composée d'une demande finale (consommation des ménages, dépenses publiques et investissements privés) de toutes les régions (demande locale et exportations) et d'une demande intermédiaire (réapprovisionnement des stocks). Un état d'équilibre initial de l'économie est construit sur la base de tableaux d'entrées-sorties multirégionaux (tableaux MRIO). Deux types de chocs peuvent être mis en œuvre : soit au niveau de la production (une industrie est forcée de manière exogène de produire moins), soit au niveau du capital (une industrie perd de manière exogène une partie de son facteur de production et est donc forcée de produire moins et de reconstituer son stock de capital). Le modèle décrit ensuite comment les chocs exogènes se propagent dans l'économie à chaque pas de temps (un pas de temps correspond à un jour). L'impact économique total peut être mesuré de deux manières : en termes (i) de demande finale non satisfaite ou (ii) de perte de production relative.

La technique de modélisation IO à la base d'ARIO est particulièrement pertinente pour évaluer les conséquences de chocs économiques brutaux à court terme. Le modèle ARIO est largement utilisé pour simuler la propagation de chocs négatifs dans l'économie, tels que le coût économique total de l'ouragan Katrina en 2008 ; le coût économique total (i) du risque d'inondation à Rotterdam (E. E. Koks et al. 2015), (ii) des incendies de forêt extrêmement dommageables de 2018 en Californie (Wang et al. 2020) ou même (iii) des effets sur la chaîne d'approvisionnement des scénarios de fermeture de Covid au niveau mondial (Guan et al. 2020).

2.5.1. Résultats de l'estimation des coûts économiques directs et indirects des sécheresses induites par le changement climatique

Le coût direct d'un évènement extrême de raréfaction de la ressource en eau en Ile-de-France s'élève à 966 millions d'euros pour le scénario 1, 990 millions pour le scénario 2 et presque 1.5 milliards d'euros pour le scénario 3 (Tableau 2.3). Le coût direct est essentiellement porté par les pertes de production de l'industrie manufacturière, qui représentent entre 48% (scénario 1&2) et 57% (scénario 3) de la valeur ajoutée totale perdue pour la région pour chacun des trois scénarios, l'agriculture (15-16%) et le retrait gonflement des argiles (entre 36% et 24%). Ces coûts représentent jusqu'à 0.2% du PIB francilien (2020). La répartition des coûts directs sectoriels est essentiellement due à l'importance économique relative de chaque secteur dans l'économie de l'Ile-de-France. Les coûts annuels subis par l'industrie manufacturière représentent entre 1 et 2% de la valeur ajoutée annuelle du secteur, contre jusqu'à 18% pour le secteur agricole. En revanche, l'industrie manufacturière représente une part plus de 80 fois plus importante dans le PIB de l'Ile-de-France que l'agriculture.

Tableau 2.3. Coûts directs d'évènements de raréfaction pour l'Ile-de-France

Perte de valeur ajoutée ou destruction de capital pour chacun des trois scénarios de raréfaction pour l'Ile-de-France

Activité	Origine du coût	Coût (Millions €, 2020) et pertes de valeur ajoutée annuelle (%)		
		S1	S2	S3
Industries manufacturières ICPE	Restriction de prélèvements	466 (1.2%)	466 (1.2%)	827 (2.2%)
Cultures céréalières, légumières et fruitières	Sécheresse des sols et restriction d'irrigation	154 (14%)	154 (14%)	218 (18%)
Réseau de froid et valorisation énergétique des ordures ménagères	Température de l'eau de Seine	0 (0%)	24 (1.8%)	51 (3.9%)
Transport fluvial	Arrêt de la navigation plaisance sur les canaux	0.37 (0.1%)	0.37 (0.1%)	4.1 (2.4%)
Production d'eau potable	-	0	0	0
Maisons individuelles	Retrait Gonflement des argiles	346	346	346
Perte de valeur ajoutée totale		**966**	**990**	**1,446**
Pourcentage du PIB francilien perdu (%)		0.14%	0.14%	0.20%

Note : Pour l'ensemble des secteurs, à l'exception des maisons individuelles, les coûts représentent des pertes de valeur ajoutée. Pour les maisons individuelles, ces coûts représentent une perte de capital. Les coûts sont exprimés en euros 2020.
Source : Auteurs.

Les coûts directs dans chacun des trois scénarios de raréfaction sont majoritairement des coûts de production, et non de capital, et sont essentiellement d'origine réglementaire. Les restrictions d'usage de l'eau consécutives à l'application des arrêtés sécheresses et aux limites de températures de rejet représentent plus de 60% du coût direct pour les scénarios 1 et 2. Les coûts pour l'industrie, le transport fluvial et une partie de l'agriculture (irrigation) sont dus à l'application de restrictions d'usage (les « arrêtés de sècheresse ») de l'eau lors du franchissement des différents niveaux de débits des fleuves ou niveaux des nappes, mais aussi des impacts d'une sécheresse des sols sur les cultures non irriguées, et des dommages causés par le retrait gonflement des argiles sur les bâtiments indépendamment des restrictions d'usages de l'eau.

Les coûts directs (pertes de valeurs ajoutées) pour l'industrie manufacturière francilienne sont compris entre 466 et 827 millions d'euros (Tableau 2.3). Les prélèvements d'eau pour usage industriel sont limités par l'arrêté relatif aux ICPE,[14] qui prévoit une diminution des prélèvements de 5%, 10% et 25% selon la sévérité de la sécheresse. En l'absence d'informations détaillées sur la gestion de l'eau au sein de chaque site industriel, et en considérant que les process industriels font un usage optimal de l'eau, les industries sont contraintes de diminuer leur production proportionnellement aux diminutions de prélèvement requises par les arrêtés.

Les coûts pour le secteur agricole proviennent de pertes de rendements, et représentent des pertes à hauteur de 14 % de la valeur ajoutée du secteur dans le scenario 1 et 2 et 18% dans le scenario 3. Les pertes de rendements pour la grande culture sont pour l'essentiel dues à la sécheresse des sols (ou sécheresse agricole), en particulier pour les cultures non irriguées. Les diminutions de rendements pour cause de sécheresse agricole sont responsables de plus de 80% des pertes pour les grandes cultures dans les scénarios 1 et 2. En plus des pertes de rendements dues à des sols secs, les grandes cultures, mais surtout les productions légumières et fruitières subissent des pertes de rendements dues à des restrictions d'irrigation. Les arrêtés sécheresses prévoient une interdiction d'irrigation lors du dépassement du seuil de crise. Ainsi, chaque semaine passée sous le seuil de crise empêche la réalisation d'un tour d'irrigation, correspondant à une quantité de 30mm par ha. Les restrictions d'irrigation représentent des pertes de valeur ajoutée de plus de 70 millions d'euros dans les scénarios 1 et 2, et presque 140 millions d'euros dans le scénario 3. Responsable de l'entièreté des pertes pour les cultures légumières et fruitières, ces restrictions d'irrigation représentent 48% des pertes pour le secteur agricole dans son ensemble dans les scénarios 1 et 2 (et 63% pour le scénario 3).

La production d'électricité via la valorisation des ordures ménagères et la production de froid par refroidissement en Seine constituent l'essentiel des impacts sur la production énergétique francilienne. Cette production de froid et d'électricité utilise la Seine comme fluide caloporteur, et est soumise à l'arrêté du 24 Août 2017[15] qui limite le rejet d'eau dans l'environnement à 30°C. Lorsque la température de la Seine dépasse 25°C, la production d'énergie décroit de 20% par degrés supplémentaire, pour devenir nulle au-delà de 29°C. Les températures atteintes en Seine contraignent la production d'énergie durant 70 jours dans le scénario 2 (et 107 jours dans le scénario 3), conduisant à l'arrêt de la production durant quelques jours pour le scénario 2, et un mois pour le scénario 3. Les pertes pour les activités de production de froid s'élèvent à 16% (34%) de la production annuelle pour le scénario 2 (scénario 3), et 9% (19%) pour la valorisation énergétique. Les autres moyens de production d'électricité situés en Ile-de-France ne sont pas dépendants de la ressource en eau (renouvelables solaire et éolien, refroidissement à air ...).

Pour le transport fluvial, seul le remplissage des canaux essentiel à la plaisance fluviale est soumis aux arrêtés sécheresse. Le transport fluvial de marchandises, comme celui de touristes est épargné, car la navigation sur les axes principaux de l'Ile-de-France, notamment la Seine, est garantie par l'aménagement du fleuve en biefs et par le soutien des lacs réservoirs. De même, les caractéristiques connues du canal Seine-Escault (étanchéité, conservation de l'eau au passage d'écluses et lac de soutien) assurent sa résilience pour chacun des trois scénarios de raréfaction (Annexe 5.5 pour le détail des calculs de la résilience de ce secteur). Ainsi, le coût de la raréfaction ne dépasse pas 1% de la valeur ajoutée annuelle du secteur.

La production d'eau potable n'est pas impactée dans notre étude, les restrictions sur la production d'eau potable étant absentes des arrêtés sécheresse. Ainsi, seules des limites techniques au prélèvement (profondeur des pompes par exemple) ou au traitement de l'eau induiraient des coûts. Le prélèvement de l'eau n'est pas techniquement menacé par les niveaux de nappes ou rivières atteints, et les éventuels surcoûts induits par le traitement d'une eau plus chaude sont négligeables selon les experts.

Enfin, bien que difficiles à estimer, les coûts sur le bâti induits par le retrait gonflement des argiles pourraient être au moins aussi importants que ceux observés lors de la sécheresse 2022, s'élevant à 346 millions d'euros pour la région Ile-de-France.

Le coût total de la raréfaction de l'eau en Ile-de-France, soit la somme des coûts directs et indirects, atteint 1.4 milliards d'euros pour les scénarios 1 et 2, et presque 2.5 milliards pour le scénario 3 (Tableau 2.4). Ces coûts représentent jusqu'à 0.34% du PIB francilien (2020). Pour chacun des scénarios, les coûts indirects sont semblables aux coûts directs, et la prise en compte de la propagation des coûts double le coût total des différents évènements par rapport à la prise en compte des coûts directs seuls. Ces coûts sont du même ordre de grandeur que ceux d'études similaires (Encadré 2.5).

Tableau 2.4. Coûts complets par scénarios pour l'Ile-de-France, la France et l'Europe

Perte de valeur ajoutée, en millions d'euros (euros 2020)

	Scénario 1	Scénario 2	Scénario 3
Coûts totaux Ile-de-France	**1 416**	**1 438**	**2 449**
Coûts totaux France	1 618	1 639	2 781
Amplifications des coûts directs de l'Ile de France (France)	x 2.11	x 2.07	x 2.09
Coût additionnel d'une sécheresse en Ile-de-France pour les pays européens	102	101	172

Note : Les coûts sont exprimés en perte de valeur ajoutée. Les coûts totaux (ou complets) représentent la somme des coûts directs (voir tableau 2.3), et des coûts indirects calculés par le modèle ARIO. L'amplification des coûts est définie comme le rapport entre le coût total pour la France et le total des coûts directs pour l'Ile-de-France. L'amplification permet d'évaluer l'impact de la prise en compte des coûts indirect dans le coût total de l'évènement.
Source : Auteurs.

Encadré 2.5. Études de coût de la raréfaction de l'eau

Une grande diversité de méthodes sont utilisées pour mesurer le coût de la raréfaction de la ressource en eau (Logar et van den Bergh, 2012[69]). Le tableau ci-dessous résume les résultats et méthodes utilisés par diverses études mesurant le coût économique de la raréfaction de la ressource en eau.

Référence	Cadre d'étude	Méthode	Résultat
(Jenkins, Lund et Howitt, 2003[70])	Coût prospectif à l'horizon 2020 d'une raréfaction d'eau en Californie (39 millions d'habitants, 423 970 km²) suite à une sécheresse similaire à 1922-23	Consentement à payer	1.6 milliards de dollars par an
(Naumann et al., 2021[71])	Impact économique de la sécheresse en 2100 sur l'Europe et le Royaume Uni (hors industrie) (520 millions d'habitants, 4,4 millions de kilomètres carré)	Création d'une fonction de dommage liant les impacts économiques sectoriels à la sévérité des sécheresses en utilisant des données passées, puis projection avec données de modèles climatiques	65 milliards d'euros par an à l'horizon 2100
(Ciasca et al., 2023[72])	Coût économique de la sécheresse de 2014-2015 dans le système d'approvisionnement en eau de Cantareira au Brésil (qui distribue de l'eau à 9millions d'habitants)) pour le secteur de l'eau et le secteur industriel	Attribution du coût de la sécheresse via une analyse statistique sur données hydrologiques et économiques locales	1.6 milliards BRL
(García-León, Standardi et Staccione, 2021[73])	Impact économique direct et indirect de sécheresses agricoles en Italie (environ 20 millions d'hectares)	Analyse statistique de l'impact des sécheresses sur les rendements agricoles puis utilisation d'un modèle d'équilibre général pour modéliser l'économie italienne.	Les dommages estimés sont compris entre 0,55 à 1,75 milliard d'euros
(Horridge, Madden et Wittwer, 2005[74])	Impact à court terme de la sécheresse 2002-2003 sur l'économie australienne (20 millions d'habitants pour une superficie de 7,7 millions km2)	Modèle d'équilibre général	Perte de revenu jusqu'à 20% et perte de PIB de 1.6%
(Howitt et al., 2015[75])	Impact économique de la sécheresse 2015 sur l'économie californienne (39 millions d'habitants, 423 970 km²)	Utilisation du modèle SWAP qui modélise la décision de fermiers en fonction de la disponibilité en eau de surface et souterraine	2.7 milliards de dollars

Source : (Jenkins, Lund et Howitt, 2003[70]), (Naumann et al., 2021[71]) (Ciasca et al., 2023[72]) (García-León, Standardi et Staccione, 2021[73]) (Horridge, Madden et Wittwer, 2005[74]) (Howitt et al., 2015[75]).

Décomposition sectorielle des coûts indirects

La raréfaction impacte de manière indirecte l'ensemble des secteurs de l'économie. Bien que de nombreux secteurs soient épargnés par l'impact direct de la raréfaction, comme le transport, le tourisme, le secteur de la distribution ou de la construction, ils sont tous indirectement affectés par les interruptions de production. Le Graphique 2.10 représente la perte de valeur ajoutée directe (barre bleue) et indirecte (barre grise) en Ile-de-France pour différents secteurs. La somme de la barre bleue et de la barre orange représente le coût total subi par ce secteur. Ainsi, certains secteurs sont presque uniquement touchés par des interruptions directes de production, comme le secteur 'Autres industries manufacturières' la barre grise (pertes indirectes) est presque inexistante comparée à la barre bleue (pertes directes). En revanche, le coût indirect représente par exemple la totalité des impacts portés par les secteurs de la distribution et de l'immobilier, soit respectivement 5% et 2.5% de l'activité annuelle de ces secteurs. Dans les simulations, la propagation des pertes est principalement due à la limitation de la production industrielle, qui diminue donc l'achat d'intrants intermédiaires à leurs fournisseurs. Les secteurs particulièrement touchés de manière indirecte sont ainsi les secteurs de service qui fournissent les secteurs dans l'incapacité de produire. Il n'y a pas de propagation des producteurs vers les acheteurs, car les interruptions de production sont compensées par l'existence de stocks.

Graphique 2.10. Coûts directs et indirects par secteur

Pourcentage de valeur ajoutée perdu par secteur (simulations sur 600 jours) pour le scénario 2.

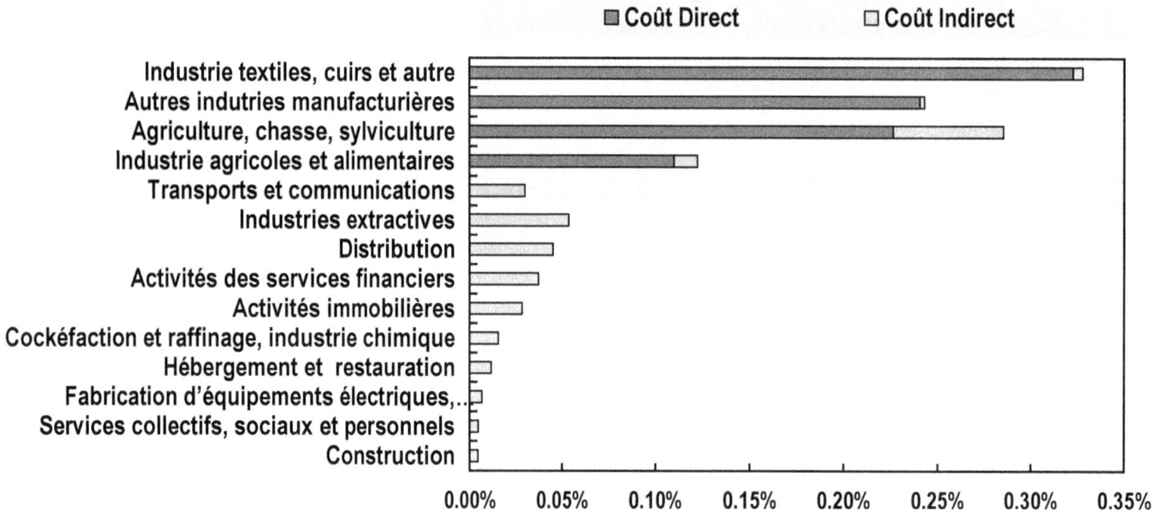

Note : La valeur ajoutée totale perdue représente la somme du coût direct et du coût indirect.
Source : Auteurs.

La prise en compte des coûts indirects modifie l'importance relative des différents secteurs et renforce l'importance du coût porté par l'industrie manufacturière. Les coûts indirects sont principalement causés par l'industrie manufacturière, et en particulier le secteur de l'agroalimentaire, dont la modification de production induit des coûts indirects plus de quatre fois supérieurs aux coûts directs subis par ce secteur (Tableau 2.5). En revanche, les coûts indirects induits par la perturbation du transport fluvial sont nettement inférieurs (37% dans le scénario 1) aux coûts directs.

Tableau 2.5. Coûts directs et indirects induits par secteurs

Coûts directs et indirects induits par secteur impactés directement par la raréfaction pour l'Ile-de-France (scénario 1)

	Coût direct (M€)	Coût indirect (M€)	Coût complet (M€)	Amplification (%)
Agriculture	191.19	156.05	347.24	+82%
Transport, entreposage et communication	0.37	0.14	0.51	+37%
Agroalimentaire et produits à base de tabac	62.42	230.18	292.60	x4,7
Industrie textile	54.87	52.12	106.99	x2,0
Autres industries	457.23	478.71	935.94	x2,1

Note : Le coût complet par secteur est défini comme la somme du coût direct supporté par ce secteur et le coût indirect que la perturbation de l'activité dans ce secteur fait porter à l'économie de l'Ile-de-France. L'amplification est définie comme le rapport entre le coût complet et le coût direct. Les secteurs considérés sont ceux de la nomenclature EUREGIO sur laquelle est construit le modèle ARIO. La somme des coûts complets sectoriels est différente du coût complet présenté dans le tableau 2.4 car le calcul du coût indirect porté par chaque secteur implique de simuler l'impact de la raréfaction pour chaque secteur indépendamment.
Source : Auteurs.

Propagation géographique des coûts indirects

Les impacts de la raréfaction se répercutent aussi en dehors de l'Ile-de-France, et cette propagation à l'échelle de la France représente un coût supplémentaire compris entre 102 millions (scénario 1 et 2) et 172 millions d'euros (scénario 3). Comme illustré sur le Graphique 2.11, le coût de ces évènements de raréfaction pour la Corse équivaut à 10% de l'impact observé pour l'Ile-de-France, suivie par la Bourgogne Franche Comté (9%), la Nouvelle Aquitaine (9%), le Grand Est (7%) et le Centre Val de Loire (7%). De même, l'Europe, et en particulier les pays voisins de la France, sont aussi impactés par la raréfaction. Le coût porté par la raréfaction sur les autres pays européens varie de 102 (scénario 1) à 172 (scénario 3) millions d'euros, essentiellement supportés par l'Allemagne, l'Espagne, le Royaume Uni, la Belgique et les Pays Bas.

Graphique 2.11. Propagation géographique des impacts d'une sécheresse en Ile-de-France au reste de la France et en Europe

Propagation des coûts de la raréfaction par régions européennes pour le scénario 1.

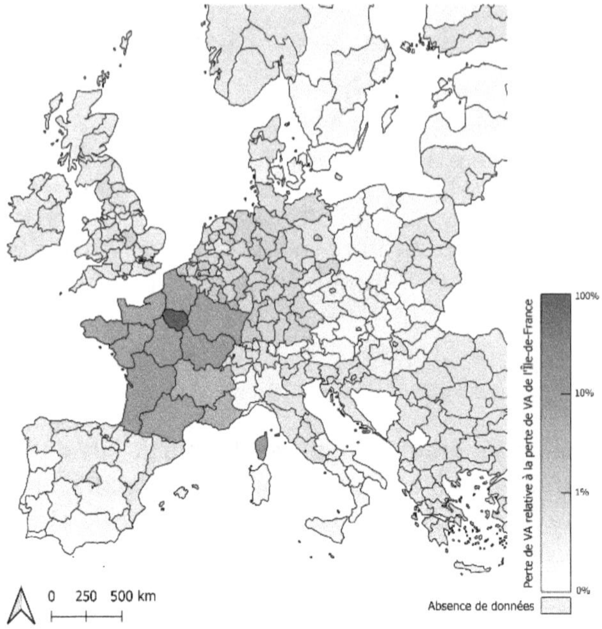

Note : Le scénario 2 est caractérisé par : sécheresse des sols 1976, débit des cours d'eau 1921, diminution du niveau des nappes tendanciels 2020-2022 et vague de chaleur correspondant au 90th percentile de la distribution de température à l'horizon 2050 issue de simulations d'un ensemble de modèles dans un scénario RCP8.5
Source : Auteurs.

2.5.2. Limites de l'analyse et axes de recherche futurs

L'analyse de coût proposée dans ce rapport offre une meilleure compréhension de l'ampleur des enjeux liés au changement climatique et à la raréfaction de la ressource en eau pour la région Ile-de-France. En revanche, elle présente plusieurs limites et ouvre de nombreuses pistes de recherche qui permettraient d'améliorer l'évaluation des coûts et de mieux informer la prise de décision publique.

Incertitude des projections climatiques et socio-économiques

Analyser les impacts du changement climatique à l'horizon 2050 sur la ressource en eau reste un exercice délicat en raison des nombreuses incertitudes entourant les projections climatiques et leur utilisation dans les modèles hydrologiques. Tout d'abord, relier projections climatiques et hydrologie est un exercice qui nécessite des données adaptées aux conditions climatiques locales. Or, les modèles climatiques de circulation atmosphérique sont réalisés au niveau mondial et traduits au niveau régional au moyen de techniques telles que la descente d'échelle statistique (GIEC, 2022[76]). Ces techniques comportent des limites, car elles ne permettent pas de reconstruire des détails importants du climat à des échelles suffisamment fines. Indépendamment des enjeux d'échelle, les modèles climatiques donnent lieu à une grande variabilité de projections selon leur conception (Lehner et al., 2020[77]). Si l'étude encadre cette variabilité en comparant les résultats d'un ensemble de modèles pour déterminer l'évolution future des évènements de sécheresse, certains paramètres restent particulièrement complexes à anticiper, comme l'évolution des précipitations et le phénomène d'évapotranspiration (GIEC, 2022[78]).

L'exercice prospectif à l'horizon 2050 nécessite aussi d'imaginer l'évolution socio-économique et environnementale de l'Ile-de-France. Les potentielles trajectoires de développement de l'Ile-de-France à l'horizon 2050 sont très diverses, et influent de manière importante sur l'exposition de la région au risque de raréfaction et sa vulnérabilité à ce risque. De plus, l'étude projette les trajectoires de développement socio-économique passées sans tenir compte de l'effet du changement climatique. Les impacts croissants du changement climatique influeront probablement sur les trajectoires de développement et/ou induiront la mise en place de stratégies d'adaptation pour atténuer leur impact. Cette étude est une première étape qui pourrait servir de référence à des analyses complémentaires évaluant l'effet de différentes trajectoires de développement et stratégies d'adaptation sur l'impact de la raréfaction, et permettraient alors d'identifier les évolutions les plus souhaitables pour la résilience de la région.

Interdépendance des phénomènes climatiques

L'étude économique repose sur une combinaison d'évènements climatiques qui ne sont pas indépendants. En effet, l'étude construit les différents scénarios de raréfaction comme un assemblage de résultats isolés issus de différentes modélisations, chacune décrivant l'évolution d'une variable hydrologique ou météorologique (température de l'eau, débit des cours d'eau, niveau des nappes, ...). Or, les nappes et les rivières sont interconnectées, et leurs niveaux sont donc dépendants. De même, la température de l'eau est influencée par celle de l'air et par le débit des cours d'eau, et la température de l'air est elle-même un facteur de sécheresse, notamment agricole. La modélisation de l'ensemble de ces facteurs au sein d'un même modèle permettrait la production de scénarios plus robustes et cohérents.

De plus, l'étude se limite à l'impact de la raréfaction de l'eau sur les activités économiques, ignorant comment les facteurs à l'origine de cette raréfaction peuvent eux même impacter ces activités. Par exemple, la température de l'air influe sur celle de l'eau et donc la capacité à produire de l'énergie (2.5.1), mais les fortes températures sont aussi l'un des principaux facteurs d'augmentation de la demande d'énergie en été, que ce soit pour refroidir les installations industrielles, les bureaux ou les habitations. De même, cette analyse n'étudie pas l'influence de ces évènements de raréfaction sur d'autres risques, comme les feux de forêts ou les accidents industriels.

Enfin, l'analyse se concentre sur l'impact d'évènements de raréfaction touchant l'Ile-de-France, indépendamment des conditions affectant simultanément le reste de la France voire du monde. Or, il est fort probable que si l'Ile-de-France est touchée par des températures ou sécheresses extrêmes, d'autres régions françaises, et notamment le sud du pays, le soient aussi. Ainsi, l'étude néglige la corrélation spatiale des conditions météorologiques et climatiques. Cette étude de l'Ile-de-France en isolation masque potentiellement des impacts beaucoup plus importants. En effet, l'Ile-de-France n'est pas auto suffisante, et importe beaucoup de biens et services. Elle importe par exemple 95% de l'énergie qu'elle consomme (DRIEAT Ile-de-France, 2021[79]).

De plus, l'étude n'aborde pas les effets macroéconomiques de la raréfaction, notamment l'effet prix induit par la baisse de production. Ainsi, une sécheresse en France pourrait diminuer la capacité de production des centrales nucléaires et des barrages hydrauliques, augmentant fortement le prix de l'énergie. De même, une sécheresse agricole à l'échelle de l'Europe pourrait fortement augmenter le prix des denrées agricoles. En plus d'une moindre disponibilité des ressources contraignant l'activité économique, l'augmentation des prix des biens, mais aussi de l'énergie et des produits alimentaires peut faire peser un coût supplémentaire sur les entreprises franciliennes, mais aussi les ménages, exclus de cette analyse.

Limite du modèle ARIO pour l'analyse d'impacts économiques régionaux

Le modèle ARIO présente deux limites intrinsèques principales : la simplicité avec laquelle les mécanismes économiques à l'œuvre sont représentés et la quantité de données nécessaires pour faire fonctionner le modèle. Bien qu'ARIO intègre mieux certaines caractéristiques de l'économie réelle que d'autres modèles, comme les stocks de production ou la demande de reconstruction, le modèle ne prend en compte que des mécanismes simples. Il n'intègre pas les variations possibles des prix, comme le font les modèles EGC, et utilise des règles rigides (similaires dans toutes les industries) pour définir le comportement des entreprises. S'appuyant sur les principes de modèles dit « entrée-sortie », ARIO est conçu pour étudier les conséquences de chocs économiques à court terme. Ainsi, les agents sont limités dans leurs possibilités de substitution, à la fois en tant que fournisseurs et en tant qu'acheteurs. La deuxième limite est la grande quantité de données d'entrée nécessaires pour faire fonctionner le modèle. En général, les données permettant d'évaluer la valeur de nombreux paramètres (par exemple les temps caractéristiques ou le facteur de surproduction) ne sont pas disponibles à l'échelle locale, et il faut utiliser des valeurs standards issues de la littérature, qui sont souvent identiques d'un secteur à l'autre. Les deux limites sont liées : plus le modèle est complexe, plus il faut de données pour le calibrer. Le choix d'ARIO est donc le résultat d'un compromis entre ces deux préoccupations.

L'utilisation du modèle ARIO se heurte aussi à plusieurs limites spécifiques à cette analyse. Tout d'abord, le choix d'une étude au niveau régional nécessite l'utilisation d'EUREGIO, un tableau d'entrées-sorties avec un nombre limité de secteurs économiques. Cette description grossière des liens entrées-sorties limite l'identification des blocages dans la chaîne d'approvisionnement, mais il n'existe actuellement pas de meilleure alternative au niveau régional. En outre, ce tableau reflète la structure économique mondiale en 2010, alors que l'analyse se place à aux horizons 2050 (scénarios 1 et 2) et 2100 (scénario 3). Néanmoins, l'analyse fournit une approximation des niveaux de risque futurs dans l'hypothèse d'une évolution tendancielle de l'économie en 2050. Enfin, le modèle ARIO, plus adapté au secteur industriel, peut ne pas prendre pleinement en compte les caractéristiques de l'agriculture : par exemple, les pertes de récoltes entraînent une réduction des achats d'intrants en amont dans le modèle, ce qui n'est pas réaliste. Toutefois, cette critique ne remet pas fondamentalement en cause nos résultats, car les impacts agricoles sont mineurs par rapport aux impacts manufacturiers dans les coûts directs fournis.

Au-delà des impacts sur l'activité économique

L'étude se concentre sur l'impact de la raréfaction sur l'activité économique de la région, apportant une image partielle de l'étendue des impacts réels de ce phénomène. Comme décrit dans la section 2.4, la préservation de la ressource en eau est aussi essentielle au maintien des écosystèmes et de la biodiversité locale, ainsi qu'à la bonne santé physique et mentale des franciliens. L'existence d'une nature en ville et d'espaces verts influe de manière importante la santé physique et mentale des habitants, en particulier en milieu urbain (Barton et Rogerson, 2017[80]). De plus, l'importance de la Seine, qui traverse Paris et la région, va bien au-delà de son rôle de transport, de fournisseur d'eau ou encore de production d'énergie, et son maintien dans un bon état biologique et esthétique est d'une valeur quasi inestimable.

L'analyse de scénarios de raréfaction ponctuels et extrêmes ne semble pas adaptée à l'évaluation de l'impact de la raréfaction de la ressource en eau sur les écosystèmes. La complexité du fonctionnement des écosystèmes et l'existence de point de bascules empêchent l'attribution d'une dégradation des écosystèmes à différents niveaux de raréfaction. La majorité des impacts affectant les écosystèmes sont le fruit d'épisodes de raréfaction répétés ou de l'évolution progressive des paramètres météorologiques, plus que d'un évènement unique. Ainsi, les arbres sont sensibles à l'évolution des températures et conditions de sécheresses moyennes, qui affectent leur croissance et capacité à survivre dans un milieu, plus qu'à un évènement de sécheresse important qu'ils ont souvent les capacités d'affronter.

De plus, attribuer une valeur monétaire au patrimoine culturel et naturel francilien est très complexe. Lorsque les biens et services n'ont pas de valeur marchande, comme c'est le cas pour la nature, la quantification de la valeur des services écosystémiques rendus à l'économie de la région et ses habitants repose sur des analyses multifactorielles et qualitatives telles que le consentement à payer de différents acteurs pour les services. De nombreuses études cherchent à déterminer la valeur de différents biomes. (Brander et al., 2011[81]) propose une méta analyse de 120 études évaluant la valeur des zones humides en milieu tempéré, dont la valeur est de 362US$/ha/an. De même, une métanalyse permet à (Woodward et Wui, 2001[82]) d'évaluer les bénéfices des zones humides dans la lutte contre les inondations à 393 $ par ha, à 417 $/ha pour la qualité de l'eau et 127 $/ha pour la quantité d'eau. La base de données *Ecosystem Services Valuation Database* (ESVD)[16] permet aussi d'estimer la valeur économique moyenne des services écosystémiques rendus par les lacs et rivières à 26 085 $/ ha, celle des forêts à 21 647 $/ ha et des espaces naturels en milieux urbain à 31 318 $/ha. En revanche, ces valeurs ne peuvent être utilisées dans notre étude car elles sont spécifiques à un type de service (préservation de la qualité de la ressource en eau, de la biodiversité locale, ...) dont les bénéfices économiques ne peuvent être simplement additionnés. De plus, l'importance du patrimoine naturel, comme la Seine ou les nombreuses forêts franciliennes, sur l'attrait de la région et le bien être des franciliens n'est pas inclus dans ces analyses. Les valeurs estimées sont aussi d'une grande variabilité. À partir d'un échantillon de 15 études menées au niveau français, le Commissariat Général au Développement Durable (Bouscasse et al., 2011[83]) montre par exemple que les bénéfices apportés par les zones humides dans l'épuration de l'eau varient entre 15 et 11 300 €/ha.

L'identification des impacts sociaux, et notamment les conflits d'usages émanant d'une raréfaction de la ressource, sont aussi exclus de cette analyse. Les tensions qui émergent lors de la répartition de la ressource en période de pénurie peuvent aussi induire des pertes économiques (dommages matériels, grèves, arrêt de production dans l'attente d'une décision des pouvoirs publiques). Par exemple, l'eau de Paris provient en partie de sources situées hors de l'Ile-de-France, et ce prélèvement peut être à l'origine de conflits avec les agriculteurs locaux. Les affrontements qui ont eu lieu à Sainte Soline ou à Sivens en France, représentent toutefois un coût direct pour la société (mobilisation de forces de l'ordre et personnel de santé, dégâts matériels et humains, ...) et influent probablement sur l'opinion publique, et donc les attentes et usages des citoyens en matière de gestion de la ressource en eau. Ces impacts sont encore mal connus.

Références

AESN ; DRIEE (2016), *Mission sur le fonctionnement hydrologique du bassin de la Seine*, Agence Eau Seine Normandie, https://doi.org/10.5194/hess-2016-308. [7]

Agence de l'Eau Seine Normandie (2016), *Stratégie d'adaptation au changement climatique du bassin Seine-Normandie*, Comité de Bassin Seine-Normandie. [18]

Agence de l'Eau Seine-Normandie (2019), *Etat des lieux du bassin versant Seine Normandie*, https://www.eau-seine-normandie.fr/domaines-d-action/sdage/etat-des-lieux. [62]

Agreste (2022), *Memento Île-de-France 2022*. [32]

Agreste (2021), *L'occupation du sol entre 1982 et 2018*, https://agreste.agriculture.gouv.fr/agreste-web/download/publication/publie/Dos2103/Dossiers%202021-3_TERUTI.pdf. [14]

Agreste (2011), *Enquête sur les services publics de l'eau potable et de l'assainissement en 2008*. [27]

APUR (2019), *Les besoins en froid des bâtiments parisiens*, https://www.apur.org/sites/default/files/documents/publication/etudes/note_149_besoins_froid_batiments_parisiens.pdf?token=s7MetKvA (consulté le 2 février 2022). [52]

Aquavesc, SEDIF, Sénéo, Ville de Paris (2020), *Etude relative à la sécurisation de l'alimentation en eau potable de la zone interconnectée*. [16]

Barcelona Metropolis (2023), *Strategies to tackle water shortages*, https://www.barcelona.cat/metropolis/en/contents/strategies-tackle-water-shortages#:~:text=However%2C%20Barcelona%20is%20one%20of,litres%20per%20person%20per%20day. [36]

Barton, J. et M. Rogerson (2017), « The importance of greenspace for mental health », *BJPsych. International*, vol. 14/4, pp. 79-81, https://doi.org/10.1192/s2056474000002051. [80]

BNPE (2022), *Données de prélèvements France Entière*, https://bnpe.eaufrance.fr/acces-donnees/france/annee/2021/exclureEcrasants. [48]

Boé, J. et al. (2018), *Scénarios sécheresse sur le bassin Seine-Normandie*, https://www.drieat.ile-de-france.developpement-durable.gouv.fr/IMG/pdf/rapport_boe_final.pdf. [19]

Bouscasse, H. et al. (2011), *Évaluation économique des services rendus par les zones humides - Enseignements méthodologiques de monétarisation.*, irstea. [83]

Brander, L. et al. (2011), « Using Meta-Analysis and GIS for Value Transfer and Scaling Up: Valuing Climate Change Induced Losses of European Wetlands », *Environmental and Resource Economics*, vol. 52/3, pp. 395-413, https://doi.org/10.1007/s10640-011-9535-1. [81]

Bureau des Nations Unies pour la prévention des catastrophes (2021), *Global Assessment Report on disaster risk reduction 2021: Special report on drought*. [17]

Chevrot, J. et al. (2018), « L'industrie francilienne : des mutations de long terme toujours à l'œuvre », *INSEE Analyses* 91, https://www.insee.fr/fr/statistiques/fichier/version-html/3673585/if_ina_91.pdf. [29]

Ciasca, B. et al. (2023), « Economic Cost of Drought and Potential Benefits of Investing in Nature-Based Solutions: A Case Study in São Paulo, Brazil », *Water*, vol. 15/3, p. 466, https://doi.org/10.3390/w15030466. [72]

Climate ADAPT (2018), *Zaragoza: combining awareness raising and financial measures to enhance water efficiency*, https://climate-adapt.eea.europa.eu/en/metadata/case-studies/zaragoza-combining-awareness-raising-and-financial-measures-to-enhance-water-efficiency/11210288.png/view. [44]

Conseil régional d'Île de France (2019), *Stratégie régionale pour la biodiversité en Île-de-France*, Région Île-de-France. [68]

Conseil Régional d'Île de France (2021), *Plan régional pour une alimentation locale, durable et solidaire l'alimentation des franciliens : un enjeu de souveraineté, de santé et de relance*, Région Île-de-France. [66]

Cour des comptes (2018), *Alimentation en eau potable de la Métropole du Grand Paris*. [28]

CPCU (2019), *Informations et chiffres clés 2018*, http://www.cpcu.fr/Nos-engagements/NOS-ENJEUX (consulté le 2 août 2022). [51]

Danva (2022), *Water in figures*, https://www.danva.dk/media/8746/5307102_water-in-figures-2022_web.pdf. [40]

DRIEAT (2023), *Bilan annuel de l'étiage en Île-de-France - Saison 2022.* [2]

DRIEAT Ile-de-France (2022), *30 millions de tonnes de déchets produits en Île-de-France*, https://www.drieat.ile-de-france.developpement-durable.gouv.fr/30-millions-de-tonnes-de-dechets-produits-en-ile-a3857.html#:~:text=En%20%C3%8Ele%2Dde%2DFrance%2C,la%20chaleur%2C%20soit%20les%20deux (consulté le 10 novembre 2023). [49]

DRIEAT Ile-de-France (2021), *Approvisionnement et réseaux d'alimentation énergétique*, https://www.drieat.ile-de-france.developpement-durable.gouv.fr/approvisionnement-et-reseaux-d-alimentation-a3427.html. [79]

Eau de Paris (s.d.), *Calculer ma consommation d'eau*, https://www.eaudeparis.fr/calculer-ma-consommation-deau. [39]

EPAL (s.d.), *Efficient use*, https://www.epal.pt/EPAL/en/menu/our-water/campaigns/efficient-use. [41]

EPTB Seine Grands Lacs (2022), *Etude globale sur l'incidence socio-économique et environnementale des étiages sévères sur le bassin amont de la Seine*, https://www.seinegrandslacs.fr/incidence-socio-economique-et-environnementale-des-etiages-severes. [9]

EPTB Seine Grands Lacs (2022), *Étude sur l'incidence socio-économique et environnementale des étiages sévères.* [5]

Fiorillo, D. et al. (2021), « Assessing the Impact of Climate Change on Future Water Demand using Weather Data », *Water Resources Management*, vol. 35, https://doi.org/10.1007/s11269-021-02789-4. [31]

France (2023), *Données Vigi'Eau*, https://vigieau.gouv.fr/. [35]

France (2023), *https://lekiosque.finances.gouv.fr/site_fr/regions/data_region_produit_pays.asp?lreg=0300&typea=1.* [26]

García-León, D., G. Standardi et A. Staccione (2021), « An integrated approach for the estimation of agricultural drought costs », *Land Use Policy*, vol. 100, https://doi.org/10.1016/j.landusepol.2020.104923. [73]

GIEC (2022), *6ème évaluation, Groupe de Travail 1 : Les fondements scientifiques- Chapitre 8 : Les changements des cycles de l'eau.* [78]

GIEC (2022), *6ème Évaluation, Groupe de Travail 2 : Impacts, adaptation et vulnérabilité*, https://www.ipcc.ch/report/sixth-assessment-report-working-group-ii/ (consulté le 17 octobre 2022). [76]

Haropa Port (2023), *Premier port fluvial européen*, https://www.haropaport.com/fr/premier-port-fluvial-europeen (consulté le 10 novembre 2023). [58]

Horridge, M., J. Madden et G. Wittwer (2005), « The impact of the 2002–2003 drought on Australia », *Journal of Policy Modeling*, vol. 27/3, pp. 285-308, https://doi.org/10.1016/j.jpolmod.2005.01.008. [74]

Howitt, R. et al. (2015), *Economic Analysis of the 2015 Drought For California Agriculture*, University of California – Davis. [75]

INSEE (2023), *Bilan économique 2022 - Île-de-France*, https://www.insee.fr/fr/statistiques/7619395?sommaire=7343425. [54]

INSEE (2023), *Estimation de la population au 1er janvier 2023*, https://www.insee.fr/fr/statistiques/1893198. [22]

INSEE (2022), « Populations légales au 1er janvier 2020 », *INSEE Flash Île-de-France*. [3]

INSEE (2022), « Produits intérieurs bruts régionaux de 2000 à 2020 », *Insee Première*, https://www.insee.fr/fr/statistiques/6440639#:~:text=9%20%25%20en%20volume-,Le%20PIB%20de%20l%27%C3%8Ele%E2%80%91de%E2%80%91France%20repr%C3%A9sente%20plus,%2DRh%C3%B4ne%2DAlpes%2012%20%25. [24]

INSEE (2022), *Projections démographiques en Île-de-France à horizon 2070 : vieillissante, la région resterait la plus jeune de France métropolitaine*, https://www.insee.fr/fr/statistiques/6666275# (consulté le 10 novembre 2023). [30]

INSEE (2021), « L'Île-de-France concentre la moitié des salariés du secteur privé les mieux rémunérés de France », *Insee Analyses Île-de-France*, https://www.bnsp.insee.fr/ark:/12148/bc6p07b8dbq/f1.pdf. [23]

Institut d'aménagement et d'urbanisme (2016), *Les lieux de l'industrie en Ile-de-France*, https://www.institutparisregion.fr/fileadmin/NewEtudes/Etude_1244/Les_lieux_de_l_industrie_en_IDF.pdf (consulté le 8 septembre 2022). [46]

Institut Paris Région (2022), *Vulnérabilités de l'Île-de-France aux effets du changement climatique*. [59]

Institut Paris Région (2021), *Les Franciliens - Territoires et modes de vie*. [4]

Institut Paris Région ; INSEE ; CCI (2021), *Chiffres clés de la Région Ile-de-France*. [25]

Institut Région parisienne (2023), *SDRIF-E 2040 - Un nouvel équilibre*, https://www.institutparisregion.fr/planification/ile-de-france-2040/sdrif-e-2040/ (consulté le 10 novembre 2023). [65]

Institut Région parisienne (2021), *Fret et logistique dans l'Ouest francilien - État des lieux*, Institut Région parisienne. [56]

Jenkins, M., J. Lund et R. Howitt (2003), « Using economic loss functions to value urban water scarcity in California », *Journal / American Water Works Association*, vol. 95/2, https://doi.org/10.1002/j.1551-8833.2003.tb10292.x. [70]

Kapsambelis, D. (2018), *Analyse des pertes de récoltes à l'échelle de l'exploitation agricole dans le cadre de l'assurance multirisques climatique en France métropolitaine*. [12]

Kumari, U. et al. (2021), *Global water challenge and future perspective*, Elsevier, https://doi.org/10.1016/b978-0-323-85768-0.00002-6. [15]

Lehner, F. et al. (2020), *Partitioning climate projection uncertainty with multiple large ensembles and CMIP5/6*, pp. 491-508. [77]

Logar, I. et J. van den Bergh (2012), « Methods to Assess Costs of Drought Damages and Policies for Drought Mitigation and Adaptation: Review and Recommendations », *Water Resources Management*, vol. 27/6, pp. 1707-1720, https://doi.org/10.1007/s11269-012-0119-9. [69]

London Assembly (2022), *Water use*, https://www.london.gov.uk/who-we-are/what-london-assembly-does/questions-mayor/find-an-answer/water-use#:~:text=Figures%20from%20their%202021%2F22,of%20142.6%20litres%20per%20capita. [37]

Météo France (2022), *Climat HD, Les tendances des évolutions du climat au XXème siècle*, https://meteofrance.com/climathd. [10]

Météo France (2022), *DRIAS Les futurs du climat.* [6]

Météo Paris (s.d.), *https://www.meteo-paris.com/actualites/la-secheresse-est-elle-aussi-inquietante-que-l-annee-derniere.* [13]

Ministère de la Transition Écologique (2023), *DRIAS - Les futurs du climat*, http://www.drias-climat.fr/decouverte/cartezoom/experience/EUROCORDEX2020_DISTRIBUTION_ELAB/Q05/RCP4.5/RCP4.5/H2/APAV/APAV/A1 (consulté le 27 mars 2023). [11]

Ministère de l'écologie, du développement et de l'énergie (2012), *Synthèse du projet Explore 2070 : Perspectives socioéconomiques et démographiques*, https://professionnels.ofb.fr/sites/default/files/pdf/explore2070_4pages_prospective.pdf. [67]

Ministère des Finances (2023), « Le Chiffre du commerce extérieur », *Les chiffres clés de la région*, https://lekiosque.finances.gouv.fr/fichiers/Etudes/Brochures/Reg_03.pdf. [55]

Naumann, G. et al. (2021), « Increased economic drought impacts in Europe with anthropogenic warming », *Nature Climate Change*, vol. 11/6, pp. 485-491, https://doi.org/10.1038/s41558-021-01044-3. [71]

OCDE (2022), *Israël : des plans pour une gestion durable de l'eau*, https://www.oecd.org/fr/publications/les-politiques-en-action_4af4d9fb-fr/israel-des-plans-pour-une-gestion-durable-de-l-eau_29f6bc7e-fr.html. [45]

PIREN-Seine (2018), *Hydrologie du bassin de la Seine en quelques chiffres clés*, https://www.piren-seine.fr/sites/default/files/piren_documents/fiches_4_pages/Fiche%2520PS-Hydrologie_2109.pdf. [8]

Région Île-de-France (2022), *Plan de protection, de résistance et d'adaptation de la région Île-de-France face au changement climatique.* [60]

Région Île-de-France (2021), *Plan régional pour une alimentation locale, durable et solidaire.* [53]

ROSE (2023), *TABLEAU DE BORD*, https://www.roseidf.org/panorama-regional-1-1-1/. [47]

RTE (2021), *Bilan électrique en Île-de-France*, https://assets.rte-france.com/prod/public/2022-07/Fiches%20Presse%20RTE%20-%20Bilan%20%C3%A9lectrique%202021%20IDF%20VDEF.pdf (consulté le 10 novembre 2023). [50]

SEDIF (s.d.), *Passez à l'eau engagée*, https://www.sedif.com/leauengagee#:~:text=Le%20saviez%2Dvous%20%3F,un%20foyer%20%C3%A0%20l%27autre. [34]

Sénéo ; Aquavesc ; SEDIF ; Ville de Paris (2019), *Etude relative à la sécurisation de l'approvisionnement en eau potable dans la zone interconnectée d'Ile-de-France.* [33]

Toronto (s.d.), *My Water Toronto*, https://www.toronto.ca/services-payments/water-environment/how-to-use-less-water/mywatertoronto/#:~:text=In%202020%2C%20the%20average%20household,in%20your%20private%20plumbing%20system. [43]

Van der Schrier, G. et al. (2021), « The 1921 European drought: impacts, reconstruction and drivers », *Climate of the Past*, vol. 17/5, pp. 2201-2221, https://doi.org/10.5194/cp-17-2201-21. [1]

Victoria State Government (s.d.), *Target 150*, https://www.water.vic.gov.au/liveable-cities-and-towns/using-water-wisely/target-150-target-your-water-use. [42]

Vidal, J. et al. (2010), « Multilevel and multiscale drought reanalysis over France with the Safran-Isba-Modcou hydrometeorological suite », *Hydrology and Earth System Sciences*, vol. 14/3, pp. 459-478, https://doi.org/10.5194/hess-14-459-2010. [21]

Ville de Paris (2021), *Actualisation du diagnostic de vulnérabilités et de robustesse de Paris face aux changements climatiques et à la raréfaction de la ressource en eau.* [20]

Ville de Paris (2019), *Schéma directeur du réseau de froid parisien.* [63]

Ville de Paris (2019), *Stratégie de résilience.* [61]

Voies Navigables de France (2022), *https://www.vnf.fr/vnf/accueil/logistique-fluviale/economie-du-secteur-logistique/panorama-tendances-et-chiffres-cles-du-transport-fluvial/.* [57]

Voies Navigables de France (2022), *Les chiffres clés du transport fluvial – Bassin de la Seine*, https://www.vnf.fr/vnf/chiffres-cles-fret-bassin-seine/#:~:text=Zoom%20sur%20le%20bassin%20de%20Seine&text=Avec%20plus%20de%2022%20millions,transport%C3%A9es)%20par%20rapport%20%C3%A0%202020 (consulté le 13 Décembre 2023). [64]

Waternet (2021), *Average water use household per day*, https://www.waternet.nl/en/service-and-contact/tap-water/average-water-use/#:~:text=consumption%20per%20person.-,In%202021%2C%20the%20average%20water%20consumption%20of%20our%20customers%20was,liters%20per%20person%20per%20day. [38]

Woodward, R. et Y. Wui (2001), « The economic value of wetland services: a meta-analysis », *Ecological Economics*, vol. 37/2, pp. 257-270, https://doi.org/10.1016/s0921-8009(00)00276-7. [82]

Notes

[1] https://www.eau-seine-normandie.fr/NL16/55000

[2] Site de la Ville de Paris : https://www.paris.fr/pages/la-seine-2406

[3] Projections obtenues à partir d'une moyenne des « Special Report on Emissions Scenario » (SRES) traduisant différents scénarios d'émissions de gaz à effet de serre. Le scénario retenue (RCP4.5) correspond à un scénario de changement climatique intermédiaire de réchauffement de la surface moyenne du globe comprise entre 1°C et 4,5°C (par rapport à l'ère pré-industrielle) à l'horizon 2100. Ces projections sont considérées sur les périodes 2046-2065 (2050 dans le texte) et 2070-2100 (2100 dans le texte). Les tendances hydrologiques déduites de ces projections ont été confirmés par des modèles plus récents (Agence de l'Eau Seine Normandie, 2016[18]).

[4] SRES-A2 (scenario légèrement moins pessimiste que le RCP 8.5)

[5] Cette proportion varie beaucoup selon l'opérateur d'eau. Ainsi, sur le périmètre de la Ville de Paris, les prélèvements d'eau de surface représentent 50% des prélèvements totaux. Pour les communes desservies par le Syndicat des Eaux d'Ile-de-France, cette proportion est de 95%

[6] 70% des citoyens de l'Ile de France (sur sa partie Ouest, Paris compris) sont approvisionnés en eau potable par la zone dite « interconnectée », zone dans laquelle les réseaux de différents producteurs d'eau sont reliés entre eux

[7] En septembre 2003, l'usine de Neuilly-sur-Marne sur la Marne a subi des limites de prélèvement. En 2011 et 2012, l'usine d'Arvigny sur la nappe du Champigny en Seine-et-Marne a connu des limites de prélèvement (5% de la production de l'opérateur d'eau potable concerné).

[8] https://www.eaudeparis.fr/calculer-ma-consommation-deau

[9] Ces données de consommation couvrent le périmètre du SEDIF et Eau de Paris, en l'absence de données sur la consommation par habitant à l'échelle de l'Ile de France.

[10] Eau Ile-de-France : https://eau-iledefrance.fr/grigny-coca-cola-a-un-coup-de-pompe/

[11] Chiffres communiqués par la Chambre d'Agriculture d'Ile-de-France : https://idf.chambre-agriculture.fr/la-chambre/lagriculture-francilienne/chiffres-cles/#:~:text=1er%20bassin%20national%20de%20consommation,22%25%20%C3%A0%20l%27export.

[12] Les surfaces irrigables ont-elles augmenté de 7% entre 2010 et 2020, soit 22% d'augmentation à l'horizon 2050. L'étude se proposant d'étudier l'impact de restriction d'irrigation lors d'épisodes de sécheresse des sols et hydrologique important, les surfaces irriguées sont utilisées pour analyser le besoin en irrigation des cultures.

[13] Les 23 pays européens sont : Allemagne, Autriche, Belgique, Danemark, Espagne, Estonie, Finlande, France, Grèce, Hongrie, Irlande, Italie, Lituanie, Luxembourg, Lettonie, Malte, Pays-Bas, Pologne, Portugal, Suède, Slovénie, Slovaquie et Grande-Bretagne.

[14] https://www.legifrance.gouv.fr/jorf/id/JORFTEXT000047784127

[15] Arrêté du 24/08/17 modifiant dans une série d'arrêtés ministériels les dispositions relatives aux rejets de substances dangereuses dans l'eau en provenance des installations classées pour la protection de l'environnement

[16] La base de données ESVD est accessible via ce lien : https://www.esvd.net/

3 Planification stratégique pour faire face au risque de sécheresse en Ile-de-France

Ce chapitre introduit le cadre de planification stratégique de gestion du risque de sécheresse dans la région Ile-de-France. Il donne un aperçu de l'appréciation du risque de sécheresse dans le contexte du changement climatique. Il évalue enfin l'efficacité des plans stratégiques pour faire face au risque de sécheresse à venir.

3.1. Introduction

Ce chapitre passe en revue les évaluations du risque de sécheresse (Section 3.2) puis présente et évalue le cadre institutionnel et de planification stratégique mis en œuvre pour faire face au risque de sécheresse induit par le changement climatique (Section 3.3). Cette analyse présente ainsi le contexte réglementaire, ainsi que le rôle et les responsabilités des différents acteurs concernés par le risque de raréfaction de l'eau. Elle analyse la robustesse des plans et stratégies actuels, élaborés par ces acteurs pour faire face aux enjeux de raréfaction de l'eau induits par le changement climatique, en fonction de leur mandat. Elle aborde également la cohérence entre politiques sectorielles nationales et locales vis-à-vis de l'objectif de renforcement de la résilience à la raréfaction de l'eau.

3.2. Comprendre les risques induits par les sécheresses

L'évaluation du risque de raréfaction d'eau induit par les sécheresses est un prérequis pour élaborer une stratégie de résilience car elle permet de définir des objectifs pertinents (ex : niveau de risque acceptable). L'évaluation du risque de raréfaction en eau consiste à comprendre comment le changement climatique peut affecter les aléas, personnes, l'environnement, les biens et l'activité économique sur un territoire précis. L'évaluation comprend les aléas potentiels, l'exposition et les vulnérabilités qui découlent des variations climatiques pour évaluer les impacts induits par le changement climatique (Encadré 3.1).

Encadré 3.1. Définitions : Risque, aléa, exposition, vulnérabilité

Le Groupe d'experts intergouvernemental sur l'évolution du climat (GIEC) définit le risque climatique comme la composante d'un aléa, d'une exposition et d'une vulnérabilité. Ces termes sont définis comme suit :

- **Risque :** Conséquences éventuelles et incertaines d'un évènement sur quelque chose ayant une valeur [...]
- **Aléa :** Éventualité d'un phénomène ou d'une tendance physique, naturel ou anthropique, ou d'une incidence physique, susceptible d'entraîner des pertes en vies humaines, des blessures ou autres effets sur la santé, ainsi que des dégâts et des pertes matériels [...]
- **Exposition :** Présence de personnes, de moyens de subsistance, d'espèces ou d'écosystèmes, de fonctions, ressources ou services environnementaux, d'éléments d'infrastructure ou de biens économiques, sociaux ou culturels dans un lieu ou dans un contexte, susceptibles de subir des dommages
- **Vulnérabilité :** Propension ou prédisposition à subir des dommages. La vulnérabilité englobe divers concepts ou éléments, notamment les notions de sensibilité ou de fragilité et l'incapacité de faire face et de s'adapter.

Dans le cadre de cette étude, l'aléa correspondant est la sécheresse.

Source : (GIEC, 2022[1]).

L'évaluation du risque de raréfaction de l'eau nécessite de projeter à la fois les ressources disponibles dans divers scénarios climatiques et la demande en eau. Cet exercice doit s'appuyer sur des données scientifiques robustes sur l'aléa et tenir compte des prévisions climatiques à long terme. L'évaluation du risque de raréfaction de l'eau requiert de projeter la demande en eau à l'échelle de la région et de la mettre en regard des ressources disponibles à un horizon temporel déterminé. Ce type d'étude a été réalisé dans d'autres pays (voire bassins) tels que le Royaume-Uni qui a évalué le déficit d'eau que connaîtra sa population en 2050 en cas de sécheresse extrême (Encadré 3.2).

Encadré 3.2. Évaluation du risque de raréfaction de l'eau : exemples de Barcelone et du Royaume-Uni

Royaume-Uni

Des simulations climatiques sont effectuées au niveau national pour comprendre comment les ressources hydrologiques seront affectées par le changement climatique. Plusieurs scénarios de sécheresse sont envisagés (ex. de 5.8% à 25% de probabilité d'occurrence). En parallèle, le pays évalue l'évolution de la demande en eau dans le pays et pour les différentes régions dans différents scénarios. Ainsi, l'Agence de l'Environnement britannique suggère que si aucune mesure n'est prise d'ici 2050, il faudra mobiliser 3 435 millions de litres par jour pour pouvoir répondre à la demande d'eau potable (soit près de 25% des volumes d'eau distribués en 2020 par les opérateurs d'eau). Ces résultats sont très hétérogènes et la région du Sud-Est est particulièrement touchée (51.4% des volumes manquants à l'échelle du pays). La demande intègre l'évolution des besoins face à des sécheresses de temps de retour 500 ans, seuil fixé par le gouvernement britannique. À partir de ces scénarios, une étude sectorielle du risque peut être conduite car les besoins des différents secteurs ont été évalués.

Barcelone

Lors de l'élaboration de la stratégie climat de la métropole, des projections de la demande et de la ressource disponible ont été réalisées. En considérant une augmentation de la demande en eau de 4% par rapport à 2018 et une baisse des ressources en eau de 12% en surface et 9% en eaux souterraines, la métropole a conclu qu'elle pourrait connaître un déficit de 34 Mds de litres d'eau pour la métropole d'ici 2050 (18 Mds de litres d'eau potable par an).

Source : (Environment Agency, 2020[2]) ; (National Infrastructure Commission, 2018[3]) ; (Ajuntament de Barcelona, 2018[4]).

3.2.1. Prise en compte des trajectoires climatiques et socio-économiques à long-terme

Bien que des études aient été conduites à des échelles géographiques plus larges, aucune étude prospective n'évalue les coûts économiques, sociaux et environnementaux liés aux sécheresses induites par le changement climatique pour l'Ile-de-France. Au niveau national, l'étude Explore 2070 réalisée en 2012 fournit une évaluation du risque de raréfaction de l'eau induit par le changement climatique à l'horizon 2070 pour les différents bassins versants (Encadré 3.3). L'étude a révélé que le changement climatique affecterait principalement le secteur agricole. Cette étude avait pour objet d'évaluer l'impact de trois stratégies d'adaptation théoriques, toutes considérées insuffisantes pour compenser les effets attendus du changement climatique (Ministère de l'Écologie, 2012[5]). Une seconde étude a été conduite en 2022 au niveau du bassin de la Seine par l'établissement public gestionnaire de lacs réservoirs en amont de Paris (EPTB Seine Grands Lacs). L'objectif de cette étude était d'évaluer l'incidence socio-économique d'un étiage sévère sur ce périmètre. Cette étude a permis d'identifier les secteurs qui bénéficient économiquement du soutien d'étiage et seraient potentiellement vulnérables en cas de moindre efficacité des lacs réservoirs en raison du changement climatique (EPTB Seine Grands Lacs, 2022[6]). Si cette étude permet une évaluation des impacts possibles en cas de sécheresse, elle reste toutefois limitée au périmètre couvert par l'EPTB Seine-Grands Lacs, c'est-à-dire des fleuves soutenus par les lacs réservoirs de l'EPTB Seine Grands Lacs. Les prélèvements réalisés dans d'autres rivières ou en eaux souterraines sont donc exclus. Enfin, d'autres études se sont intéressées à la raréfaction de l'eau induite par le changement climatique au niveau local mais peu ont quantifié l'exposition ou la vulnérabilité des acteurs (Encadré 3.3).

La simulation des coûts économiques détaillée dans le chapitre 2 s'inspire d'études existantes et donne un bref aperçu des risques potentiels pour la région. L'analyse des coûts proposée par l'OCDE reprend la logique d'un scénario prospectif démographique et socio-économique pour modéliser les futures pressions anthropiques sur la ressource en eau. De même, l'analyse considère les impacts du changement climatique à la fois sur les eaux de surface et souterraines. Les scénarios climatiques retenus sont les mêmes que ceux utilisés par l'EPTB Seine Grands Lacs, permettant ainsi de s'appuyer sur les modélisations de débits et de remplissage des lacs réalisées par l'EPTB Seine Grands Lacs. De même, la définition de l'impact s'inspire de l'approche choisie par cette même étude et reflète l'application du cadre réglementaire en vigueur en cas de sécheresse.

Certains acteurs de la région ont également tenté d'évaluer l'exposition ou la vulnérabilité des différents secteurs économiques. C'est par exemple le cas de la région Ile-de-France qui a publié une analyse de la vulnérabilité de la région au changement climatique (Institut Paris Région, 2022[7]), ou de la Ville de Paris qui a actualisé en 2021 son diagnostic de vulnérabilité de la ville à différents aléas climatiques (Ville de Paris, 2021[8]), sécheresse inclus. C'est également le cas d'un réseau d'opérateurs d'eau opérant en Ile-de-France qui a souhaité évaluer la robustesse du réseau en place. Toutefois, ces études restent qualitatives et n'ont pas étudié de façon précise et chiffrée les impacts qui pourraient survenir. Par exemple, l'étude réalisée à l'échelle de la région reprend des scénarios d'Explore 2070 pour illustrer la vulnérabilité théorique de l'alimentation en eau potable, du cadre bâti, du secteur énergétique ou de l'agriculture. L'Institut Paris Région a également analysé les impacts possibles du changement climatique sur les écosystèmes, avec une attention particulière à la sécheresse. Cette analyse révèle une vulnérabilité des cours d'eau en cas de rejets d'assainissement trop concentrés du fait de débits réduits.

Bien que le risque ne soit pas évalué quantitativement, les principaux acteurs de la région Ile-de-France sont conscients qu'il s'agit d'un risque important et croissant. Selon le questionnaire réalisé par l'OCDE (Annexe 5.2) auprès de différentes institutions publiques et privées impliquées dans la gestion du risque de raréfaction de l'eau en Ile-de-France, plus de la moitié des sondés a déjà dû prendre des mesures pour faire face à la raréfaction de l'eau et 91% des acteurs interrogés (Graphique 3.1) estiment que ce type de risque serait plus fréquent d'ici 2050. Si les sécheresses ont été identifiées comme la cause la plus probable de raréfaction de l'eau, les acteurs semblent surtout redouter des conflits d'usage ou une pollution accrue qui rendrait la ressource moins accessible. Au niveau national, un autre sondage auprès des citoyens français en 2020 a montré que 66% des Français s'inquiètent de manquer d'eau à l'avenir. Ce chiffre est en hausse par rapport à 2018, probablement en raison de l'épisode de sécheresse important en 2019. Cette perception est similaire en Ile-de-France (TNS Sofres-C.I. eau, 2020[9]).

Encadré 3.3. Études prospectives des impacts du changement climatique sur la ressource en eau

Explore 2070

Cette étude s'appuie sur les projections climatiques du scénario A1B du GIEC et sur différents scénarios démographiques et socio-économiques pour analyser conjointement l'évolution de la demande et de la disponibilité en eau à moyen-long terme. L'étude a transposé les scénarios climatiques en scénarios hydrologiques, en intégrant les eaux de surface (les débits) et les eaux souterraines (les niveaux). Explore 2070 a calculé les impacts des scénarios démographiques et socio-économiques avec et sans prise en compte du changement climatique pour isoler les seuls effets du changement climatique. Le projet définit enfin trois stratégies d'adaptation, une stratégie de sobriété, une stratégie d'adaptation intermédiaire et une stratégie d'augmentation des besoins, qui traduisent chacune l'évolution de la consommation d'eau pour différents secteurs. Par exemple, dans la stratégie de sobriété, le projet considère que les consommations d'eau potable et les prélèvements industriels seraient réduits de 20% et que 100% des cultures de maïs irriguées seraient converties en un mélange de cultures moins consommatrices d'eau. Si les prélèvements d'eau (hors énergie) sont amenés à baisser pour les stratégies de sobriété (de 33 à 39% par rapport à un scénario tendanciel) et intermédiaire (de 13 à 23%), le projet ne conclut qu'aucune des stratégies d'adaptation ne permet de rétablir un équilibre entre ressources disponibles et demande. L'étude a également permis de mettre en avant les déséquilibres régionaux avec peu de difficultés sur le Rhin, mais des impacts sur la Garonne ou la Seine. Le projet Explore 2, rendu public en 2024, actualise les scénarios hydrologiques d'Explore 2070 et pourrait faciliter l'appropriation des risques par les acteurs publics qui pourront conduire des études de vulnérabilité à l'échelle géographique la plus adaptée.

Étude EPTB Seine Grands Lacs (2022)

Une évaluation de l'incidence socio-économique et environnementale des étiages sévères dans le bassin amont de la Seine a permis d'identifier les acteurs vulnérables sur le territoire de l'étude et de propose des pistes d'amélioration. Pour ce faire, l'EPTB Seine Grands Lacs a reconstitué des historiques de débits pour certains fleuves bénéficiant du soutien d'étiage fourni par les lacs réservoirs. Cette reconstitution a permis d'évaluer quel aurait été le remplissage des lacs dans des situations critiques telles que les sécheresses de 1921, 1976 ou 1991. Une analyse des impacts avec et sans soutien des lacs pour ces évènements critiques a ainsi permis de quantifier les impacts économiques qu'auraient subi les différents acteurs économiques et consommateurs d'eau potable du bassin de la Seine en l'absence de lacs. Cette étude s'est également appuyée sur une modélisation des sécheresses possibles à horizon 2050 pour évaluer les impacts prospectifs du changement climatique sur les eaux de surface. L'EPTB Seine Grands Lacs a également projeté la demande en eau probable à cet horizon. La modélisation des sécheresses à horizon 2050 a révélé que les scénarios historiques étaient des scénarios probables et que les résultats de l'analyse historique étaient donc valables à moyen-terme. À plus long-terme, une simulation d'impacts plus important a été réalisée arbitrairement face à l'incertitude portant sur les scénarios climatiques.

Source : (EPTB Seine Grands Lacs, 2022[6]) ; (Ministère de l'Écologie, 2012[5]) ; (Ville de Paris, 2021[8]) (Aquavesc, SEDIF, Sénéo, Ville de Paris, 2020[10]).

Graphique 3.1. Perception du risque de raréfaction de l'eau induit par le changement climatique en Ile-de-France

Sources de risques de raréfaction de l'eau selon des administrations, collectivités et usagers de l'eau

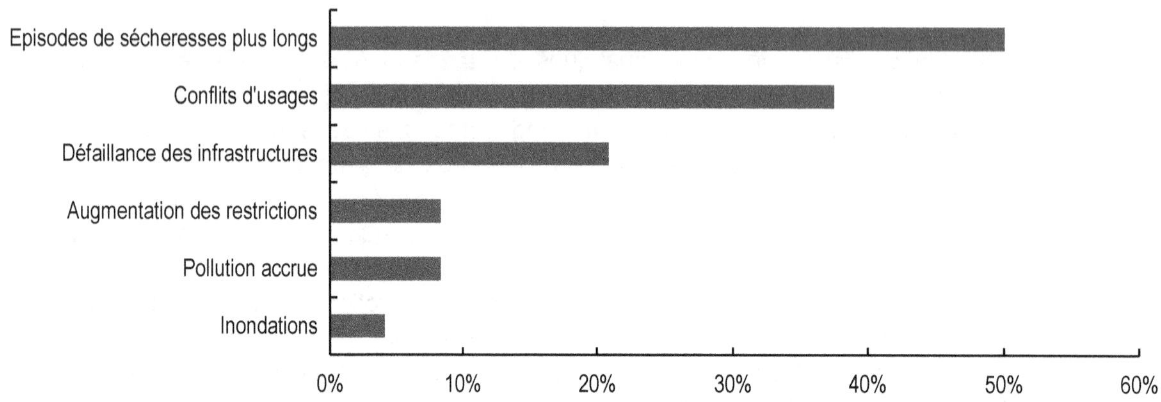

Note : Les sondés pouvaient choisir plusieurs réponses. 50% des 40 participants ont par exemple sélectionné des épisodes de sécheresse plus longs mais peuvent avoir également choisi d'autres réponses. Il s'agit donc de la cause privilégiée par une majorité des sondés.
Source : Sondage OCDE sur la gestion du risque de raréfaction (Annexe A).

3.2.2. Défis d'évaluation du risque de raréfaction de l'eau induit par les sécheresses dans le contexte du changement climatique

Cette insuffisante évaluation des risques de raréfaction s'explique en partie par la confiance observée dans la capacité des mesures de protection actuelle à faire face aux risques futurs. Des entretiens conduits (Annexe) avec les différents acteurs de la région révèlent une confiance élevée dans les mesures d'adaptation existantes sur le bassin Seine-Normandie (ex. infrastructures de soutien d'étiage) laissant suggérer qu'il n'y aurait pas besoin d'investissements additionnels dans les mesures d'adaptation. Cette confiance repose sur l'absence d'impacts historiques observés.

L'absence d'évaluation quantitative du risque de raréfaction au niveau du bassin ou de la région trahit un ensemble de difficultés pour interpréter les modèles climatiques mais également pour reproduire et projeter la demande en eau dans le temps. Tout d'abord, la modélisation des impacts de la sécheresse est une tâche complexe en raison des impacts indirects et diffus des sécheresses, du manque de données historiques sur les impacts des sécheresses, de la dynamique complexe pouvant conduire à des dommages et des multiples causes pouvant entrainer des impacts telles que les canicules. Parmi les défis identifiés par les différents acteurs de la région (Graphique 3.2), l'incertitude sur la variabilité climatique reflétée par l'étendue des scénarios climatiques possibles pour la région Ile-de-France, une connaissance partielle des prélèvements d'eau ou la fiabilité des données sont parmi les raisons principales pour expliquer l'absence d'évaluation du risque.

Graphique 3.2. Défis d'évaluation du risque de raréfaction de l'eau par les acteurs de la région Ile-de-France

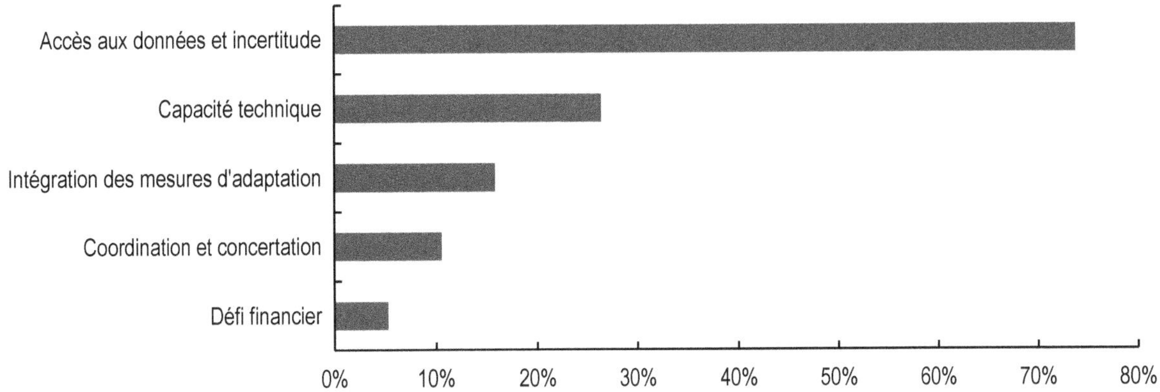

Note : 22 participants au sondage ont répondu à cette question, aucun usager économique. Plusieurs réponses étaient possibles.
Source : OCDE, à partir du sondage sur la raréfaction de l'eau.

La dimension locale de l'exercice de projections et l'incertitude sur les projections relatives aux régimes de précipitation sont des défis majeurs pour la région Ile-de-France. Selon les modèles climatiques utilisés, la hauteur de précipitations projetée peut augmenter de 20% ou baisser d'autant par exemple.[1] Cette incertitude est commune à tous les exercices de projections régionalisées et simulations hydrologiques.

Face à l'incertitude, des approches s'appuyant sur différents scénarios climatiques simultanément permettent d'envisager le champ des possibles et les stratégies correspondantes. Ces scénarios peuvent être construits à partir des données climatiques ou hydrologiques telles que celles qui seront fournies par Explore 2. C'est par exemple le cas des Pays-Bas ou du Royaume-Uni qui évaluent leurs risques dans différents scénarios climatiques, afin de s'adapter en fonction des changements de trajectoires climatiques éventuelles (Encadré 3.4).

Encadré 3.4. Approche par scénario pour pallier l'incertitude climatique : exemples internationaux

Pays-Bas : le programme Delta

Le programme Delta est une initiative nationale lancée en 2011 et associant le gouvernement national, les agences de l'eau, et les gouvernements locaux (provinces, municipalités). Les objectifs poursuivis sont la lutte contre les inondations et la préservation des eaux douces pour un pays résilient au changement climatique d'ici de 2050. Cette stratégie combine actions de court et long-terme où les objectifs de court-terme sont définis de manière précise par le gouvernement et ceux de long-terme évoluent tous les six ans, en fonction des résultats obtenus et de l'évolution des connaissances. Des « scénarios Delta » sont fréquemment mis à jour en combinant des scénarios climatiques et socio-économiques pour refléter 4 trajectoires différentes possibles et tenir ainsi compte des incertitudes. Dans chaque scénario, des impacts socio-économiques sont calculés pour les différents secteurs tels que l'agriculture, le fret fluvial, l'industrie et l'eau potable. Cela permet de calculer le rapport coût-bénéfice de certaines mesures à prioriser.

Royaume-Uni : « Adaptive Pathways »

Le cadre national de gestion des ressources en eau impose aux opérateurs d'eau des différentes régions d'élaborer des plans de résilience de leur réseau. L'opérateur d'eau « Thames Water » qui dessert la région du Sud-Est à laquelle appartient Londres a ainsi élaboré neuf scénarios pour représenter l'ensemble des futurs possibles en termes de changement climatique, d'évolution socio-économique ou logement. Les 10 premières années sont considérées comme relativement sûres et un seul scénario est proposé. Celui-ci permet de définir les mesures sans regret à réaliser en urgence et d'engager des travaux préparatoires pour identifier les options qui pourraient être déployées par la suite. Selon l'évolution socio-économique ou climatique, l'ambition du plan peut être revue tous les 5 ans, et reposera sur une évaluation des résultats obtenus.

Source : (Mens et al., 2022[11]) ; (Thames Water, 2023[12]).

Défis d'évaluation du risque liés à la dynamique de consommation des ressources en eau

La raréfaction de l'eau reflète également une dynamique entre ressources disponibles et consommation temporelle d'eau qui contribue à faire diminuer les ressources sur le long terme (e.g une consommation d'eau hivernale qui contribue à des niveaux de nappes estivaux bas). Il est donc important de comprendre les dynamiques qui engendrent une raréfaction de l'eau afin d'identifier les leviers permettant d'en minimiser les impacts. Cette compréhension requiert de connaître la demande en eau, tant quantitativement que géographiquement et temporellement pour évaluer les impacts cumulatifs des différents prélèvements. En effet, certains prélèvements, comme les prélèvements pour l'irrigation, sont saisonniers et le risque de raréfaction pour l'agriculture peut être lié à des prélèvements réalisés le reste de l'année indépendamment des conditions hydrologiques. De même, certains prélèvements pris marginalement ont peu d'impacts sur la disponibilité de la ressource, mais c'est leur accumulation qui crée une pression importante sur les ressources en eau.

La connaissance des prélèvements est aujourd'hui insuffisante pour comprendre l'impact des consommations sur les ressources en eau qui peuvent pourtant accroître la probabilité de survenue d'une sécheresse. Aujourd'hui aucune étude permettant d'évaluer les impacts cumulatifs des prélèvements sur la ressource ou le niveau de prélèvements que peut supporter les milieux n'existe (IGEDD, 2019[13]). Les prélèvements sont déclarés annuellement et sont peu suivis pour comprendre comment ils sont répartis sur l'année. La banque nationale des prélèvements recense tous les prélèvements donnant lieu à une déclaration (7 000 m^3 /an en zone de répartition des eaux ou 10 000 m^3 /an sinon). Ce sont les seuls prélèvements connus.

De nombreuses initiatives sont en cours pour renforcer les connaissances de la région tant sur le volet ressources que besoins. La mise à disposition des données d'Explore 2 est par exemple un progrès dans ce sens pour établir des scénarios probables de disponibilité de la ressource. La connaissance des prélèvements, mais surtout de leur impact cumulatif sur les ressources en eau reste également insuffisant. Des études sont conduites au niveau des opérateurs d'eau potable à l'échelle de la Ville de Paris et du territoire couvert par le Syndicat des Eaux d'Ile-de-France. Toutefois, ces données ne concernent que l'eau potable. Enfin, le gouvernement français prévoit d'améliorer le suivi des prélèvements agricoles afin de pouvoir affiner sa connaissance des besoins pour le secteur et réaliser des projections tenant compte du changement climatique.

Des défis subsistent pour évaluer les risques induits par les sécheresses de manière globale. L'évaluation des risques environnementaux est aujourd'hui qualitative faute de projections fiables sur l'utilisation et la diffusion de polluants, en raison du développement progressif des impacts des sécheresses sur les sols ou de l'incertitude sur la réaction des milieux à divers aléas souvent simultanés. De même, la modélisation des nappes dans le contexte du changement climatique demeure complexe.

3.3. Planification stratégique de gestion des sécheresses

La résilience aux risques liés aux phénomènes de sécheresse induites par le changement climatique est un objectif indirect de la gestion de l'eau encadrée par la loi française. La résilience à la raréfaction de l'eau fait ici référence à la capacité de la région Ile-de-France à anticiper les risques liés à la disponibilité de l'eau et à les minimiser de façon pérenne en s'adaptant aux conditions climatiques futures. Le cadre légal français énonce les objectifs et principes de gestion de l'eau et d'adaptation au changement climatique qui sont ensuite retranscrits aux différentes échelles administratives pertinentes. Il définit également le rôle et les responsabilités des acteurs publics nationaux et locaux qui mettent en œuvre les politiques de résilience au risque de raréfaction de l'eau induit par le changement climatique. Cette section présente la prise en compte de la raréfaction de l'eau dans la loi, puis son appropriation par les différents acteurs impliqués dans la politique ou la gestion de l'eau. Elle se concentre ensuite sur les objectifs stratégiques qui guident la région Ile-de-France et leur cohérence avec les politiques sectorielles déployées dans la région.

3.3.1. Cadre légal et réglementaire

La résilience au changement climatique est encadrée légalement par la loi « Climat et Résilience » qui aborde peu les impacts du changement climatique sur l'eau. La loi « Climat et Résilience » retranscrit les priorités de la France en matière de transition écologique (France, 2021[14]). Elle définit des objectifs permettant d'accélérer la transition écologique et l'action des collectivités territoriales en termes d'adaptation au changement climatique. Elle durcit les sanctions environnementales qui visent entre autres à préserver la qualité des ressources en eau. Enfin, elle aborde la question de l'eau et de sa gestion durable en insistant sur la préservation des ressources, la réduction des prélèvements excessifs et des pollutions sans se fixer d'objectifs précis, à l'exception de l'objectif de « Zéro Artificialisation Nette » en 2050 qui contribue à assurer la résilience des territoires via une meilleure infiltration des eaux pluviales.

La prise en compte des effets climatiques sur les ressources en eau est en revanche centrale dans le Code de l'environnement qui compile l'ensemble des lois pour l'environnement. Le Code de l'environnement prévoit une gestion équilibrée et durable de la ressource en eau qui prend en compte les adaptations nécessaires au changement climatique (article L. 211-1). Il précise les compétences administratives de gestion de l'eau et les grands principes stratégiques suivants :

- La gestion de l'eau est centralisée au niveau des grands bassins hydrographiques ou bassins versants, sous l'autorité d'un préfet coordonnateur de bassin et la gouvernance est concertée. La loi sur l'eau de 1964, relative à la répartition des eaux et à la lutte contre leur pollution fournit le cadre administratif de gestion de l'eau qui prévaut en 2023 et est supposé refléter les dynamiques hydrologiques. La loi définit une circonscription administrative qui doit gérer les ressources de façon concertée, via des comités de bassin où siègent des représentants de l'État et des collectivités, des usagers de l'eau (industriels, agriculteurs, consommateurs) et des associations.
- La gestion de l'eau repose également sur des objectifs de gestion quantitative et qualitative de la ressource qui font l'objet d'une planification (loi sur l'eau de 1992). Chaque bassin, via son comité de bassin, doit élaborer un schéma directeur d'aménagement et de gestion des eaux (SDAGE). Le SDAGE, révisé tous les six ans, planifie la politique de l'eau et détermine les objectifs visés par les acteurs de l'eau et l'Agence de l'eau pour atteindre les objectifs de bon état des ressources.
- Le code de l'environnement requiert la mise en conformité des politiques d'urbanisme avec les politiques des bassins, modifiant ainsi le code de l'urbanisme.
- La loi encadre les moyens financiers des bassins versants et le principe « l'eau paie l'eau ». Ainsi, les usagers qui prélèvent de l'eau payent une redevance à l'Agence de l'eau, dont les recettes servent à financer des projets de restauration des cours d'eau et de protection de la biodiversité portés par collectivités, industriels, agriculteurs ou associations (loi 1964 puis loi de 2006 ou « loi sur l'eau et les milieux aquatiques).
- Le « droit à l'eau » et la prise en compte du changement climatique sont des obligations légales des bassins versants et des municipalités depuis la loi de 2006 ou « loi sur l'eau et les milieux aquatiques (LEMA) ».

Bien que le Code de l'environnement favorise une gestion de l'eau résiliente aux risques induits par les sécheresses, la loi ne précise pas d'objectifs précis d'adaptation au changement climatique. En effet, le code de l'environnement, conformément à la Directive Cadre pour l'Eau définie au niveau européen, prévoit l'atteinte du « bon état » quantitatif et qualitatif des ressources, c'est-à-dire un état suffisant pour assurer les besoins humains et des écosystèmes, donc la disponibilité des ressources. De même, le code de l'environnement cible un équilibre entre prélèvements et capacité de renouvellement des eaux souterraines (article L.212.1), la préservation des écosystèmes et plus largement la protection de la ressource. Le Code de l'environnement ne fournit donc pas d'indications sur comment intégrer les risques climatiques à la gestion de l'eau, à quelle fréquence évaluer la stratégie déployée par l'agence de l'eau ou quels objectifs rechercher. Le code de l'environnement préconise néanmoins une prise en compte de l'adaptation au changement climatique à l'échelle des bassins versants. L'intégration des enjeux d'adaptation à l'échelle du bassin versant permet de prendre en compte les caractéristiques hydrographiques et socio-économiques de façon pertinente.

Pour compléter les objectifs de gestion durable de l'eau, le Code de l'environnement fournit également un cadre de gestion de crise sécheresse. Le Code de l'environnement précise les objectifs poursuivis en cas de crise et donne autorité aux préfets pour encadrer les usages de l'eau. Il s'agit d'une approche répandue dans les pays européens voisins qui ont défini un cadre de gestion des sécheresses, pour en minimiser la sévérité et garantir l'approvisionnement en eau potable ou la protection des écosystèmes en cas d'anticipation d'un risque de raréfaction de l'eau à court-terme. C'est le cas par exemple de l'Espagne (Estrela et Vargas, 2012[15]) qui a déployé des systèmes de suivi des cours d'eau et tente d'anticiper autant que possible le risque de raréfaction.

3.3.2. Rôles et responsabilités

La résilience au risque de raréfaction en eau induite par le changement climatique incombe aux acteurs impliqués dans l'élaboration des politiques climatiques et dans la gestion de l'eau. Les politiques climatiques sont guidées par l'État et retranscrites aux différentes échelles territoriales pertinentes pour la gestion de l'eau. Cette section décrit le rôle et les responsabilités des principaux acteurs impliqués dans l'élaboration d'une stratégie de résilience à la raréfaction de l'eau.

Graphique 3.3. Rôles et responsabilités des acteurs nationaux, du bassin versant et locaux dans la résilience au risque de raréfaction de l'eau induit par le changement climatique en Ile-de-France

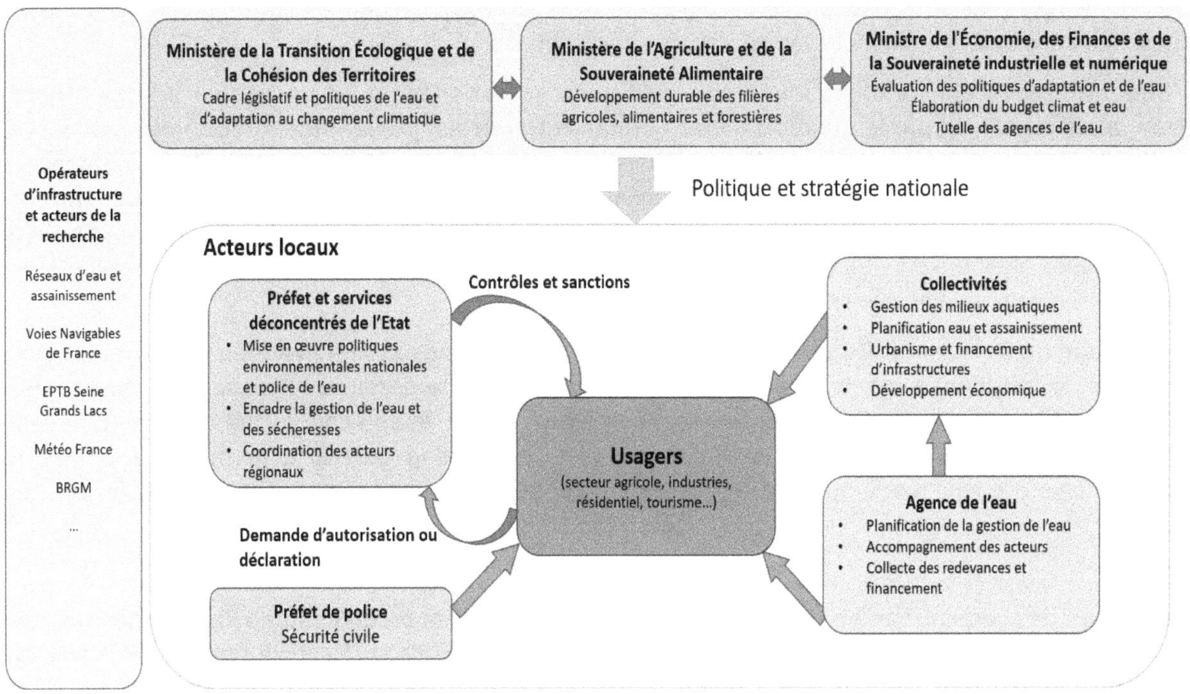

Note : EPTB Seine Grands Lacs : Etablissement Public Territorial de Bassin Seine Grands Lacs, DRIEAT : Direction Régionale et Interdépartementale de l'Environnement, l'Aménagement et des Transports ; SEDIF : Syndicat des Eaux d'Ile de France, BRGM : Bureau de Recherches Géologiques et Minières.
Source : OCDE.

Acteurs nationaux

Le Ministère de la Transition Écologique et de la Cohésion des Territoires (MTECT) joue un rôle d'orientation stratégique pour la gestion des ressources en eau et l'adaptation au risque de sécheresses. Il élabore les politiques publiques de gestion de la ressource en eau qui s'appliquent aux différents bassins versants. Il supervise leur application au niveau des régions via ses services déconcentrés. De même, il est responsable de l'élaboration et du suivi de la mise en œuvre de la stratégie d'adaptation au changement climatique.

Le MTECT assure également la tutelle de Voies Navigables de France (VNF), établissement public qui gère, exploite et développe la majeure partie du réseau des voies navigables françaises. La gestion des voies navigables implique des ouvrages et des infrastructures de navigation (canaux, écluses, etc.) mais aussi la fourniture de services tels que le tourisme ou la production d'électricité. VNF joue également un rôle important dans la gestion de la ressource et anticipe les risques d'inondation ou d'étiage pour optimiser la gestion de l'eau sur les axes fluviaux principaux. En période d'étiage sévère, VNF peut ainsi fermer des voies à la navigation.

Le Ministère de l'Agriculture et de la souveraineté alimentaire est responsable du développement durable des filières agricoles, alimentaires et forestières. À ce titre, il intègre la préservation de la ressource en eau à ses politiques. C'est toutefois la politique agricole commune décidée au niveau européen qui définit les grands principes donnant droit aux régimes d'aides nécessaires à la construction d'infrastructures hydrauliques par exemple et qui transitent par les régions.

Le Ministère de l'Économie et des Finances assure la tutelle des agences de l'Eau au côté du Ministère de la Transition Écologique et de la Cohésion des territoires et participe à la régulation du régime d'indemnisation Cat Nat. Le ministère peut également participer au Fonds National de Gestion des Risques en Agriculture (FNGRA) qui indemnise les agriculteurs en cas de dommages liés aux calamités agricoles, parmi lesquelles figurent les sécheresses.

L'intégration des enjeux climatiques aux politiques sectorielles, et en particulier à la gestion de l'eau, a été renforcée par la création d'un Secrétariat Général à la Planification Écologique (SGPE) en 2023. Nouvel organe rattaché au Premier Ministre depuis 2022, le SGPE s'assure de la cohérence et du suivi des politiques écologiques et de la coordination des différents ministères. Le SGPE a pour mission de fixer des objectifs à atteindre pour la transition écologique mais également de proposer une feuille de route pour les atteindre qui précise comment mobiliser les différentes filières économiques et les territoires mais aussi comment mesurer l'atteinte de ces objectifs.

La création du Secrétariat Général à la Planification Écologique est une avancée prometteuse pour accroître la résilience de la France aux risques de sécheresse induits par le changement climatique. En effet, la raréfaction de l'eau concerne tous les secteurs économiques comme en atteste l'évaluation des coûts réalisée au chapitre 2. De plus, la création du SGPE permet une logique de planification sur le long terme qui est essentielle pour intégrer les enjeux climatiques à la gestion de l'eau.

Les acteurs du bassin versant Seine-Normandie

La gestion des ressources en eau est la compétence des agences de l'eau à l'échelle des bassins versant qui doivent intégrer les enjeux climatiques. Dans le cas de la région Ile-de-France, la politique de gestion de l'eau est donc mise en œuvre par une agence de l'eau, bras opérationnel d'un comité de bassin dont les rôles sont précisés ci-après :

- **Le comité de bassin Seine Normandie** regroupe des acteurs publics (40% issus des collectivités locales, 20% représentant l'État) et des représentants des usagers et associations (40%). Il définit et approuve les grands axes de la politique de gestion de l'eau.
- **L'Agence de l'Eau Seine Normandie :** établissement public de l'État à caractère administratif. Il finance les projets de protection de la ressource et du milieu naturel. L'Agence de l'eau est placée sous la tutelle du MTECT et du ministère de l'Économie et des finances. L'Agence de l'eau reçoit les déclarations de prélèvements des usagers et se finance en partie grâce aux redevances liées à ces usages. L'Agence de l'eau joue un rôle crucial dans la résilience au risque de raréfaction de l'eau car elle produit des connaissances, sensibilise les acteurs économiques et les collectivités et les accompagne financièrement dans la mise en œuvre de mesures de résilience.

Le pilotage des ressources à l'échelle du bassin versant Seine-Normandie est primordiale pour assurer une gestion intégrée et pertinente des ressources. Le territoire du bassin versant est adapté à la réalité hydrographique qui dépasse les frontières administratives existantes. Il permet ainsi de considérer le principe de solidarité amont-aval intrinsèque aux prélèvements d'eau mais aussi de tenir compte des équilibres physiques, chimiques et biologiques des milieux aquatiques. Enfin, la gouvernance mise en place à l'échelle du bassin versant, permet la concertation de tous les acteurs potentiellement impactés par la raréfaction de l'eau.

Enfin, on trouve sur le bassin des établissements publics territoriaux de bassin (EPTB), des établissements publics d'aménagement et de gestion de l'eau et des syndicats qui permettent de coordonner des actions à des échelles cohérentes d'un point de vue hydrographique. Ces syndicats apportent aux collectivités une cohérence de bassin en assurant un rôle de coordination, d'animation, d'information et de conseil. Parmi eux, l'EPTB Seine Grands Lacs assure la protection et la prévention contre les inondations, ainsi que le soutien d'étiage, grâce à 4 lacs réservoirs. Paris, les départements des Hauts-de-Seine, de Seine-Saint Denis et du Val-de-Marne, la Métropole, la région Grand Est et de trois communautés d'agglomérations[2] sont membres de cet EPTB.

Les acteurs régionaux

Les services déconcentrés de l'État

Les services déconcentrés de l'État, sous l'autorité du préfet de région, contribuent à la surveillance du risque de raréfaction en eau et à la mise en œuvre de la gestion de crise sécheresse. Les services déconcentrés de l'État sont les bras exécutifs des ministères au niveau local, le préfet étant le représentant de l'État à l'échelle de la région. Parmi ces services, la Direction Régionale et Interdépartementale de l'Environnement, l'Aménagement et des Transports (DRIEAT) réunit les différents acteurs de la région Ile-de-France chaque année, à l'occasion de « comités ressources en eau » pour dresser un bilan des ressources hydrologiques après la période estivale et est chargée d'anticiper la survenance des sécheresses, communiquer sur le risque et coordonner les actions de prévention (DRIEAT, 2023[16]). La DRIEAT veille à l'articulation des politiques de l'eau avec les politiques sanitaires, gestion des axes fluviaux et leur intégration dans les politiques sectorielles locales. C'est enfin le préfet de région qui fixe les grandes orientations et règles de gestion des crises sécheresse.

En parallèle, le préfet de police, également préfet de la zone de défense et de sécurité de la région, service déconcentré du ministère de l'Intérieur est responsable de la protection des populations et à ce titre de la gestion des crises. Le préfet travaille à la prévention des risques et contribue à la gestion des crises avec l'élaboration de plan d'Organisation de la Réponse de Sécurité Civile (ORSEC), c'est-à-dire les opérations de secours en cas de catastrophes naturelles ou technologiques (pollutions, explosion…) et en cas de crises telles qu'une pénurie d'énergie, de biens essentiels ou une menace terroriste par exemple. Dans cadre, le préfet est responsable de l'alimentation en eau potable des personnes vulnérables en cas de crise importante. Toutefois, si la préfecture a déjà élaboré un ensemble de plans pour faire face aux risques d'inondation, de canicule ou de grand froid, il n'existe à ce jour pas de plan pour anticiper les sécheresses autres que les dispositions prévues par la DRIEAT. De plus, la zone de défense dispose d'outils plutôt performants pour le suivi des masses d'eau et le risque inondations mais n'arrive pas à prévoir le risque de raréfaction à long terme.

Malgré un rôle opérationnel important dans l'anticipation du risque, les services déconcentrés de l'État restent encore ancrés dans une logique de gestion de crise et moins d'adaptation au changement climatique. Bien que la DRIEAT soit responsable de l'allocation des ressources en eau à l'échelle de la région Ile-de-France, les autorisations de prélèvements ne sont pas pensées sur le long terme pour intégrer une diminution des ressources. De même, la préfecture a élaboré un ensemble de plans pour faire face aux risques d'inondation, de canicule ou de grand froid, mais pas de plan pour anticiper les sécheresses autres que les dispositions prévues par la DRIEAT. Lors du sondage OCDE, la préfecture mentionnait néanmoins la rédaction d'un plan pour la distribution d'eau potable incluant la possibilité de réquisitionner des sites, ou de sécuriser les ports de distribution.

Les collectivités territoriales

Les collectivités territoriales, entités administratives élues à l'échelle locale, recouvrent plusieurs niveaux administratifs (Encadré 3.5), **allant de la région aux communes.** Toutes jouent un rôle direct dans la gestion des ressources. Responsable des enjeux environnementaux et de développement du territoire, la région Île-de-France a créé en 2020 un groupe régional d'expertise sur le changement climatique et la transition écologique en Île-de-France afin de faciliter et favoriser la prise en compte dans la décision des recherches et connaissances scientifiques sur le climat et la biodiversité. La Métropole du Grand Paris a une compétence de gestion des milieux aquatiques et prévention des inondations (GEMAPI) qui lui permet d'aménager le bassin versant, les cours d'eau et la rend responsable de lutter contre le risque d'inondation par débordement de cours d'eau, restaurer les continuités écologiques et préserver les zones humides. En raison de cette compétence, la Métropole tient compte des assecs qui touchent de petits cours d'eau sur son territoire. Enfin, les villes sont responsables de la distribution de l'eau potable pour les besoins humains et économiques et de l'assainissement. Elles peuvent donc accroître la résilience de leurs concitoyens et des filières économiques par leurs responsabilités d'aménagement urbain, de sensibilisation aux risques et d'accès aux infrastructures d'eau et d'assainissement.

Encadré 3.5. Découpage administratif français : Les collectivités et leurs compétences

Le découpage administratif en France comprend plusieurs niveaux, chacun avec des compétences spécifiques :

- **La région** : Les régions sont les entités administratives les plus vastes. Au nombre de 13, elles ont des compétences en matière de développement économique, d'aménagement du territoire et de l'environnement (parcs naturels régionaux, gestion des déchets, transports…), d'éducation, de formation professionnelle, de transports, et de culture. Elles sont également responsables de la gestion des fonds européens.
- **Le département :** Les départements sont des subdivisions administratives situées en dessous des régions. Leurs compétences principales incluent l'action sociale (comme les services de protection de l'enfance et les aides sociales), les routes départementales, les collèges, les services de secours (pompiers), et les politiques de santé. Les départements ont historiquement la compétence assainissement. La région compte huit départements.
- **La métropole :** Les métropoles sont des regroupements de communes ayant une forte influence urbaine. Elles disposent de compétences élargies par rapport aux autres établissements publics de coopération intercommunale, notamment en matière de transport public, d'urbanisme, de logement, et de développement économique. La Métropole du Grand Paris compte 131 communes.
- **La commune ou la ville :** La commune est la plus petite unité administrative en France. Elle gère des compétences locales, telles que l'état civil, l'urbanisme, les infrastructures sociales, l'entretien des voiries locales, et l'accès aux services critiques tels que l'eau. La région compte 1276 communes. Enfin, les communes peuvent se regrouper dans des structures administratives leur permettant d'exercer des compétences communes telles que l'assainissement et la gestion des déchets.

3.3.3. Cadre stratégique

Construire la résilience au risque de raréfaction de l'eau induit par le changement climatique requiert l'élaboration d'une stratégie robuste pour chaque acteur impliqué dans la gestion des ressources. Une stratégie robuste doit intégrer le changement climatique, définir un niveau de risque acceptable et par conséquent identifier les risques qui doivent être évités (prévention) ou transférés. Enfin, une stratégie robuste identifie les moyens (humains et financiers) qui permettent d'atteindre les objectifs définis.

Cadre stratégique national

Plan d'adaptation au changement climatique

La résilience au changement climatique est guidée par le plan national d'adaptation au changement climatique. Le plan national d'adaptation au changement climatique élaboré par le ministère de la Transition Écologique et de la Cohésion des Territoires couvre la période allant de 2018 à 2022. Il a pour objectif de définir des objectifs et actions pour s'adapter à un climat cohérent avec une hausse de la température mondiale de 1.5° à 2°C par rapport au XIXème siècle (Ministère de la Transition écologique et de la Cohésion des territoires, 2018[17]). Ce plan a été conçu selon six axes principaux visant à améliorer la gouvernance et le pilotage des politiques d'adaptation, améliorer la connaissance des risques climatiques, la prévention et la résilience, favoriser la préservation des milieux, réduire la vulnérabilité des filières économiques et développer la politique internationale de la France d'adaptation au changement climatique. Le PNACC était en révision au moment de l'étude et une prochaine version devrait prendre comme scénario climatique une hausse de la température de 4°C en France (3°C mondiale) (France, 2022[18]).

Le PNACC intègre les enjeux liés à l'eau et soulève la vulnérabilité de certains secteurs économiques sans fixer d'objectif précis de résilience. Tout d'abord, l'évaluation du risque de raréfaction de l'eau induit par les sécheresses est qualitative, faute de connaissances précises sur les impacts possibles. Le développement de connaissances sur les risques liés à l'eau est d'ailleurs l'un des objectifs de ce plan. Une évaluation d'un déficit de 2 Mds de m3 d'eau d'ici 2050, à demande constante est toutefois évoqué, ainsi que la probabilité de sécheresses plus fréquentes et sévères, de débits d'étiage réduits et d'une pression accrue sur les ressources. De même, la vulnérabilité de certains secteurs est avancée, à l'instar du tourisme, de l'agriculture, de la montagne ou des écosystèmes. Le PNACC ne formule pas d'objectif précis de résilience mais une volonté de renforcer la résilience de la France à une diminution des ressources en misant sur la sobriété, l'efficience des usages, la régulation des ressources en amont, l'amélioration de la qualité de l'eau avec une logique de sécurité sanitaire mais aussi la préservation des écosystèmes. En effet, le plan reconnaît une action des pouvoirs publics encore trop limitée aux situations de crise.

La stratégie portée par le PNACC a permis de réaliser des progrès dans la gestion du risque de sécheresse induit par le changement climatique. Le PNACC identifie des moyens pour renforcer la résilience du pays. Il s'agit de développer les connaissances liées au risque, en identifiant des acteurs clés, d'encourager la mobilisation des territoires via des comités régionaux de l'adaptation, ou de faciliter la concertation pour une gestion stratégique des ressources. L'organisation des Assises de l'Eau en 2018 s'inscrit dans cette logique. Le PNACC prévoit d'ailleurs le pilotage et le suivi de la mise en œuvre du plan. En 2020, une première évaluation du PNACC a ainsi mis en avant les progrès réalisés (e. g lancement d'Explore 2, stratégies d'adaptation des bassins versants, développement de solutions fondées sur la nature…) mais n'identifie pas de pistes d'amélioration.

Le Plan d'action pour une gestion résiliente et concertée de l'eau

La stratégie d'adaptation de la gestion de l'eau au changement climatique portée au niveau national a été renforcée par un Plan d'action pour une gestion résiliente et concertée de l'eau (ou « Plan Eau »). Conçu comme une feuille de route, ce plan est l'opportunité d'impliquer tous les secteurs dans la mise en œuvre d'une stratégie de résilience et de se doter d'un mécanisme de suivi des mesures. Cette logique de coordination des efforts et de stratégie nationale existe d'ailleurs dans d'autres pays, à l'instar de l'Allemagne qui a adopté sa stratégie nationale sur l'eau en 2023 ou des Pays-Bas et de son programme national Delta. D'autres pays comme l'Australie se sont bien dotés d'une stratégie nationale pour faire face aux sécheresses mais se concentrent sur un seul secteur (Encadré 3.6).

Encadré 3.6. Exemples internationaux de plans et stratégies nationales sur l'eau

Allemagne

L'Allemagne a organisé un dialogue national sur l'eau sur deux ans (2018-2020), impliquant plus de 200 participants issus de l'industrie, des services d'eau, de l'agriculture, de la recherche, d'associations, d'États fédéraux et de municipalités, en collaboration avec le ministère fédéral allemand de l'Environnement. À l'issue de cette consultation, une stratégie nationale sur l'eau a été adoptée par le gouvernement. Elle examine les défis du secteur de l'eau en Allemagne jusqu'en 2050 et définit 10 axes stratégiques pour assurer la résilience de l'Allemagne à la raréfaction de l'eau d'ici là. Cette stratégie intègre les enjeux du plan d'action sur les Solutions Basées sur la Nature pour la Biodiversité et le Climat adopté par le pays. En outre, la stratégie aborde l'importance d'un approvisionnement en eau sûr et fiable ainsi que de la qualité des cours d'eau en tant que moteurs du développement économique.

Pays-Bas

Dans le cadre du programme Delta, une stratégie sur l'approvisionnement en eau douce réfléchit aux défis et mesures à mettre en œuvre pour garantir un accès à ces ressources jusqu'en 2050. Ce programme, en cours depuis 2011 est constamment réactualisé pour tenir compte les nouveaux défis auxquels doit faire face le pays. Ainsi, les sujets de la raréfaction de l'eau et de l'adaptation au changement climatique ont été intégrés au programme Delta à l'origine davantage centré sur les problématiques d'inondation. Une stratégie nationale pour la résilience de l'approvisionnements en eau douce au changement climatique devrait être adoptée d'ici 2027.

Australie

En 2018, le gouvernement australien a approuvé et signé un nouvel accord national sur la sécheresse. Cet accord définit une approche de préparation, de réponse et de soutien en cas de sécheresse qui implique les différents états et régions du pays. L'accord met l'emphase sur la préparation et l'adaptation au changement climatique. L'Australie a enfin élaboré un plan de réponse, de résilience et de préparation à la sécheresse en 2019 qui reflète ces objectifs. Il précise également les fonds à disposition pour accroître la résilience du pays, et en particulier du secteur agricole.

Source : (Federal Environment Ministry, 2023[19]) (Pays-Bas, 2023[20]) ; (Department of Agriculture, 2019[21]).

Ce plan survient après deux tentatives visant à intégrer les enjeux climatiques à la gestion de l'eau qui ont fait l'objet d'un suivi marginal. En 2018, le ministère de la Transition Écologique a organisé les Assises de l'Eau pour définir, entre autres choses, une stratégie d'adaptation de la gestion de l'eau au changement climatique (Encadré 3.7). Les Assises de l'eau ont permis l'adoption d'un pacte censé améliorer la ressource en eau avec un ensemble d'objectifs chiffrés tant en matière de sobriété que d'optimisation des ressources en eau (Tableau 3.1). Ce pacte ne reposait sur aucun diagnostic précis des risques à venir mais proposait des moyens pour y parvenir et des pistes d'amélioration de la gouvernance. Les mesures proposées ont été peu suivies et n'ont pas permis de progrès notoires tels que le triplement des volumes d'eau non conventionnelles initialement prévu. De même, en 2021, le MTECT et le ministère de l'Agriculture de la Sécurité Alimentaire (MASA) ont organisé le Varenne agricole de l'eau et de l'adaptation au changement climatique, présenté comme la déclinaison opérationnelle des Assises de l'Eau pour le secteur agricole (Encadré 3.7). Le Varenne a inspiré un décret (France, 2022[22]) permettant une meilleure anticipation des risques via un pilotage des ressources en eau, hors périodes de basses eaux.

Encadré 3.7. Initiatives de plans d'action pour adapter la gestion de l'eau au changement climatique

Les Assises de l'Eau

Les Assises ont réuni élus locaux, acteurs publics de l'eau (comités de bassin, ministères), associations, entreprises et secteur de la recherche et usagers (agriculteurs, société civile, ...) pendant 18 mois pour réfléchir à l'adaptation de la gestion de l'eau au changement climatique. Parmi les leviers identifiés, figurent :

- L'élargissement du champ de compétences des collectivités
- Le renforcement des concertations pour un partage des ressources en eau efficace
- Une communication renforcée pour faire évoluer les comportements

Pour chaque levier, un ensemble d'actions est identifié ainsi que des moyens de financement pour implémenter ce pacte tels que des programmes d'investissement.

Le Varenne agricole et de l'adaptation au changement climatique

En 2021, le Varenne a mobilisé 1400 personnes issues du secteur agricole, des collectivités, de l'État, de la recherche ou d'associations durant 6 mois. Organisée autour de 3 groupes de travail, cette concertation a proposé un ensemble de recommandations afin de mieux anticiper les risques climatiques, renforcer la résilience de l'agriculture et mieux identifier collectivement les ressources en eau à mobiliser pour l'agriculture.

Source : (France, 2022[23]).

Le Plan Eau propose un cadre théorique cohérent pour renforcer la résilience de la France à la raréfaction de l'eau. Tout d'abord, le plan promeut une approche de prévention du risque, reflétée par la priorité donnée à la sobriété, à l'optimisation des ressources et à la qualité de l'eau (Tableau 3.1). Ces objectifs constituent les trois axes stratégiques du plan. Chacun de ces axes fait l'objet de mesures, pour lesquelles les acteurs sont identifiés et une date de mise en œuvre est proposée. De plus, le plan Eau identifie des moyens pour mettre en œuvre cette stratégie. Il prévoit par exemple d'octroyer davantage de compétences aux acteurs locaux, ou de revoir la réglementation relative à la déclaration des prélèvements dans une optique d'amélioration des connaissances. Il identifie également des mesures financières et la mise à disposition de fonds supplémentaires pour atteindre les objectifs visés. L'allocation de moyens et le principe de financements de ces mesures restent néanmoins vagues. Enfin, les efforts de mise en œuvre du plan Eau doivent être suivis régulièrement et les résultats seront revus par le Comité national de l'Eau. Trois bilans ont déjà été réalisés, respectivement trois, six mois et un an après la publication du plan. Ces bilans démontrent la volonté du gouvernement d'appliquer les mesures en place, alors que le résultat des Assises de l'Eau était mitigé.

Tableau 3.1. Cohérence des objectifs des différents plans nationaux pour la gestion de l'eau

	Assises de l 'Eau	Plan Eau
Sobriété	Réduction des prélèvements de 10% d'ici 2025 par rapport à 2019 Réduction des prélèvements de 25% d'ici 2035 par rapport à 2019	Réduction des prélèvements de 10% d'ici 2030 par rapport à 2019
Optimisation	Triplement des eaux non conventionnelles Objectif de restauration des zones humides et protection des milieux (doublement des aires protégées d'ici 2030) Accélération des projets de territoire (>100 en 2027) Réduire les pertes sur les réseaux d'eau, en particulier en zone rurale	1000 projets de réutilisation d'eaux usées traitées d'ici 2030 Davantage de soutien aux solutions fondées sur la nature Réduire les fuites, en priorité dans les communes affectées par la sécheresse 2022
Pollution	Donner davantage de pouvoir aux collectivités pour la protection des captages (1000 captages prioritaires)	Davantage de pouvoir aux acteurs locaux Protection des captages Soutien aux solutions fondées sur la nature
Gestion	Améliorer l'accès aux données et aux connaissances	Renforcement des capacités scientifiques et anticipation Mieux mesurer les volumes prélevés

Source : (France, 2022[23]) ; (France, 2023[24]).

Bien que cohérent dans son approche de gestion des risques liés aux sécheresses, le plan Eau ne définit pas d'objectif de résilience précis. Le plan prend bien en compte le changement climatique mais ne s'appuie pas sur une évaluation du risque. Sont mentionnées la probabilité de sécheresses plus sévères, une diminution des débits d'étiages ou des quantités d'eau dans les nappes mais il est difficile d'évaluer si ces tendances vont affecter les usages de l'eau et de quelle façon (i.e. rare, périodique, grave…). Ainsi, le Plan Eau propose des objectifs de réduction, certes chiffrés et mesurables, mais qui ne correspondent pas à l'atteinte d'un niveau de risque acceptable ou un objectif de résilience. Il ne prévoit pas d'évaluation de l'efficacité attendue du plan sur le niveau des nappes, la recharge des aquifères ou la disponibilité de l'eau. Par conséquent, les objectifs de sobriété ou d'optimisation des ressources, bien que pertinents, pourraient s'avérer inadaptés pour faire face au risque de raréfaction de l'eau à l'échelle du bassin versant. Au Royaume-Uni, le gouvernement requiert par exemple que les opérateurs d'eau soient résilients à une sécheresse qui arriverait une fois tous les 500 ans d'ici 2040 (Encadré 3.8). Les stratégies de sobriété ou d'optimisation des ressources sont alors calibrés dans le but d'atteindre cet objectif de résilience.

Encadré 3.8. Planification stratégique au Royaume-Uni

Au Royaume-Uni, la planification des ressources en eau s'effectue sur 25 ans, avec l'objectif d'assurer un équilibre entre les ressources disponibles et la demande en eau. Cet exercice doit intégrer le changement climatique et assurer la résilience de la distribution d'eau, c'est-à-dire la non-atteinte d'un seuil de crise sécheresse qui restreint, voire interdit la plupart des usages. Pour ce faire, la Commission Nationale pour les Infrastructures a calculé que d'ici 2050, un déficit de 4000 millions de litres par jour pourrait survenir dans le pire des scénarios climatiques envisagés (temps de retour de 500 ans). Cet objectif sert de point de départ à l'élaboration de la stratégie de résilience et quantifie les efforts de réduction d'eau, mais aussi d'optimisation des ressources existantes. Cette approche est déclinée dans les différentes régions du Royaume-Uni.

Source : (Climate Change Commission, 2019[25]) ; (National Infrastructure Commission, 2018[3]).

Bien qu'essentiel pour réduire la vulnérabilité du pays au risque de raréfaction de l'eau induit par les sécheresses, le plan Eau n'intègre pas suffisamment les enjeux à long terme induits par le

changement climatique. Lors de la présentation du Plan Eau, le gouvernement français évoquait que ce plan était en priorité pensé pour faire face aux enjeux de 2023. L'horizon de temps visé par ce plan est d'ailleurs 2030. S'il est efficace et réaliste de fixer des objectifs à court-terme, une perspective à plus long-terme permet d'identifier les trajectoires possibles et de suivre l'évolution du risque de raréfaction dans divers scénarios d'adaptation. À titre de comparaison, le Royaume-Uni impose une planification des ressources sur 25 ans (GOV UK, 2023[26]),(Encadré 3.8). Les trajectoires d'adaptation proposées par le Royaume-Uni prennent ensuite la forme de scénarios multiples, permettant d'intégrer différentes échelles de temps et de risque. Cette approche permet entre autres de pallier l'incertitude liée au changement climatique et d'identifier des mesures prioritaires, sans regret, mais aussi des options à plus long terme qu'il peut être utile d'anticiper (Encadré 3.4).

Cadre stratégique local

Stratégie de résilience à l'échelle du bassin versant Seine-Normandie

Au niveau du bassin versant, les enjeux liés au changement climatique sont au cœur du Schéma Directeur d'Aménagement et de Gestion des eaux (SDAGE). Le SDAGE est l'outil de planification de la gestion de l'eau pour une période de six ans. Il est élaboré pour le bassin versant et adopté par le comité de bassin avec l'objectif d'atteindre le « bon état » des masses d'eau (Encadré 3.9). La logique d'anticiper et éviter la raréfaction de l'eau est donc ancrée dans le SDAGE. De plus, le SDAGE 2022-2027 du bassin versant Seine-Normandie propose cinq orientations stratégiques pour le bassin, l'une d'elles étant d'assurer la résilience des territoires et une gestion équilibrée de la ressource en eau face au changement climatique. Pour ce faire, le SDAGE s'appuie sur un ensemble de projections climatiques existantes au niveau du bassin reflétant les travaux d'Explore 2070 mais également des modélisations plus récentes des sécheresses possibles à horizon 2050 (Boé et al., 2018[27]). Le SDAGE est donc conçu en considérant que la quantité d'eau disponible devrait diminuer sans précision sur les impacts attendus. Les quatre autres orientations du SDAGE sont indirectement liées puisqu'il s'agit de la protection des milieux, de réduire les pressions sur les ressources en eau ou encore de réduire les pollutions. Ce document stratégique met en évidence les liens étroits entre résilience à la raréfaction de l'eau et gestion durable de l'eau.

Encadré 3.9. Objectifs de bon état quantitatif– Cibles pour le bassin versant Seine-Normandie

Pour qualifier le bon état quantitatif des ressources et donc leur suffisante disponibilité, le comité de bassin s'appuie sur 2 indicateurs principaux. Pour les eaux souterraines, on calcule le ratio entre les prélèvements dans les eaux souterraines et la recharge moyenne de la nappe. Au dessus de 15%, ce ratio indique un équilibre fragile de la ressource et un risque de raréfaction en cas de poursuite des prélèvements. Pour les eaux de surface, on compare le volume de consommations à l'étiage au débit mensuel quinquennal sec (plus petit débit mensuel moyen se produisant en moyenne une fois tous les 5 ans). Si ce ratio est supérieur à 20%, alors il y a un risque de déséquilibre en cas de pressions additionnelles. Ces indicateurs permettent d'identifier des zones de fragilité et d'adapter les autorisations de prélèvements d'eau en prévision des sécheresses.

Source : (Agence de l'Eau Seine Normandie, 2019[28]).

La planification de la gestion de l'eau au niveau du bassin s'appuie également sur la stratégie d'adaptation au changement climatique du bassin versant qui définit les priorités du bassin pour une gestion de l'eau résiliente et durable. La résilience au risque de raréfaction de l'eau est centrale dans la stratégie qui prévoit en priorité d'accroître la sobriété des usages pour faire face au risque de stress hydrique induit par le changement climatique. Par ordre de priorité, la stratégie suggère ensuite de veiller à assurer la qualité de l'eau, puis de protéger les écosystèmes, lutter contre les risques d'inondation, d'élévation du niveau de la mer, favoriser la recharge des nappes, lutter contre les vagues de chaleur et enfin accompagner les acteurs du territoire.

Les objectifs identifiés par cette stratégie pour faire face au risque de raréfaction de l'eau induits par les sécheresses sont similaires à ceux portés par le plan Eau. En effet, les principaux objectifs sont la sobriété, l'optimisation des ressources avec une priorité donnée aux solutions fondées sur la nature et la préservation de la qualité de l'eau. La stratégie d'adaptation adoptée en 2016 par le comité de bassin a été actualisée à la suite de la publication du plan Eau, pour transposer les objectifs du plan à la réalité du bassin versant. Ainsi, l'objectif de sobriété de réduction des prélèvements de 10% défini au niveau national a par exemple été traduit en objectifs de sobriété pour le secteur industriel (4% de réduction), l'eau potable (14% de réduction), le secteur agricole (stable) ou l'alimentation des canaux (stable) (Agence de l'Eau Seine Normandie, 2023[29]).

La stratégie d'adaptation est cohérente avec l'objectif d'une résilience accrue au risque de raréfaction de l'eau mais reste vague en termes d'impacts attendus à long terme. La stratégie s'appuie sur des scénarios climatiques variés et évalue des impacts qualitatifs possibles induits par le changement climatique pour les différents acteurs du bassin. Toutefois, elle ne propose pas d'évaluation du risque précise, reflet d'une quantification des équilibres besoin-ressource, comme suggérée en 3.2. L'objectif de résilience poursuivi par l'Agence de l'eau Seine-Normandie peut être considéré comme l'atteinte du « bon état » des masses d'eau, bien que seuls les aspects qualitatifs soient visés pour les eaux de surface. Il est toutefois difficile d'apprécier si les objectifs poursuivis seront suffisants pour y parvenir à long terme. Enfin, la stratégie d'adaptation au changement climatique ne prévoit pas de trajectoire de long-terme, certainement en raison des périodes de planification des SDAGE qui définissent les objectifs opérationnels du bassin pour six ans. Toutefois, les objectifs stratégiques poursuivis ont été déclinés pour chaque acteur du bassin de façon précise et le comité de bassin poursuit des efforts importants pour impliquer et mobiliser les acteurs du territoire. Ainsi, le bassin versant a formé et sensibilisé des acteurs des sous-bassins à ses objectifs pour le développement de stratégies locales. Plus de 500 acteurs (collectivités, entreprises, agriculteurs, chambres d'agriculture, associations…) ont adhéré à la stratégie du bassin et témoignent de la mise en place d'actions facilitées par le bassin (Agence de l'Eau Seine Normandie, 2023[29]). L'évaluation des politiques en vigueur à l'échelle du bassin révèle d'ailleurs une tendance à davantage de sobriété dans divers secteurs (e.g. industrie, chapitre 2).

Stratégie de résilience des collectivités

La Région Ile-de-France a publié en 2022 sa stratégie d'adaptation au changement climatique (Région Île-de-France, 2022[30]). Cette stratégie poursuit trois objectifs principaux que sont la protection des personnes vulnérables, la protection des écosystèmes et la protection des tissus économiques. Enfin, la région souhaite promouvoir une approche transversale et systémique du risque, reposant sur une gouvernance claire.

Les sécheresses sont abordées sous l'angle de la réduction de la vulnérabilité des filières économiques, des citoyens et des écosystèmes. Le plan de la Région Ile-de-France d'adaptation au changement climatique (Région Île-de-France, 2022[30]) identifie les sécheresses comme essentiellement un risque lié au retrait-gonflement des argiles et au partage des ressources. Toutefois, reconnaissant une diminution probable des ressources en eau induite par le changement climatique, la stratégie propose des actions concrètes pour réduire la vulnérabilité des écosystèmes, encourage une gestion de l'eau raisonnée dans le secteur agricole et encourage des approches permettant une gestion plus efficace des ressources en eau. Cette stratégie n'identifie donc pas d'objectif de résilience précis, faute d'évaluation du risque précis. Elle propose également des moyens financiers (un budget de 1 milliard d'euros d'ici 2030) pour mettre en oeuvre les actions proposées et un accompagnement des différentes filières économiques et des collectivités. Un guide d'accompagnement des collectivités a par exemple été élaboré pour soutenir les villes dans leur stratégie d'adaptation.

La réduction de la vulnérabilité est également l'approche poursuivie par la Métropole du Grand Paris. Ainsi, la Métropole du Grand Paris a publié son Plan Climat Air Energie Métropolitain (PCAEM) en 2018, comportant une analyse de la vulnérabilité aux divers aléas climatiques anticipés. L'aléa de sécheresse n'est pas considéré comme l'un des principaux risques, à l'exception du risque de retrait-gonflement des argiles (Métropole du Grand Paris, 2018[31]).Toutefois, l'aléa sécheresse est bien identifié comme un risque pour l'alimentation en eau potable, notamment en raison de sa dépendance aux ressources de surface. La Métropole anticipe également des impacts conséquents sur les systèmes agricoles et espaces végétalisés. Le PCAEM reconnaît la nécessité d'une analyse plus fine de l'adéquation des besoins aux ressources en eau et s'inscrit dans une logique de réduction des consommations d'eau potable des collectivités.

La réduction de la vulnérabilité est également l'approche défendue par la Ville de Paris dont la stratégie de résilience identifie les enjeux liés au fleuve comme l'une des six priorités de sa stratégie de résilience (Ville de Paris, 2019[32]). Les étiages sont mentionnés comme un enjeu important pour l'approvisionnement en eau potable ou les activités économiques nécessitant coopération au niveau du bassin versant. Toutefois, aucun objectif de résilience n'est précisé pour la raréfaction de l'eau et les risques liés à la diminution des ressources font davantage l'objet de mesures d'aménagement urbain et de protection de la qualité de l'eau assez générales. La Ville de Paris devrait par ailleurs approuver un Plan Climat ambitieux pour la période 2024-2030 qui s'engage pour une réduction des prélèvements d'eau de 15% d'ici 2030 et prévoit une priorisation des usages et une diversification du mix hydrique (Chapitre 3). Les enjeux de qualité de l'eau sont également centraux dans ce nouveau plan (Ville de Paris, 2023[33]).

Bien que les risques d'inondation et de canicules semblent mieux connus, la révision des plans et stratégies des collectivités en cours pourraient améliorer la prise en compte du risque de raréfaction induit par les sécheresses. Le Plan Climat Air Energie de la Métropole a par exemple identifié le risque de crue comme le principal risque pour son territoire et a évalué les risques à une échelle géographique fine. Les vagues de chaleur sont le deuxième aléa prioritaire pour la Métropole en raison des impacts passés, notamment sur les personnes vulnérables. Ce constat est similaire pour la ville de Paris par exemple, qui a élaboré un plan Paris Pluie et un dispositif canicules. En 2023, dans le cadre de la refonte de sa stratégie de résilience, la ville réalisait un exercice grandeur nature pour faire face aux futures canicules (« Paris à 50 degrés ») (Ville de Paris, 2023[34]). La Métropole du Grand Paris comme la Ville de Paris revoient leur PCAEM et stratégie de résilience et prévoient d'intégrer davantage les enjeux liés à la sécheresse et à la raréfaction de l'eau qui en découle d'ici 2024.

Les opérateurs d'eau potable

Les opérateurs d'eau de la région sont également un pilier de la résilience de la région. Ainsi, le Syndicat des Eaux d'Ile-de-France (SEDIF), plus gros opérateur d'eau en Ile-de-France, dispose d'un plan de Continuité et de Secours Sécheresse décrivant les dispositifs d'alerte et l'organisation mise en place pour réagir rapidement et efficacement face à une situation à risques générée en cas d'étiage sévère d'une ou plusieurs rivières alimentant les usines de production d'eau potable. Le SEDIF a également élaboré un plan dit « d'ultime secours » dont l'objectif est de pouvoir assurer la distribution d'un volume minimum de 5 à 10 litres aux usagers en s'appuyant sur des ressources souterraines telles que la nappe de l'Albien (SEDIF, 2022[35]). De même, Eau de Paris possède des marges de stockage d'eau permettant d'alimenter les populations pendant 2 jours et s'appuie sur une diversité de captages. Eau de Paris collabore avec le Bureau de Recherches Géologiques et Minières (BRGM) pour évaluer la durabilité de ses ressources en tenant compte du changement climatique. Eau de Paris assure une surveillance des fleuves et rivières afin d'anticiper de possibles restrictions et adapter sa stratégie. Enfin, Eau de Paris a élaboré un Plan Climat, un Plan de protection des ressources et un plan Biodiversité qui contribuent à assurer la disponibilité de l'eau notamment en limitant les pollutions et en préservant les écosystèmes (Eau de Paris, 2021[36]).

Tableau 3.2. Résumé des stratégies ou plans qui guident la résilience de la région Ile-de-France

Institution	Echelle	Documents stratégiques	Prise en compte du changement climatique	Objectif de résilience	Acteurs identifiés	Moyens identifiés	Suivi et évaluation
Secrétariat Général à la Planification Écologique	Nationale	Le Plan Eau	Tendance	Non	Oui	Oui	Oui
Ministère de la Transition Écologique et de la Cohésion des Territoires	Nationale	Le plan national d'adaptation au changement climatique (2018-2022)	Tendance	Non	Oui	Oui	Oui
Agence de l'eau Seine-Normandie	Bassin versant	Le schéma directeur d'aménagement et de gestion de l'eau La stratégie d'adaptation au changement climatique	Tendance	Indirectement « bon état écologique »	Oui	Oui	Oui
Région Ile-de-France	Régionale	Plan régional d'adaptation au changement climatique (2022)	Tendance	Non	Oui	Oui	-
Métropole du Grand Paris	Métropole	Plan Climat Air Energie de la Métropole du Grand Paris (2018)	Tendance	Non	Oui	Non	Oui
Villes	Municipale	Les villes ont en général élaboré des plans climat air énergie Ville de Paris : Stratégie de résilience et PCAET	Tendance	Non	Oui	Non	-

Note : Dans le cadre de l'étude, seules les villes de Sceaux, Paris, Cergy et la communauté d'agglomération de Cergy Pontoise ont été interrogées. Des recherches ont également porté sur les différentes stratégies et plans d'autres villes telles que Montrouge, Fontainebleau, la Plaine ou Créteil.

La stratégie de résilience au risque de sécheresse qui prévaut à travers la France apparaît pertinente pour réduire la vulnérabilité des acteurs. En effet, tous les acteurs politiques impliqués dans la gestion des ressources en eau ont élaboré une stratégie qui tient compte du risque de sécheresse futur. Les stratégies définies au niveau local sont alignées avec les objectifs définis par le Plan Eau élaboré par le gouvernement. Les axes stratégiques poursuivis à toutes les échelles géographiques ou administratives sont clairs. Il s'agit de favoriser en priorité la sobriété, puis l'optimisation des ressources et la qualité de l'eau. Les acteurs ont tous été identifiés à l'échelle requise, et il existe des moyens financiers et humains pour encourager la mise en œuvre d'une stratégie de résilience.

Toutefois, il manque une approche de long-terme permettant de capturer les impacts attendus du changement climatique. Aucune stratégie ne définit un objectif précis de résilience à atteindre, à l'exception peut-être de l'agence de l'eau qui doit atteindre le bon état des masses d'eau. Aucune stratégie ne s'appuie sur une projection des impacts ou coûts induits par le changement climatique. En l'absence d'une évaluation du risque et de la définition de ce qui est acceptable ou non en termes d'impacts, toute stratégie de résilience pourrait être sous-calibrée ou surcalibrée face au risque attendu.

3.3.4. Cohérence entre la stratégie de résilience nationale et les politiques sectorielles de la région Ile-de-France

La résilience aux risques dérivant des sécheresses requiert une cohérence dans les politiques poursuivies par les acteurs économiques mais aussi d'aménagement urbain. En effet, les objectifs stratégiques de sobriété, d'optimisation des ressources en eau ou de limitations des pollutions prônées par le Plan Eau affectent tous les secteurs économiques, consommateurs d'eau tels que l'agriculture, l'énergie, l'industrie et le transport fluvial. De même, l'optimisation des ressources en eau requiert d'intégrer les enjeux de l'eau aux politiques d'urbanisme comme prévu par le schéma directeur d'aménagement et de gestion de l'eau du bassin Seine-Normandie. Cette section analyse la cohérence des politiques sectorielles conduites en région parisienne avec les objectifs de réduction de la vulnérabilité de la région aux sécheresses. Elle s'intéresse également au rôle des différents acteurs nationaux, du bassin versant et régionaux pour faire converger ces politiques.

Politiques d'urbanisme

Le Schéma Directeur D'Aménagement et de Gestion de l'Eau (SDAGE) du bassin versant Seine-Normandie a vocation à articuler les politiques de l'eau avec les politiques d'aménagement et de développement du territoire. Les collectivités doivent rechercher une cohérence entre leurs politiques d'aménagement et les objectifs de protection des ressources et des milieux prônés par le SDAGE. Le SDAGE est d'ailleurs élaboré de façon participative, avec notamment le concours des collectivités. En effet, les plans d'urbanisme des collectivités permettent d'identifier et localiser les éléments de paysages, délimiter des quartiers, les zones concernant l'assainissement et les eaux pluviales, fixer les coefficients d'occupation des sols qui influent directement sur les écosystèmes et la préservation de la ressource en eau. Ils contribuent ainsi directement au stockage naturel des ressources, à un objectif de sobriété et à la qualité de l'eau.

Les orientations générales du Schéma directeur d'aménagement et de gestion de l'eau du bassin Seine-Normandie se retrouvent en partie dans les documents de développement économique de la Région Ile-de-France et de la Métropole du Grand Paris :

- Le Schéma directeur de la Région Ile-de-France (SDRIF), document encadrant le développement de la région Ile-de-France, cherche à préserver les milieux aquatiques (e.g., diminution des pollutions induites par la construction de logements, valorisation de la ressource) et s'intéresse au concept de sobriété foncière afin de respecter les objectifs nationaux de zéro artificialisation nette. Le SDRIF prévoit une augmentation de la population en Ile-de-France de 50 000 habitants par an jusqu'à 2040, avec une incidence sur la construction de nouveaux logements, et le développement des mobilités. La sobriété foncière apparaît comme indispensable pour limites les pressions sur la ressource en eau ou faciliter l'absorption des pluies et faciliter la recharge des nappes. La Région encourage des projets de « reconquête des friches franciliennes » pour lutter contre l'étalement urbain, préserver l'environnement et accroître les surfaces agricoles. Elle encourage également la réhabilitation de constructions existantes. En 2024, la Région devrait adopter un nouveau Schéma directeur environnemental de la Région Ile-de-France (SDRIF-E 2040) pour refléter encore davantage les enjeux environnementaux.
- Le Schéma de Cohérence Territoriale (SCoT) précise la stratégie de développement pour le territoire formé par les 131 communes de la Métropole du Grand Paris pour les 20 prochaines années. Le SCoT ambitionne une métropole attractive, résiliente et une meilleure qualité de vie pour ses habitants passant en partie par moins d'inégalités territoriales. Il cherche à mettre en cohérence les enjeux d'habitat, de mobilités et d'actions environnementale et écologique. Il prône

la densification urbaine, le déploiement des mobilités et l'intégration de la gestion des risques dans tous les projets d'aménagement du territoire (cadre bâti, activités économiques, urbanisation…).

La cohérence entre les politiques d'urbanisme guidées par les documents de développement économique et la gestion des ressources en eau reste insuffisante pour faciliter rétention d'eau et lutter contre les pollutions. Par exemple, entre 2011 et 2017, plus de 20 000 hectares de zones humides ont disparu à cause de l'urbanisation sur le bassin Seine Normandie (Agence de l'eau Seine Normandie, 2023[37]). Certaines villes sont néanmoins pionnières dans l'intégration des enjeux de l'eau à la politique d'urbanisme, telles que la Ville de Paris qui a inscrit la lutte contre l'imperméabilisation, le recyclage des eaux pluviales pour les besoins d'arrosage ou une meilleure rétention des eaux pluviales comme objectifs de son plan local d'urbanisme en 2018.

Pour améliorer la prise en compte des enjeux de préservation de la ressource en eau, l'Agence de l'eau Seine-Normandie a toutefois identifié un ensemble de pistes prometteuses. Tout d'abord, selon l'Agence de l'eau Seine Normandie, l'un des défis à l'intégration des objectifs du Schéma Directeur D'Aménagement et de Gestion de l'Eau (SDAGE) du bassin Seine-Normandie serait le manque de connaissances des moyens à disposition pour intégrer ces enjeux. Une plateforme proposant un parcours guidé selon les objectifs du SDAGE et des ressources diverses telles que des exemples de plans locaux d'urbanisme intégrant ces enjeux est ainsi disponible publiquement pour accompagner les collectivités. De plus, si la loi impose la mise en conformité des plans locaux d'urbanisme avec le SDAGE, il s'agit avant tout d'un document d'orientations, qui ne propose aucune règle prescriptive et n'est donc que peu contraignant pour les collectivités. A l'inverse, au niveau des sous-bassins versants, il est possible de réaliser des Schéma d'aménagement et de gestion de l'eau (SAGE) qui retranscrivent de façon opérationnelle les objectifs du SDAGE ont une valeur réglementaire. Ainsi, le déploiement de tels schémas à des échelles locales est prometteur pour inciter les collectivités à réviser leur plan local d'urbanisme.

Agriculture

Le secteur agricole est un acteur incontournable de la stratégie de résilience de la région. Deuxième consommateur d'eau dans la région, l'agriculture est à la fois très vulnérable aux sécheresses et source de pression sur les ressources existantes. Il est donc logique que le secteur intègre les principes de gestion de la ressource et le risque de raréfaction à ses pratiques. Aujourd'hui des représentants du secteur agricole participent d'ailleurs régulièrement à la prise de décision via les comités de bassin, comité national de l'eau et commissions locales, ou autres enceintes de concertation créées pour la gestion de la ressource en eau entre usagers (e.g. Varenne agricole et de l'adaptation au changement climatique). Enfin, le secteur agricole est responsable de pollutions des ressources en eau, créant un risque d'indisponibilité de la ressource en cas de volumes d'eau moindres.

Le secteur agricole est avant tout guidé par les principes européens de la Politique Agricole Commune (PAC) portés par le ministère de l'Agriculture, qui intègre peu les risques liés aux sécheresses. La Cour des Comptes européenne a conduit une étude pour évaluer l'alignement de la politique agricole commune avec les objectifs de la directive cadre sur l'eau (Cour des Comptes européenne, 2021[38]). Il s'avère que la politique agricole intègre très peu ces objectifs, voire encourage des comportements contradictoires aux enjeux de protection de la ressource. Par exemple, les versements de la PAC permettent de soutenir des cultures très consommatrices d'eau dans des zones en situation de stress hydrique (e.g. culture de pommes de terre utilisant l'eau de la nappe du Champigny (Aqui'Brie, 2023[39])). Par ailleurs, si des aides financières sont prévues pour des mesures environnementales, la Chambre d'agriculture re région Ile-de-France mentionnait qu'elles n'étaient pas suffisantes car elles ne couvrent qu'une partie des coûts nécessaires pour faire évoluer des pratiques.

Par l'intermédiaire des programmes européens de développement rural, les Régions peuvent contribuer à faire converger les objectifs de gestion de l'eau et de développement agricole. Elles définissent un programme de développement rural sur 7 ans pour allouer les fonds du Fonds Européen

Agricole pour le Développement Rural (FEADER) à des investissements agricoles ou soutenir des pratiques qui peuvent avoir une incidence sur l'utilisation de l'eau. Dans la région Centre-Val de Loire, les investissements régionaux sont par exemple refusés s'ils entraînent une augmentation des captages d'eau sur des parcelles en zone de stress hydrique (Cour des Comptes européenne, 2021[38]). La Région peut en effet financer des interventions non liées à la surface telles que des mesure agroenvironnementales et climatiques forfaitaires, des aides aux investissements productifs ou non productifs en faveur des exploitations agricoles, des aides à l'installation d'agriculteurs ou des outils de gestion des risques. Pour ce faire, la Région doit identifier les enjeux environnementaux sur son territoire dans son programme de développement rural régional et définir des zones dans lesquelles les mesures agroenvironnementales et climatiques peuvent être mises en œuvre. Ces mesures influencent à la fois la quantité d'eau prélevée et la pollution des ressources.

Si la Région Ile-de-France porte une stratégie ambitieuse pour l'agriculture, elle pourrait s'avérer insuffisante pour faire face aux enjeux posés par les sécheresses, voire accélérer la survenance de déficits hydriques. En effet, l'Ile-de-France ambitionne une agriculture régionale et de proximité (Région Île-de-France, 2021[40]) et a fait de la souveraineté alimentaire et du développement économique du secteur des priorités. L'Ile de France soutient des pratiques et infrastructures ayant un effet positif sur la disponibilité en eau des sols ou permettant une plus grande sobriété des usages. Par exemple, la Région encourage l'installation d'agriculteurs, la diversification de pratiques ou la transition écologique, reconnaissant en partie les enjeux liés à l'eau (Région Île-de-France, 2021[40]). La Région consacre par exemple 1 million d'euros par an à l'innovation agricole pour des mesures telles que la préservation de l'eau grâce aux sondes d'irrigation connectées ou la baisse de consommation d'énergie via des robots désherbeurs. Au-delà de ces mesures spécifiques, le développement du secteur dans la région ne semble pas prendre en compte des enjeux de raréfaction de la ressource en eau. Le plan régional comporte aujourd'hui 66 mesures concrètes réparties en 5 défis, et aucune ne mentionne la raréfaction de la ressource en eau. Bien que le souhait d'une diversification des cultures, de la réémergence des vignes et soutien au maraichage soient des objectifs louables, la Région n'évalue pas l'augmentation des besoins en eau nécessaires pour accomplir ce plan, ni les mesures d'accompagnement pour permettre des usages de l'eau efficaces.

Energie

Le choix de l'électrification pour atteindre les objectifs de neutralité carbone à 2050 tels que prévus par la stratégie française pour l'énergie et le climat pourrait s'avérer vulnérable en cas de sécheresse. La décarbonation de l'énergie nécessite une augmentation de la part de l'électricité et un recours aux énergies renouvelables dans des proportions qui varient selon l'avenir du nucléaire en France (RTE, 2021[41]). Ainsi il est envisagé une augmentation globale de l'électrification de 35% d'ici 2050 essentiellement liée à l'électrification des transports mais aussi le déploiement des technologies d'hydrogène vert et de la consommation du secteur industriel. Cette transition reposerait soit intégralement sur les énergies renouvelables ou un équilibre entre énergies renouvelables et énergie nucléaire (de 13% à 50% de nucléaire). Cette électrification pourrait même être plus importante selon le Plan de Sobriété Énergétique qui prévoit une augmentation de l'électricité de 55% d'ici 2050 et une réduction de la consommation d'énergie allant de 40 à 50% à cette même échéance (France, 2022[42]).

Les sécheresses induites par le changement climatique peuvent accroître la vulnérabilité du secteur énergétique dans l'optique d'une dépendance accrue à l'énergie nucléaire et à la production hydraulique. Selon RTE, les centrales nucléaires existantes situées en bord de fleuve seront plus régulièrement affectées par des périodes de forte chaleur et de sécheresse, avec des impacts significatifs sur la puissance électrique (RTE, 2021[41]). RTE mentionne par exemple le rôle des aéroréfrigérants qui seront imposés aux centrales en bord de fleuve. Le réseau d'électricité étant national, tout enjeu de raréfaction de l'eau sur le réseau électrique se répercuterait à la région parisienne. Il n'est d'ailleurs pas improbable de voir la production électrique affectée par la sécheresse ou une eau indisponible en raison de sa température trop élevée. Par exemple, en 2022, la production hydraulique a reculé de 20% par rapport à la moyenne 2014-2019 (RTE, 2022[43]). Or, en cas de sécheresse, le rôle des barrages pourrait être remis en cause pour assouvir d'autres usages. De même, en 2022, quatre centrales nucléaires situées en bord de fleuve n'ont pu continuer de fonctionner à régime réduit que grâce à des dérogations (ASN, 2022[44]).

Si les collectivités ont peu de marge de manœuvre sur la sécurité énergétique nationale, leurs stratégies climat reposent indirectement sur les ressources fluviales avec une prise en compte inégale des enjeux liés aux sécheresses. Ainsi, la Région Ile-de-France prévoit le développement de la mobilité propre s'appuyant sur l'électrification des usages pour faire face à l'augmentation des emplois tertiaires, de la population et des logements neufs (Région Île-de-France, 2013[45]). Cette augmentation de la consommation électrique est prévue sans évaluer les risques induits par le changement climatique sur les ressources en eau et le réseau national. De même, la Ville de Paris prévoit un mix énergétique reposant entièrement sur des énergies renouvelables, tels que le triplement de la production des réseaux de froid et une baisse des consommations. Aujourd'hui, les réseaux de froid de la Ville de Paris sont tributaires de la Seine (73% des sites dépendent des ressources fluviales) et pourraient être de plus en plus affectés par des restrictions en raison des normes de températures en période estivale. Selon le schéma directeur du réseau de froid parisien, la quantité d'énergie livrée par leur réseau devrait atteindre 1000 GWh/an en 2050, soit une multiplication par 2,5 de la puissance actuellement délivrée (Ville de Paris, 2019[46]). Toutefois, selon Fraicheur de Paris, la stratégie de développement du réseau repose de plus en plus sur des installations qui ne seront pas dépendantes de la température de la Seine et donc a priori plus résilientes à la raréfaction de l'eau.

Conclusion

Les stratégies d'adaptation, résilience ou plans climats développés à toutes les échelles administratives convergent vers une réduction de la vulnérabilité au risque de raréfaction de l'eau induit par les sécheresses. À l'échelle nationale, le Plan Eau prévoit la réduction des prélèvements d'eau permettant de réduire l'occurrence d'épisodes de raréfaction de l'eau et de limiter la dépendance des acteurs régionaux aux ressources en eau. Le partage des ressources et l'efficacité des usages ainsi que l'amélioration des connaissances sont des axes centraux du plan. Le Plan prévoit également des efforts pour maintenir, voire améliorer la qualité de l'eau, permettant de limiter les risques d'indisponibilité de l'eau liés à une moindre dilution des polluants. Enfin, le plan envisage le recours à de nouvelles infrastructures. Tous ces objectifs sont retranscrits dans le programme de mesures de l'agence de l'eau Seine-Normandie. Enfin, à l'échelle des collectivités, l'enjeu est bien à la réduction des prélèvements et à la qualité de l'eau et des milieux.

Les efforts poursuivis à l'échelle nationale pour faciliter l'évaluation des risques induits par le changement climatique sur les ressources en eau seront cruciaux pour renforcer les stratégies existantes. Il n'existe pour l'instant pas d'évaluation quantifiée offre-besoins à moyen-long terme permettant de tenir compte des changements climatiques. En l'absence d'une telle évaluation, les diverses stratégies d'adaptation ne peuvent calibrer les efforts et objectifs à atteindre pour faire face à la raréfaction de l'eau future. La récente mise à disposition des travaux d'Explore 2 contribuent au renforcement des connaissances liées à l'offre en eau future. Des travaux portant sur la connaissance de la demande à venir ont également été mentionnés, sans cadre précis.

Enfin, la stratégie de résilience au risque de raréfaction résumée dans le Plan Eau à l'échelle nationale pourrait être incohérente avec les politiques énergétiques et agricoles soutenues à l'échelle nationale, avec des répercussions sur la région parisienne. C'est également le cas de certaines politiques portées cette fois par les collectivités, telles que le déploiement des réseaux de fraîcheur, ou les politiques d'urbanisme. L'absence d'approche transversale peut créer de nouvelles vulnérabilités qui mériteraient *à tout le moins* d'être identifiées pour s'y préparer et s'adapter. Lorsque cela est possible, un meilleur alignement des politiques favoriserait la résilience au risque de raréfaction de l'eau.

Références

Agence de l'Eau Seine Normandie (2023), *Stratégie d'adaptation au changement climatique*, https://www.eau-seine-normandie.fr/domaines-d-action/strategie_adaptation_climatique. [29]

Agence de l'Eau Seine Normandie (2019), *Etat des lieux du bassin versant Seine Normandie*, https://www.eau-seine-normandie.fr/sites/public_file/inline-files/AESN_Classeur.pdf. [28]

Agence de l'eau Seine Normandie (2023), *https://www.turbeau.eau-seine-normandie.fr/.* [37]

Ajuntament de Barcelona (2018), *Climate Plan 2018-2030*, https://www.barcelona.cat/barcelona-pel-clima/sites/default/files/documents/climate_plan_maig.pdf. [4]

Aquavesc, SEDIF, Sénéo, Ville de Paris (2020), *Etude relative à la sécurisation de l'alimentation en eau potable de la zone interconnectée.* [10]

Aqui'Brie (2023), *Compte-rendu du 5ème GT irrigation*, https://www.aquibrie.fr/sites/default/files/20230310_compterendu_gt5irrigation_selectionvarietalepdt_champigny2060.pdf. [39]

ASN (2022), *L'ASN modifie temporairement ses prescriptions encadrant les rejets thermiques des centrales nucléaires de Blayais, Bugey, Golfech, Saint-Alban et Tricastin.* [44]

Boé, J. et al. (2018), *Scénarios sécheresse sur le bassin Seine-Normandie.* [27]

Climate Change Commission (2019), *Water Stress and Resilience: Outcomes Water stress case study*, https://www.theccc.org.uk/wp-content/uploads/2019/07/Outcomes-Water-stress-case-study.pdf. [25]

Cour des Comptes européenne (2021), *La PAC et l'utilisation durable de l'eau dans l'agriculture*, https://www.eca.europa.eu/fr/publications?did=59355#:~:text=Page%20Image-,Rapport%20sp%C3%A9cial%2020%2F2021%3A%20La%20PAC%20et%20l%27utilisation,plus%20qu%27%C3%A0%20consommer%20mieux&text=Un%20quart%20du%20volume%20total,%2C%20principalement%20%C3%A0%20. [38]

Department of Agriculture (2019), *Australian Government Drought Response, Resilience and Preparedness Plan*, https://www.agriculture.gov.au/sites/default/files/documents/aust-govt-drought-response-plan_0.pdf. [21]

DRIEAT (2023), *Comprendre la sécheresse en Ile-de-France*, https://www.drieat.ile-de-france.developpement-durable.gouv.fr/comprendre-la-secheresse-en-ile-de-france-a3476.html. [16]

Eau de Paris (2021), *La transition écologique au cœur de la stratégie d'entreprise 2021-26*, https://www.eaudeparis.fr/sites/default/files/2022-05/EDP_BROCHURE-TRANSITION-20220404-BD_compressed.pdf. [36]

Environment Agency (2020), *Meeting our Future Water Needs: A national framework for water resources.* [2]

EPTB Seine Grands Lacs (2022), *Étude d'évaluation des impacts socio-économiques et environnementaux d'étiages et de sécheresses sévères sur le bassin amont de la Seine*. [6]

Estrela, T. et E. Vargas (2012), « Drought Management Plans in the European Union. The Case of Spain », *Water Resources Management*, vol. 26/6, pp. 1537-1553, https://doi.org/10.1007/s11269-011-9971-2. [15]

Federal Environment Ministry (2023), *National Water Strategy*, https://www.bmuv.de/fileadmin/Daten_BMU/Download_PDF/Binnengewaesser/nationale_wasserstrategie_2023_en_bf.pdf. [19]

France (2023), *Plan d'action pour une gestion résiliente et concertée de l'eau*, https://www.ecologie.gouv.fr/sites/default/files/MAR2023_DP-PLAN%20EAU__BAT%20%281%29_en%20pdf%20rendu%20accessible.pdf. [24]

France (2022), *Assises de l'Eau*, https://www.ecologie.gouv.fr/assises-leau. [23]

France (2022), *décret du 29 juillet 2022 relatif à la gestion quantitative de la ressource en dehors de la période de basses eaux*. [22]

France (2022), *https://www.vie-publique.fr/en-bref/289359-rechauffement-climatique-4-degres-celsius-en-france-en-2100*. [18]

France (2022), *Plan de sobriété énergétique*, https://www.ecologie.gouv.fr/sites/default/files/dp-plan-sobriete.pdf. [42]

France (2021), *Loi n° 2021-1104 du 22 août 2021 portant lutte contre le dérèglement climatique et renforcement de la résilience face à ses effets*, https://www.legifrance.gouv.fr/jorf/id/JORFTEXT000043956924. [14]

GIEC (2022), *6ème Évaluation, Groupe de Travail 2 : Impacts, adaptation et vulnérabilité*, https://doi.org/10.1017/9781009325844. [1]

GOV UK (2023), *Water resources planning guideline*. [26]

IGEDD (2019), *Retour d'expérience sur la gestion de la sécheresse 2019 dans le domaine de l'eau*, https://igedd.documentation.developpement-durable.gouv.fr/documents/Affaires-0011654/012985-01_rapport-publie.pdf. [13]

Institut Paris Région (2022), *Vulnérabilités de l'Île-de-France aux effets du changement climatique*, https://www.arec-idf.fr/nos-travaux/publications/vulnerabilites-de-lile-de-france-aux-effets-du-changement-climatique/. [7]

Mens, M. et al. (2022), « Integrated drought risk assessment to support adaptive policy making in the Netherlands », https://doi.org/10.5194/nhess-2021-407. [11]

Métropole du Grand Paris (2018), *Plan Climat Air Energie*. [31]

Ministère de la Transition écologique et de la Cohésion des territoires (2018), *Plan national d'adaptation au changement climatique 2*. [17]

Ministère de l'Écologie, D. (2012), *Projet Explore 2070*. [5]

National Infrastructure Commission (2018), *Preparing for a drier future*, https://nic.org.uk/app/uploads/NIC-Preparing-for-a-Drier-Future-26-April-2018.pdf. [3]

Pays-Bas (2023), *National Delta Programme*, https://english.deltaprogramma.nl/delta-programme/delta-programme-2011-2023. [20]

Région Île-de-France (2022), *Plan de protection, de résistance et d'adaptation de la région Île-de-France*, https://www.iledefrance.fr/sites/default/files/medias/2022/09/CR2022-058_0.pdf. [30]

Région Île-de-France (2021), *Le Plan régional pour une alimentation locale, durable et solidaire*, https://www.iledefrance.fr/sites/default/files/medias/2021/02/CR2021-001.pdf. [40]

Région Île-de-France (2013), *SDRIF*. [45]

RTE (2022), *Bilan électrique 2022 : Un système électrique français résilient face à la crise énergétique*. [43]

RTE (2021), *Futurs Énergétiques 2050*, https://assets.rte-france.com/prod/public/2021-10/Futurs-Energetiques-2050-principaux-resultats_0.pdf. [41]

SEDIF (2022), *« Ultime sécurité » : anticipation, innovation et investissement*, https://www.sedif.com/node/1346. [35]

Thames Water (2023), *Draft Water Resources Management Plan 2024*, https://thames-wrmp.co.uk/assets/images/documents/non-technical-summary.pdf. [12]

TNS Sofres-C.I. eau (2020), *Baromètre Tns-Sofres/CIEAU sur la crainte des pénuries d'eau*. [9]

Ville de Paris (2023), *Paris à 50°*, https://www.paris.fr/pages/paris-50-c-un-exercice-grandeur-nature-pour-se-preparer-aux-chaleurs-extremes-243222. [34]

Ville de Paris (2023), *Projet de Plan Climat Air Energie 2024-30*, https://cdn.paris.fr/paris/2024/02/09/projetplanclimatparis2024-2030_adopte-07VX.pdf. [33]

Ville de Paris (2021), *Diagnostic de robustesse et de vulnérabilité de la Ville de Paris*. [8]

Ville de Paris (2019), *Schéma directeur du réseau de froid*. [46]

Ville de Paris (2019), *Stratégie de résilience de la Ville de Paris*, https://cdn.paris.fr/paris/2019/07/24/ebc807dec56112639d506469b3b67421.pdf. [32]

Notes

[1] Climat HD, DRIAS

[2] Communauté d'agglomération de Troyes Champagne Métropole, Communauté d'agglomération du Pays de Meaux, Communauté d'agglomération Saint-Dizier, Der et Blaise

4 Mesures pour accroître la résilience de l'Ile-de-France aux sécheresses induites par le changement climatique

Ce chapitre donne un aperçu des mesures mises en place dans la région pour faire face aux sécheresses futures et évalue leur robustesse. L'ensemble des mesures considérées recouvre les mesures de gestion de la demande en eau ou sobriété (e. g, sensibilisation, régimes d'allocation, prix), les mesures de gestion de l'offre en eau ou d'optimisation des ressources (e. g, infrastructures, recours aux eaux non conventionnelles).

4.1. Introduction

Les mesures de résilience requises pour faire face aux risques induits par les sécheresses s'appuient sur une gestion de l'offre et de la demande en eau. La sensibilisation des citoyens au risque de raréfaction et au potentiel des économies d'eau joue un rôle important sur la demande d'eau. Le recours à des technologies telles que les kits d'économie d'eau permettent de réduire les consommations d'eau. De même, la tarification de l'eau ou les régimes d'allocation permettent d'inciter les consommateurs à repenser leurs usages dans certains cas. Les mesures d'optimisation des ressources agissent sur l'offre d'eau à l'instar des mesures qui facilitent la recharge des nappes et accroissent les stocks d'eau disponibles en prévision des sécheresses. Les infrastructures permettent également de mobiliser des ressources dites non conventionnelles (eaux pluviales, grises ou usées) et contribuent à réduire les prélèvements en rivières ou dans les nappes en réutilisant des ressources existantes.

Ce chapitre évalue la robustesse des mesures de résilience actuelles et les ajustements nécessaires pour garantir la résilience future de la région au risque de raréfaction de l'eau induit par les sécheresses. Il aborde la nécessité et l'utilité de déterminer un objectif de résilience (4.2). Il propose ensuite un aperçu et une discussion sur les mesures en place aujourd'hui pour faire face au risque de raréfaction de l'eau dans la région parisienne. Les mesures sont présentées en fonction de leur action sur la demande (4.3) et l'offre (4.4) en eau. Si les enjeux de qualité sont cruciaux pour faire face à la moindre dilution des milieux lors des étiages, ce chapitre se concentrera en priorité sur les mesures permettant d'agir sur la quantité des ressources. En effet, les mesures liées à la qualité de l'eau sont nécessaires indépendamment du changement climatique et des objectifs mesurables et clairement identifiés par les agences de l'eau existent déjà. Néanmoins, il n'existe pas de projections fiables permettant d'évaluer les concentrations de polluants d'ici 2050 et de sélectionner des mesures cohérentes.

4.2. Sélectionner des mesures cohérentes avec le contexte régional

4.2.1. Sélectionner les mesures en fonction d'un objectif précis

Le choix des mesures de résilience doit être proportionné à l'objectif de performance souhaité ou objectif de résilience. Définir l'objectif de résilience à atteindre permet de définir le niveau d'effort à fournir et donc le type de mesures à mettre en place. Par exemple, le Royaume-Uni a pour objectif de résilience d'éviter de déclencher le niveau de crise défini correspondant à leur régime de gestion des sécheresses, comparable au régime français (Encadré 4.1) dans le cas d'une sécheresse de temps de retour 500 ans (GOV UK, 2023[1]). En considérant que ce type de sécheresse est un cas sévère tel qu'étudié au chapitre 2, cela signifierait pour la région Ile-de-France qu'elle ne tolérerait aucune restriction de navigation fluviale, d'irrigation, des prélèvements industriels et de l'arrosage des espaces verts urbains et équipements sportifs. Aujourd'hui si ce type de sécheresse se produisait, de telles restrictions seraient appliquées jusqu'à 166 jours [1] (Chapitre 2). Elle tolèrerait en revanche des limitations horaires d'arrosage ou d'irrigation telles que requises par le niveau d'alerte renforcée du dispositif d'arrêté sécheresse.

Encadré 4.1. Arrêté sécheresse en France : Une mesure de gestion des sécheresses

Les arrêtés sécheresse définissent un système de restrictions graduelles allant d'une sensibilisation à des interdictions de prélèvement, c'est-à-dire la raréfaction de l'eau pour l'usager affecté. Ces restrictions reflètent le dépassement de seuils ou niveaux de débits ou de nappes fixés pour différentes stations situées sur les rivières et nappes. La gradation permet d'anticiper le risque en mobilisant les usagers dès les premiers signes d'étiage. Il s'agit de mesures progressives visant à réduire les prélèvements d'eau pour préserver la ressource existante. Il existe 4 seuils de risque :

- Vigilance : Informer et inciter les usagers à économiser l'eau
- Alerte et Alerte Renforcée : Réduire les prélèvements jusqu'à 50% d'économie d'eau
- Crise : Interdictions pour préserver les usages prioritaires

À l'échelle nationale, il existe un objectif de réduction des prélèvements supposé renforcer la résilience des bassins versants. Le Plan Eau élaboré par le gouvernement français propose un ensemble d'objectifs, tels que la réduction des prélèvements d'eau de 10% d'ici 2030 et un nombre de projets de réutilisation des eaux non conventionnelles d'ici 2027. Ces objectifs doivent être ensuite traduits à l'échelle des bassins versants pour refléter les enjeux spécifiques à chacun.

Cet objectif ne traduit néanmoins pas un niveau de résilience ou de risque acceptable à l'échelle nationale comme locale et pourrait s'avérer insuffisant. Si une réduction des prélèvements, ainsi que la protection et mobilisation de ressources sont des objectifs permettant d'accroître la résilience des territoires français, ils ne reflètent pas une évaluation précise du risque ni un niveau de protection spécifique. En réduisant de 10% les prélèvements actuels, la région pourrait toujours connaître des restrictions d'usage de l'eau telles que définies par le régime de crise d'arrêté sécheresse actuelle. De plus, ces objectifs ne tiennent pas compte des enjeux à long terme du changement climatique sur les ressources.

La définition d'un objectif de résilience est un compromis entre les coûts d'adaptation et les coûts induits par l'inaction, tous deux complexes à évaluer. Selon le niveau de risque de raréfaction accepté, les objectifs de réduction de volumes de prélèvements peuvent varier significativement. Par exemple, un objectif consistant à éviter d'atteindre le niveau de crise des arrêtés sécheresse induit des ambitions moindres en termes de réduction des prélèvements que s'il s'agissait de ne jamais dépasser le seuil de vigilance. De même, définir les volumes de réduction nécessaires dépend de l'approche poursuivie. Ces volumes peuvent être calculés comme étant le déficit d'eau observé en cas de dépassement du seuil de crise ou de vigilance, et qu'il faudrait mobiliser en amont. Une autre approche, plus systémique mais aussi plus conservatrice, consiste à intégrer les enjeux de dynamique hydrologique à long-terme, tels que la recharge des nappes, et d'envisager une réduction des prélèvements homogènes au cours de l'année. Le choix de l'approche mérite une discussion approfondie avec l'agence de l'eau.

4.2.2. Identifier une combinaison de mesures adaptées aux acteurs et au territoire

La stratégie d'adaptation au changement climatique du bassin versant Seine Normandie définit une hiérarchie des mesures de résilience pertinente pour réduire les prélèvements sur le bassin (Agence de l'Eau Seine Normandie, 2023[2]). Pour réduire les pressions anthropiques sur les ressources en eau et par conséquent les prélèvements d'eau, la stratégie d'adaptation du bassin donne priorité aux mesures visant à accroître la sobriété des usagers. En réduisant les consommations d'eau, ces mesures réduisent la dépendance des usagers à l'eau et donc leur vulnérabilité en cas de sécheresse. De plus, cela permet de protéger les ressources en amont en réduisant ainsi le risque de raréfaction de l'eau. La stratégie de résilience du bassin encourage ensuite le recours aux mesures de gestion de l'offre en eau.

Les solutions fondées sur la nature sont ainsi le deuxième axe à privilégier en raison de leurs bénéfices multiples et car il s'agit de solutions « sans regret ». Enfin, l'usage de technologies peut être envisagé si nécessaire.

L'agence de l'eau Seine-Normandie propose une trajectoire de réduction des prélèvements par acteur, qui donne une indication de l'effort attendu par chaque acteur. L'agence de l'eau Seine-Normandie a retranscrit les objectifs d'une réduction des prélèvements d'eau de 10% d'ici 2030 en trajectoires de réductions pour les prélèvements d'eau potable, industriels et d'irrigation. Face aux progrès réalisés par les usagers d'eau potable et industriels, l'agence préconise ainsi de réduire les prélèvements de ces deux secteurs respectivement de 14% et 4% (Agence de l'Eau Seine Normandie, 2023[2]). Consciente de la marginalité des prélèvements agricoles, et des besoins croissants anticipés pour faire face au changement climatique, l'agence de l'eau prévoit de maintenir les prélèvements pour irrigation à leurs niveaux actuels. Il s'agit d'un défi lorsqu'on compare cet objectif à la tendance d'augmentation des prélèvements actuelle qui conduirait à une augmentation de 45% de ceux-ci d'ici 2050 (Chapitre 2).

Afin de privilégier les mesures de sobriété, il est nécessaire de connaître de façon précise les profils de consommation et efforts déjà fournis par les usagers. Le Syndicat des Eaux d'Ile-de-France (SEDIF) a évalué les consommations de certaines collectivités desservies et a réalisé que certains équipements tels que les gymnases scolaires ou les écoles étaient victimes de fuites importantes et surconsommaient inutilement de l'eau. A l'inverse, le SEDIF a récemment réévalué la consommation d'eau des ménages sur son périmètre. Cette consommation serait de 100 litres par personne, par jour (INSEE, 2023[3]), avec de fortes disparités selon le niveau de vie ou la commune (de 78 à 138 litres par personne par jour). Ainsi, la marge de manœuvre pour réduire la consommation d'eau domestique des foyers pourrait être limitée selon les usagers. Dans la suite de ce rapport, en l'absence de données sur l'Ile-de-France, la répartition d'eau potable s'inspirera de celle évaluée pour la Ville de Paris, c'est-à-dire 60% pour le résidentiel, 9.1% pour les activités économiques telles que les bureaux, commerces ou tourisme et 1.1% pour les hôpitaux par exemple (APUR, 2022[4]). Enfin, si le recours à l'irrigation peut être justifié face aux effets du changement climatique, des efforts variables pourront être consentis selon le type d'exploitation ou de cultures.

Il n'existe pas de diagnostic des consommations existantes permettant de préciser les efforts de sobriété à fournir selon le type d'usagers. À l'exception de l'étude de l'INSEE sur le périmètre du SEDIF, ou celle de l'Agence d'urbanisme de Paris qui infère des consommations d'eau potable à l'échelle de Paris (APUR, 2022[4]), peu d'études sont conduites pour adapter les politiques de sobriété aux usagers. Cela s'explique par l'absence de compteurs individuels permettant de suivre les consommations d'eau dans la majorité des habitats de la région. De même, un diagnostic des consommations permettrait de différencier les entreprises déjà vertueuses de celles qui peuvent réduire leur utilisation de l'eau. Enfin, une politique claire permettant de soutenir certaines cultures pour l'irrigation et une allocation des ressources en eau adaptée est nécessaire pour atteindre une cible de prélèvements constants pour l'irrigation.

Toutefois, même sans ce diagnostic, il s'avère que les mesures de sobriété pourraient ne pas suffire à réduire les prélèvements d'eau envisagés par l'agence de l'eau. La consommation d'eau potable résidentielle de la région est en-dessous de la moyenne française de 148 litres,[2] et relativement basse comparativement aux autres pays de l'OCDE (Chapitre 2). L'Organisation Mondiale de la Santé considère qu'une consommation d'eau potable décente se situe entre 50 et 100 litres d'eau par jour et par personne (Nations Unies, s.d.[5]). Par conséquent, pour les foyers, la réduction des consommations pourra s'effectuer dans ces limites. Pour d'autres usagers, tels que les municipalités en charge du nettoyage des voiries, la réduction des consommations est probablement davantage limitée car les besoins de nettoyage ne sont pas amenés à diminuer. Alors que la France poursuit une politique de réindustrialisation, réduire les prélèvements d'eau par le biais de politiques de sobriété uniquement pourrait également s'avérer complexe. Enfin, alors que la région Ile-de-France poursuit une logique d'amélioration de sa souveraineté alimentaire, via par exemple le développement de cultures maraichères, la trajectoire de réduction des prélèvements agricoles pourrait s'avérer complexe sans mesure de gestion de l'offre en eau.

Accroître la résilience de la région nécessite une combinaison stratégique de mesures de gestion de l'offre et de la demande en eau. Face à la marge de manœuvre limitée en matière de sobriété des industriels, agriculteurs et certains usagers d'eau potable, les collectivités de la région Ile-de-France considèrent des mesures complémentaires pour mobiliser des ressources supplémentaires telles que les eaux pluviales ou de piscine, mais aussi les solutions fondées sur la nature.

Toutefois, ces mesures doivent être adaptées au contexte. Certaines zones de la région sont par exemple plus vulnérables comme en atteste l'hétérogénéité spatiale des mesures de restrictions d'eau lors de la sécheresse 2019 (Graphique 4.1). La nature des sols définit la capacité d'infiltration de l'eau et conditionne une recharge efficace des nappes. Le pouvoir de rétention en eau des sols augmente par exemple avec la teneur en matière organique des sols (Agence de l'Eau Seine Normandie, 2023[2]). Ainsi, des mesures davantage ciblées sur les pratiques agricoles dans les territoires ruraux est probablement une priorité au vu des niveaux de prélèvements relativement plus faibles. A l'inverse, en territoire urbain, une des priorités pourrait être de lutter contre l'artificialisation des sols. De même, le profil des consommations d'eau varie fortement entre les territoires marqués par l'habitat dense collectif (e. g Paris) et ceux marqués par les résidences individuelles (e. g territoires ruraux).

Graphique 4.1. Vulnérabilité géographique de la région Ile-de-France : Exemple de la sécheresse 2019

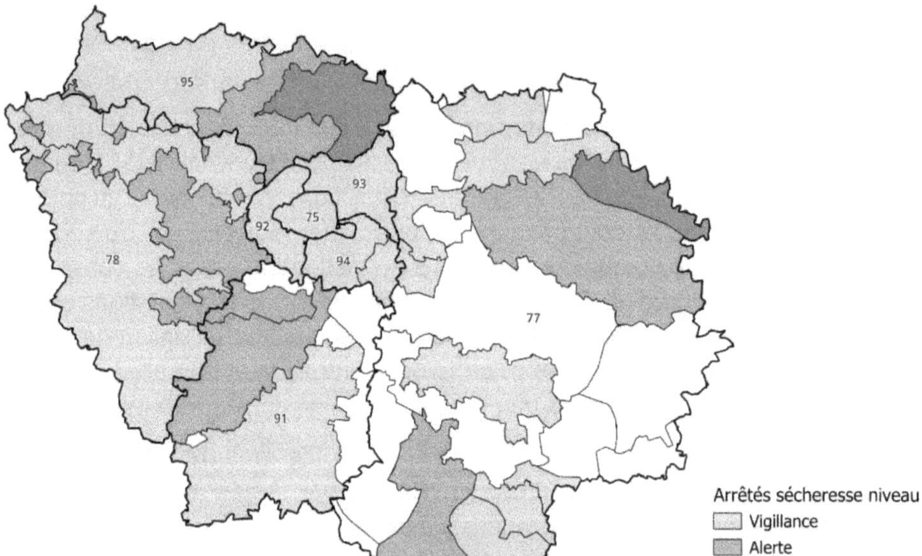

Source : Auteurs d'après les données Propluvia.

Une évaluation coût-efficacité des différentes mesures peut se révéler utile pour identifier des mesures prioritaires. Des exemples de sélection de mesures sont proposés dans l'Encadré 4.2.

Encadré 4.2. Exemples de sélection de mesures au Royaume-Uni et aux Pays-Bas

Royaume-Uni, Région du Sud-Est

Dans le Sud-Est du Royaume-Uni, une alliance de six opérateurs d'eau (*Water Resources South East*) a conçu un programme de mesures prioritaires pour atteindre les objectifs de résilience de la région. Ce programme identifie des mesures à implémenter de façon progressive, pour différents scénarios démographiques et climatiques. Pour chaque scénario prospectif, une quantité d'eau à assurer a été déterminée pour atteindre les objectifs de résilience fixés au niveau national. 1400 mesures sont évaluées pour définir quelles combinaisons d'options sont les plus intéressantes en termes de coût-efficacité. Les opérateurs privilégient dans un premier temps des mesures de gestion de la demande en eau et des mesures sans regret. Par exemple, Thames Water, opérateur de Londres prévoit de réduire les prélèvements d'eau dans certaines rivières d'ici 2025, réduire les fuites sur 700km du réseau d'eau grâce à des technologies de pointe, ou réaliser 400 000 audits de consommation d'eau tout en poursuivant les efforts de sensibilisation des populations. En parallèle, avant 2030, Thames Water prévoit de mobiliser de nouvelles ressources, via de la recharge d'aquifères, de la réutilisation des eaux usées traitées et des transferts interbassins. Ces mesures seront renforcées après 2030 en poursuivant les efforts entrepris et en créant de nouveaux réservoirs d'eau.

Pays-Bas

L'élaboration du plan Delta pour l'approvisionnement en eau douce, une étude économique coût-bénéfices a analysé 150 mesures pour différents scénarios climatiques et socio-économiques. L'objectif était d'évaluer l'impact de ces mesures sur le risque de sécheresse, c'est-à-dire de comparer les coûts subis en cas de sécheresse probable en 2050 en tenant compte du changement climatique avec et sans mesure d'adaptation. Ce coût est comparé au coût des mesures d'adaptation. Cette étude a permis de choisir les mesures les plus appropriées d'un point de vue économique dans chaque scénario. Par exemple, dans un scénario dit « modéré », cette étude a montré que certaines mesures avaient des effets positifs sur la réduction des pertes agricoles, sans impact suffisant sur les ressources en eau comparativement au coût des mesures. Elles ne seront pas financées par l'État, mais pourront l'être par les agriculteurs. A l'inverse, certaines mesures sont jugées prioritaires en raison de leur impact positif, à l'instar de la protection du lac Ijsselmeer, l'un des principaux réservoirs d'eau douce du pays qui est victime d'intrusion saline.

Source : (Stratelligence, 2021[6]) (National Delta Programme, 2021[7]) (GOV UK, 2023[1]) (Thames Water, 2023[8]).

4.3. Mesures de gestion de la demande en eau

Cette section explore les mesures de gestion de la demande qui contribuent à réduire la vulnérabilité des acteurs. Parmi ces mesures, les mesures de sensibilisation ou les technologies permettant d'augmenter l'efficacité des usages peuvent être particulièrement efficace en termes de volumes d'eau économisés. D'autres mesures, tels que le tarif de l'eau pourrait s'avérer davantage intéressantes pour les acteurs économiques que pour les foyers. Enfin, s'il est plus complexe d'estimer l'impact de mesures d'encadrement telles que les régimes d'allocation, il s'agit de mesures importantes pour inciter des usages plus vertueux, améliorer le partage des ressources et prévenir de futurs conflits d'usage (Tableau 4.1). Dans cette section, les mesures sont étudiées sous l'angle de la réduction des consommations. Toutefois, ces mesures peuvent également inciter les usagers à recourir à des ressources non conventionnelles (i.e. eaux pluviales, grises, usées…) pour réduire les prélèvements d'eau en limitant la réduction des consommations d'eau. L'utilisation de mesures dans ce cadre est détaillée dans la section suivante.

Tableau 4.1. Exemples de volumes annuels économisés pour différentes mesures d'adaptation

Potentiel de réduction des mesures pour l'usager concerné et contribution à l'objectif de réduction de 10% des prélèvements ou aux objectifs sectoriels fixés à l'échelle du bassin versant

Objectif	Potentiel de réduction	Contribution à l'objectif de réduction de prélèvements 10%	Contribution à l'objectif sectoriel
Déploiement de kits hydro-économes pour 30% des habitations	4-20% par foyer	3-15%.	8-43%
Augmentation du prix de l'eau potable domestique de 10%	1-10%	2.5-25%	7.1-71%
Campagnes de sensibilisation	-9.5% à 32.5%	0-100%	0-100%
Efficacité de l'irrigation (ex-goutte-à-goutte vs aspersion)	15-20%	3-4%	33-44%
Augmentation du prix de l'eau pour l'industrie de 10%	1-24.2%	3-80%	25-100%
Labels et standards	6-10%	5-8%	13-36%

Note : La colonne « Contribution à l'objectif de réduction des prélèvements de 10% pour la région » indique le gain réalisé par la mesure pour atteindre l'objectif final de réduction des prélèvements de 10% fixé par le Plan Eau. La colonne « Contribution à l'objectif sectoriel » permet de qualifier l'efficacité de la mesure pour atteindre l'objectif de réduction imposé à chaque acteur. Par exemple, dans le cas du déploiement des kits hydro-économes, les économies réalisées permettent d'atteindre 47.1% de l'objectif de réduction de prélèvements d'eau potable (i.e. 14%). Ce gain contribue à 16.8% des économies totales qu'il faudrait réaliser pour une réduction des prélèvements de 10%. On considère ici qu'une réduction de la consommation de 1% se traduit par une réduction des prélèvements de 1%, sans tenir compte des pertes d'eau sur les réseaux. Cette approche ne rend pas compte des volumes d'eau restitués par les consommateurs et qui seront prélevés en aval du bassin versant. Toutefois, dans une logique comptable des prélèvements, cette approximation apparait cohérente. L'impact des campagnes de sensibilisation et labels, ainsi que de l'augmentation des prix s'appuie sur une revue de littérature.
Source : Calculs OCDE. (Climate Adapt, 2023[9]) (Ehret et al., 2021[10]) (DRIAAF, 2019[11]).

4.3.1. Sensibilisation et accompagnement des usagers

La sensibilisation au risque de raréfaction permet d'inciter les divers usagers du bassin versant Seine-Normandie à réduire leur consommation d'eau et à orienter consommations et production vers davantage d'efficacité des usages de l'eau. Agir sur la consommation des ménages permet par exemple de faire évoluer les activités de production (industrie et agriculture). Sensibiliser et former le secteur agricole est également important dans la mesure où l'eau est un facteur de production direct.

Campagnes d'information des citoyens

Les campagnes de sensibilisation permettent d'informer sur le risque de sécheresses et d'inciter à davantage de sobriété. Une campagne de sensibilisation peut s'appuyer sur des sources de motivation ou de transformation pour atteindre des objectifs précis de consommation. Ces campagnes peuvent être conduites à l'échelle nationale ou locale, en intégrant des normes sociales ou des messages identitaires misant sur l'appartenance à une ville, une communauté, les avantages financiers liés à une réduction de la consommation d'eau ou tout simplement sur la présumée conscience environnementale. Ce type de campagnes s'est révélé particulièrement efficace pour opérer des changements de comportement en Europe, Australie ou aux États-Unis par exemple (Encadré 4.3).

En France et dans la région Ile-de-France, la sensibilisation s'oriente progressivement vers la prévention du risque mais reste ancrée dans la gestion de crise. Il existe une série d'outils pour communiquer sur les mesures à prendre en cas de crise sécheresse tels que l'interface web Propluvia (Propluvia, s.d.[12]) qui permet de visualiser les départements faisant l'objet d'un arrêté sécheresse, ou des campagnes de communication dès les premiers signaux de risque. Pour compléter ces outils, le gouvernement a lancé en 2023 un nouvel outil, VigiEau pour donner accès aux usagers à des informations personnalisées des risques et suggestions pour réduire sa consommation. En parallèle, les collectivités relaient des messages d'information, qui listent une quantité de gestes simples pour économiser l'eau. L'agence de l'eau Seine Normandie finance également des programmes de formation pour sensibiliser les citoyens et élus aux risques de dégradation de la ressource et aux enjeux de préservation (Agence de l'Eau Seine Normandie, 2021[13]).

Si la sensibilisation est un axe essentiel pour mobiliser les usagers et réduire leur consommation, il convient toutefois de relativiser l'efficacité de ces mesures. En effet, le potentiel de ces mesures dépend du niveau de consommations initial, du type d'environnement (i.e., zone urbaine marquée par un habitat dense collectif ou individuel, zone rurale), de la performance des réseaux d'eau potable ou encore de la disponibilité des ressources (i.e. territoire habitué au stress hydrique ou aux ressources abondantes). Les efforts poursuivis à l'échelle de la France et de la région sont ainsi importants pour impliquer davantage les usagers, mais pourraient s'avérer insuffisants pour atteindre l'objectif de réduction des prélèvements fixés par l'agence de l'eau Seine-Normandie. Il est important de noter que ces campagnes encouragent également le recours à des ressources alternatives, limitant de fait les prélèvements dans les ressources disponibles (Section 4.3).

Encadré 4.3. Efficacité des campagnes de sensibilisation

Melbourne

La campagne Target 155 encourage les citoyens de Melbourne à baisser leur consommation moyenne pour atteindre les 155 litres par jour afin d'absorber les besoins liés à l'augmentation de la population. Cet objectif a été atteint grâce au ciblage des 10% des ménages qui consomment le plus d'eau via l'envoi de questionnaires pour comprendre quels sont leurs postes de consommation et la promotion de mesures de sauvegarde adaptés à leurs usages. Un suivi de la mise en œuvre a été mené.

Atlanta

À Atlanta, aux États-Unis, une expérience a ainsi comparé l'efficacité de 2 campagnes de sensibilisation. La première consistait à envoyer aux usagers des services d'eau une comparaison entre leur consommation et celle de leurs voisins. La deuxième campagne sollicitait l'aide des usagers pour préserver la ressource de la ville. Les usagers du premier groupe ont réduit leur consommation de 4.2% par rapport au deuxième groupe, mettant en avant l'efficacité d'une communication impliquant des normes sociales.

Berlin, Copenhague, Tallin et Saragosse

Une étude s'est intéressée à quatre villes européennes ayant de faibles consommations d'eau résidentielle et des habitats collectifs afin d'évaluer l'efficacité d'un ensemble de mesures de gestion de la demande d'eau sur les niveaux de consommation d'eau domestiques. S'appuyant sur une enquête réalisée auprès des gestionnaires des réseaux d'eau potable, cette étude a permis d'identifier les mesures les plus efficaces permettant d'expliquer la réduction des consommations sur vingt ans. L'étude compare mesures tarifaires, campagnes de sensibilisation aux économies d'eau et campagnes permettant le déploiement de technologies améliorant l'efficacité des usages. À l'exception de Berlin, les campagnes de sensibilisation ont été identifiées comme parmi les mesures les plus efficaces avec les campagnes incitant au déploiement de technologies d'efficacité des usages. Dans le cas de Berlin, la rénovation des réseaux était la mesure la plus efficace, suggérant des enjeux différents.

Source : (Ehret et al., 2021[10]) ; (Stavenhagen, Buurman et Tortajada, 2018[14]).

Les labels et standards contribuent également à la sensibilisation des usagers à leur consommation d'eau. Selon L'Agence de l'Environnement et de la Maîtrise de l'Energie (ADEME), un équipement électroménager économe en eau peut économiser jusqu'à 5 fois les volumes d'eau consommés. En considérant que les usages de l'eau pour le lave-linge et lave-vaisselle représentent 22% des usages d'eau domestique, c'est près de 18 litres d'eau qui peuvent être économisés par jour par foyer. La consommation d'eau peut également figurer dans les normes des bâtiments par exemple, comme le suggère le plan d'action des Assises de l'Eau qui veut intégrer les mesures d'économie d'eau à tout nouveau bâtiment à partir de 2022. De même, l'empreinte eau est un label qui permet de prendre conscience des volumes d'eau nécessaires à la production d'un bien (agricole, industriel ou service) (Encadré 4.4).

La France intègre déjà des informations liées à l'eau dans les labels liés à l'électroménager et envisage la mise en place de l'empreinte eau pour poursuivre cet effort. La France a mis en place une étiquette énergie réglementaire pour les gros appareils électroménagers qui intègrent également la consommation d'eau (Ademe, 2021[15]). Le Plan Eau prévoit également l'affichage de l'empreinte eau d'ici 2024.

Encadré 4.4. Labels et standards : Intégrer les enjeux d'eau aux choix du consommateur

Australie: Water Efficiency Labelling and Standards

Le programme Water Efficiency Labelling and Standards permet d'attribuer à des produits tels que les robinets, toilettes ou douches, un score d'efficacité de la consommation d'eau. Entre 2017 et 2018, ce programme a permis d'économiser 112 milliards de litres d'eau, soit 6% de la consommation domestique et 0.8% de la consommation totale du pays.

Empreinte Eau

En 2002, l'UNESCO propose un indicateur d'empreinte eau des biens produits et consommés. Cet indicateur a vocation à sensibiliser les producteurs et consommateurs aux impacts de l'activité humaine sur la ressource en eau. Ci-dessous figurent quelques indices d'empreinte eau pour la production de biens agricoles. Il s'agit de moyennes mondiales, et des disparités fortes existent selon les régions en raison des pratiques d'irrigation et nature des sols. L'empreinte eau peut contribuer à réorienter les choix de production locale vers des ressources davantage économes en eau, sous l'effet d'une demande accrue pour ce type de produits. Cela est particulièrement le cas pour la région Ile-de-France qui exporte ou transforme une partie de sa production en France et à l'international.

Graphique 4.2. Consommation d'eau moyenne mondiale (litres) pour 1 kg produit

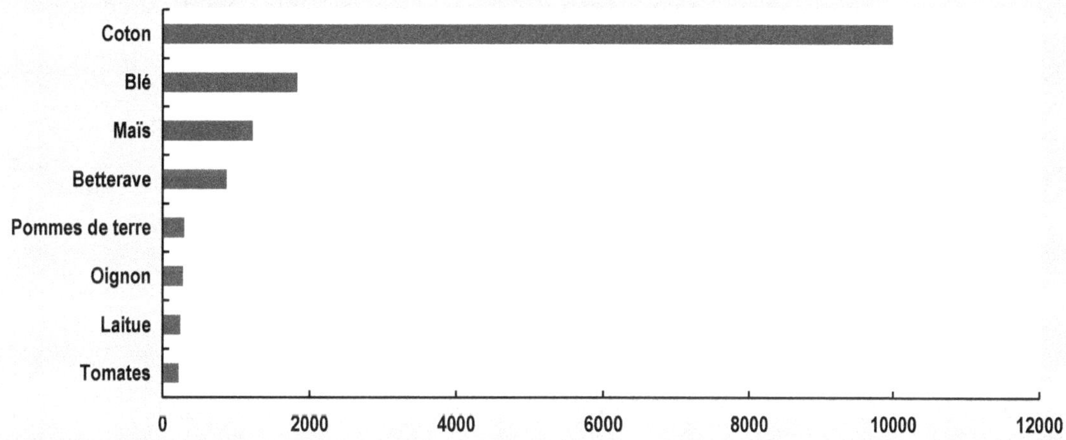

Source : (Mekonnen et Hoekstra, 2011[16]).

Potentiel de l'empreinte eau

En Grèce, une étude a montré que les jeunes consommateurs ne sont pas tout à fait conscients des défis environnementaux liés à l'eau mais seraient favorables à une étiquette quantifiée concernant la consommation d'eau, quel que soit leur niveau d'éducation. Ils se sont même déclarés prêts à payer un supplément pour des produits respectueux de l'eau, même lorsqu'ils ont un emploi instable.

Source : (Australian Bureau of Statistics, 2021[17]) ; (Fane, Grossman et Schlunke, 2020[18]) ; (Water Services Association of Australia, 2019[19]) ; (Nydrioti et Grigoropoulou, 2023[20]) ; (Mekonnen et Hoekstra, 2011[16]).

Formation du secteur agricole

La formation à des pratiques résilientes permet de sensibiliser les usagers à des pratiques moins dépendantes de l'eau et donc moins consommatrices. Par exemple, la mise en place de nouvelles cultures ou nouvelles pratiques agricoles moins consommatrices d'eau est un axe de réduction des consommations d'eau. De même, la conversion de couverts végétaux sensibles aux sécheresses à des espèces plus résilientes permet de renforcer la résilience de la région. La formation est l'un des 3 axes à renforcer en priorité selon le questionnaire de l'OCDE.

La formation du secteur agricole pour faire évoluer les consommations d'eau fait partie des missions poursuivies par le ministère de l'agriculture. Le ministère a notamment élaboré un plan de formation « Enseigner à produire autrement ». Sa première version (2014-2018), a été déclinée dans chaque établissement d'enseignement agricole avec le soutien de la DRIAAF. Ce type de formation permet de sensibiliser les futurs agriculteurs aux enjeux d'adaptation à la raréfaction de l'eau induite par le changement climatique. Ce plan de formation a été actualisé en 2019 pour intégrer les transitions et l'agroécologie.

Les tendances observées en Ile-de-France laissent suggérer un changement à la marge sur la part de cultures économes en eau. Les surfaces occupées par les cultures de de sorgho et tournesol, a priori peu consommatrices d'eau, ont augmenté légèrement entre 2010 et 2022 (Graphique 4.3). Cependant, les surfaces utilisées pour la culture de maïs, de pommes de terre ou de betterave conservent une surface importante. Ces cultures ont recours à l'irrigation sur une partie conséquente de la surface utilisée (7.1% pour le maïs,18.8% pour la betterave, et 69.1% pour les pommes de terre en 2020 (Agreste, 2024[21])). En parallèle, les cultures maraichères qui constituent une part marginale de la surface agricole régionale, pourraient se développer (Région Île-de-France, 2023[22]). Ces cultures sont très dépendantes de l'irrigation (75.4% des surfaces sont irriguées).

Graphique 4.3. Évolution de la surface de cultures emblématiques de la région Ile-de-France

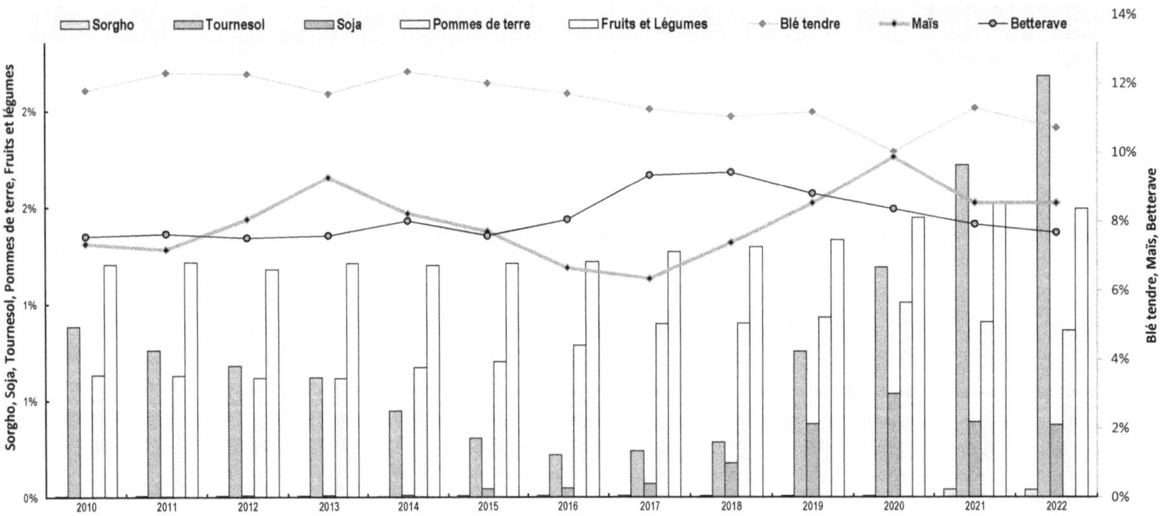

Note : Les proportions correspondent à la surface agricole utile d'une culture donnée ramenée à la surface agricole utile de la région, hors prairies, surfaces en herbes et vergers personnels.
Source : Auteurs, d'après les données Agreste 2012-2022.

Des efforts sont réalisés au niveau local pour accompagner le secteur agricole à faire face aux impacts du changement climatique sur les ressources en eau. La région s'est engagée à faciliter l'accès aux cultures locales via des plateformes d'approvisionnement pour les restaurants scolaires ou le déploiement de boîtes repas « *Paris-Région* ». Ce type de mesures permet de valoriser les cultures locales en leur assurant un marché en cas de transformation des pratiques. La consommation d'eau n'est toutefois pas encore un enjeu identifié par cette démarche. La Chambre d'agriculture d'Ile-de-France soutient les agriculteurs en les informant et les aidant à accéder aux aides telles que celles proposées par le plan France Relance pour l'agroécologie. La DRIAAF observe d'ailleurs une transformation du profil des agriculteurs qui laisse entrevoir des opportunités pour davantage d'agroécologie ou d'adaptation au changement climatique. Toutefois, elle ne considère pas qu'un scénario de rupture soit plausible, d'autant que la part d'irrigation est encore marginale et les demandes nationale et internationale significatives.

Si l'intégration des enjeux climatiques à la formation agricole est essentielle pour faire évoluer les pratiques, celle-ci doit être adaptée aux enjeux futurs du territoire. Aujourd'hui, la surface irriguée de maïs est par exemple limitée (7.1% en 2020 (Agreste, 2024[21])). Toutefois les conditions climatiques de la région pourraient la rapprocher de régions irrigant davantage, telles que la région Val-de-Loire dont 19.1% des surfaces de maïs sont irriguées aujourd'hui (Agreste, 2023[23]). De plus, le développement de l'activité maraichère souhaitée à l'échelle de la région laisse suggérer une augmentation des prélèvements pour irrigation. Comprendre comment les cultures irrigables pourraient voir leurs besoins évoluer avec le changement climatique et évaluer les besoins d'irrigation liés au développement de la production maraichère régionale sont une première étape pour accompagner la transformation du secteur agricole. Dans une logique de maintien des prélèvements pour irrigation, informer sur les risques et enjeux futurs permet de convaincre de l'importance de réduire les consommations d'eau en prévision des conditions futures. Cela permet également de quantifier la part de réduction des prélèvements qui peut être atteinte par des mesures de sobriété uniquement, ou s'il est nécessaire de compléter ces mesures.

Les actions de formation de la profession agricole à des usages économes peuvent également constituer un accompagnement vers des pratiques moins polluantes, permettant des co-bénéfices intéressants. Face à des ressources en diminution, préserver la capacité de dilution des milieux est nécessaire pour éviter la fermeture de captages, des coûts de traitement trop importants voire assurer la disponibilité de la ressource pour l'eau potable. Au niveau de la région parisienne, la régie de la Ville de Paris est également très investie dans l'accompagnement de la profession agricole. Eau de Paris, avec le soutien de l'agence de l'eau Seine-Normandie conduit une série d'actions visant à améliorer la résilience du système d'alimentation en eau potable, réduire les prélèvements, préserver la qualité des ressources en eau, améliorer la connaissance et le suivi des ressources. Pour ce faire, Eau de Paris accompagne des agriculteurs pour réduire, voire supprimer l'usage d'engrais et de pesticides, adopter des modes de culture durables ou à cultiver davantage de prairies. Pour ce faire, Eau de Paris fournit conseil technique, aides financières et met en place des circuits courts permettant d'assurer des marchés aux agriculteurs qui s'engageraient dans ces voies. Si ces projets vont au-delà d'une réduction des prélèvements d'eau, ils contribuent également à la résilience de la région en protégeant les aires de captage et en limitant les risques liés à une moindre dilution des polluants dans l'eau lors des sécheresses.

4.3.2. Technologies

Eau potable

Des technologies simples à mettre en œuvre permettent de réduire les consommations d'eau potable superflues. C'est le cas du matériel hydro-économe comme les mousseurs ou réducteurs de débit. Ces différentes technologies peuvent d'ailleurs être réunies dans des kits d'économie d'eau, distribués par les collectivités ou les opérateurs d'eau. Selon les cas, ce type de kit peut engendrer entre 4% et 20% de baisse des consommations globales du foyer sans altérer le confort des citoyens (SMEREG, 2023[24]) (Ville de Paris, 2023[25]) (Agence Locale de l'Energie Montpellier, 2017[26]). Le potentiel varie toutefois entre les zones urbaines densément peuplées et les communes rurales comme mis en avant par l'expérience réalisée en Gironde entre 2013 et 2015 et qui a permis d'observer une baisse de 4% de la consommation en agglomération contre 12% en moyenne dans des communes de moins de 1000 habitants (SMEREG, 2023[24]).

Le déploiement de kits hydro-économes reste une pratique peu courante en France et dans la région Ile-de-France. L'agglomération de Brive, plusieurs collectivités de Gironde ou le syndicat Eau du bassin rennais[3] ont ainsi subventionné kits d'économies d'eau pour leurs abonnés. En Ile-de-France, le SEDIF peut distribuer sur demande des kits aux usagers les plus vulnérables économiquement (Chambre régionale des comptes Île-de-France, 2022[27]). A Paris, la Ville de Paris et sa régie ont signé une charte avec des bailleurs sociaux et des acteurs de l'habitat privé pour favoriser la mise en place de kits d'économiseurs d'eau et ont observé des économies d'eau de 8% en moyenne pour les foyers (Ville de Paris, 2013[28]). Ces kits ne sont plus distribués.

L'installation de tels kits pourrait néanmoins conduire à des économies d'eau en région parisienne. Selon l'ADEME, 39% de la consommation d'eau est destinée à l'hygiène et 20% au sanitaire. Ainsi, la simple installation de ce type de kits permettrait de diminuer la consommation d'eau d'un francilien relative à ces deux activités de 4.2 à 21 litres par jour. Cela suffirait à atteindre une diminution de la consommation d'eau potable des ménages non équipés de ces technologies de 3.4 à 17%. Cette estimation de la consommation domestique pourrait être revue à la suite du projet de recherche national « Dynamique de consommation et référentiels de l'eau » auquel participe Eau de Paris,[4] régie de la Ville de Paris et qui vise à mieux comprendre les usages de l'eau domestique pour adapter les politiques d'économies d'eau. Les gains potentiels de ces kits restent néanmoins intéressants au vu de l'effort mineur requis.

Le déploiement de ces technologies requiert de sensibiliser les usagers à l'impact de leur utilisation sur la raréfaction de l'eau. Les collectivités peuvent communiquer sur les bénéfices de telles solutions pour sensibiliser les usagers aux économies potentielles en cas d'installation de kits. En effet, le SEDIF indiquait que certains usagers disposaient de kits mais ne l'installaient pas nécessairement, suggérant un enjeu de sensibilisation important. Par ailleurs, la Ville de Paris a indiqué qu'en cas de mousseur devenu inefficace, les particuliers n'en changeaient pas nécessairement, fragilisant l'efficacité d'une politique de distributions de kits sur le long terme.

Il est également possible de déployer des technologies qui permettent d'éviter tout simplement l'utilisation de l'eau. C'est le cas du projet de séparation des urines à la source porté par la Ville de Paris dans l'écoquartier de Saint Vincent de Paul.[5] Le stockage de l'urine est un mode de traitement qui peut intervenir dès la cuvette ou des urinoirs sans chasse d'eau. Ce type de pratiques existe depuis les années 1990 dans les pays scandinaves et reflète une logique d'économie circulaire (Encadré 4.5). Sur le plan de l'assainissement, elle permet des économies d'eau, d'énergie et de réactifs, et favorise la protection des milieux, notamment aquatiques.

Encadré 4.5. Exemple de projet de collecte sélective des urines en Suède

L'écovillage suédois de Understenshöjden, est l'un des précurseurs de la collecte sélective des urines. Il abrite 44 logements avec 160 résidents formant une association de propriétaires et locataires. Les résidents ont choisi de mettre en place un système de toilettes à séparation reliées à un réseau de collecte des urines. Ces urines sont stockées dans deux citernes de 40 m3 chacune, et lorsqu'une citerne est pleine, l'urine est dirigée vers l'autre. Un agriculteur se charge de collecter ces urines chaque année pour les utiliser comme engrais pour les cultures céréalières.

Source : (Arc'Eau, 2021[29]).

Ce type d'approches semble davantage adaptée à l'habitat peu dense (Arc'Eau, 2021[29]) **et nécessite un système de stockage ou traitement adapté, ce qui présente des coûts importants.** De plus, au vu des infrastructures de séparation nécessaires, les bénéfices pourraient s'avérer trop faibles aux regards des coûts de mise en œuvre dans le bâti existant.

Agriculture

Dans le secteur agricole, des incitations financières peuvent faciliter l'adoption de technologies augmentant l'efficacité des usages de l'eau (e. g goutte-à-goutte, sondes d'humidité des sols). C'est par exemple ce qu'a fait le bassin Murray Darling en Australie en finançant l'amélioration des infrastructures d'irrigation pour permettre une réallocation des volumes d'eau utilisés jusqu'alors pour l'agriculture à d'autres usages (Wheeler et al., 2020[30]).

Toutefois, améliorer l'efficacité des usages de l'eau requiert d'encadrer l'usage des volumes ainsi économisés. Les incitations financières permettant un gain d'efficacité peuvent en effet conduire à des effets rebonds, à l'instar de ce qui a été observé en Australie où les irrigants ayant bénéficié de subventions ont vu leurs prélèvements augmenter de 21 à 28%.

4.3.3. Régimes d'allocation de l'eau

Les régimes d'allocation d'eau peuvent contribuer à réduire les consommations d'eau en allouant des volumes d'eau adaptés aux ressources disponibles. Un régime d'allocation de l'eau recouvre « l'ensemble des politiques, mécanismes et modes de gouvernance (par exemple, des droits, autorisations, ou permis) utilisés pour déterminer qui est autorisé à prélever de l'eau, en quelle quantité et quand » (OCDE, 2021[31]). Les régimes d'allocation peuvent intégrer les enjeux climatiques et encadrer les prélèvements futurs pour anticiper une réduction de la ressource. 57% des pays de l'OCDE, y compris la France, n'intègrent pas le changement climatique à leur régime d'allocation (OCDE, 2015[32]).

Aujourd'hui, l'intégration des enjeux climatiques au régime d'allocation de l'eau français est intrinsèquement liée à son régime d'arrêté sécheresse et donc à la gestion de crise (Encadré 4.1). En effet, bien que la gestion de l'eau française soit guidée par l'objectif de bon état écologique des masses d'eau, le préfet de département autorise tout prélèvement dès lors qu'il n'affecte pas les milieux. Ainsi, hors zones de tension quantitative, les seules mesures prises pour encadrer l'allocation des usages pour faire face au risque de raréfaction de l'eau sont les mesures prises en cas de sécheresse.

Les arrêtés sécheresse peuvent s'avérer contre-productifs dans une logique de résilience au changement climatique. Les arrêtés supposent en effet l'acceptation d'une gestion du risque par restrictions ponctuelles. De plus, l'approche poursuivie par les arrêtés sécheresses est une approche de court-terme qui ne permet donc pas une réduction des consommations structurelle. De plus, les arrêtés sont souvent perçus comme injustes par les usagers car ils ne prennent pas en compte les capacités des différents acteurs ou la répartition de l'effort.

La répétition des arrêtés depuis le début du XXIème siècle interroge sur l'efficacité de cette approche comme seul régime d'allocation de l'eau. En effet, la répétition des arrêtés, supposés être exceptionnels, suggère que les quantités d'eau disponibles ne sont plus suffisantes pour les usages de la région et que ces derniers doivent être adaptés (Graphique 4.4). De plus, il n'existe aujourd'hui aucune mesure de l'évaluation de l'efficacité de ces arrêtés, qu'il s'agisse de leur respect ou de leur impact sur la protection des milieux (IGEDD ; IGA ; CGAAER, 2023[33]). Si le dispositif de gestion de crise est nécessaire, la répétition des épisodes de sécheresse observée depuis 2003 suggère donc de renforcer les mesures de prévention et d'anticiper davantage ce phénomène.

Le régime d'arrêté sécheresse évolue cependant pour intégrer des enjeux de long terme. Ainsi, la loi française (France, 2023[34]) prévoit désormais d'exempter de restrictions un ensemble d'entreprises ayant des impacts potentiels sur l'environnement, les Installations Classées Protection de l'Environnement (ICPE) à condition qu'elles réduisent leur consommation d'eau de façon pérenne. Cette approche peut inciter les usagers à réduire leur consommation car l'allocation de l'eau en période de crise leur serait défavorable.

Toutefois, la région parisienne manque d'une compréhension des risques liés aux prélèvements lui permettant de repenser l'allocation de l'eau en dehors des nappes en tension quantitative. Un régime d'allocation d'eau contribuant à la résilience de la région parisienne requiert une compréhension des risques liés aux impacts cumulés des prélèvements. Les études de volumes prélevables permettent de déterminer le volume maximum qu'il est possible de prélever dans un territoire précis, huit années sur dix tout en garantissant le bon état des milieux aquatiques. Elles sont requises par la circulaire du 30 juin 2008 (Gouvernement, 2008[35]) dans les zones de répartition des eaux pour éviter de réguler les ressources en eau par le biais d'arrêtés sécheresse et mieux anticiper les risques. Ce type d'études permet d'anticiper la raréfaction de l'eau et d'allouer les ressources en tenant compte de l'impact cumulatif des prélèvements. Par exemple, il pourrait être envisagé une réduction progressive au cours du temps des prélèvements autorisés pour inciter à une meilleure efficacité des usages pour faire face aux enjeux du changement climatique.

Graphique 4.4. Évolution de la durée et fréquence des arrêtés en Ile-de-France

Nombre de jours maximum passé dans un niveau d'arrêté pour les grandes rivières d'Ile-de-France (Seine, Marne et Oise)

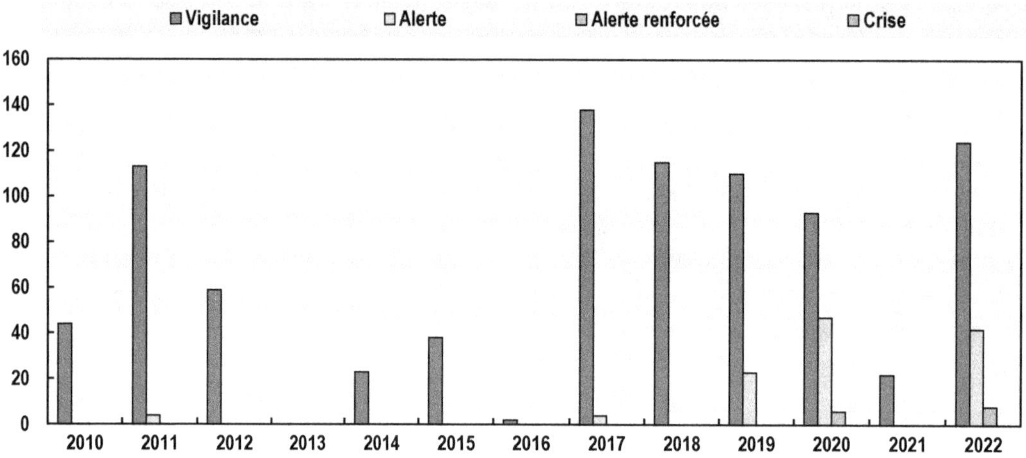

Note : Les grands fleuves sont moins sujets aux arrêtés que les petites rivières qui connaissent de façon plus régulière des arrêtés de crise.
Source : Auteurs d'après les données hydrométriques Hydro portail et les seuils d'arrêtés définis dans les différents arrêtés cadres.

Les approches participatives à l'échelle locale peuvent également améliorer l'allocation de l'eau pour la rendre davantage résiliente au changement climatique. En France, les organismes uniques de gestion collective et les projets de territoire pour la gestion de l'eau (PTGE) envisagent une gestion concertée entre agriculteurs, voire entre tous les usagers d'eau d'un même territoire. Plus localement, face à la vulnérabilité de la nappe du Champigny en région Ile-de-France, l'association Aqui'Brie a organisé des concertations afin de définir des seuils d'allocation pour chaque usager en s'appuyant sur la détermination d'un volume de prélèvement maximal et des principes d'allocation de l'eau dynamiques et flexibles (Encadré 4.6). Cette gestion a permis d'éviter la mise en place d'arrêtés de prélèvement sur la nappe depuis 2013.

Encadré 4.6. Vers une allocation de l'eau flexible

Organisme unique de gestion collective (OUGC)

L'OUGC est une « structure qui a en charge la gestion et la répartition des volumes prélevés à un usage agricole sur un territoire déterminé ». Le rôle de l'OUGC est de déposer une demande d'autorisation de prélèvement unique pluriannuel (AUP) auprès de la DRIEAT. Si cette autorisation est approuvée, l'OUGC détient l'autorisation de prélèvements de l'ensemble des irrigants sur son périmètre de gestion, pour l'eau de surface, nappe, plan d'eau, réserves ou barrages. Puis, l'OUGC répartit l'eau à sa disposition entre les irrigants du périmètre qu'il couvre, et établit des règles pour adapter cette répartition en cas de limitation ou suspension provisoire des usages. Le plan de répartition est approuvé par le préfet. L'OUGC doit également obligatoirement remettre à ce dernier un rapport annuel faisant le bilan des consommations de la saison d'irrigation, ainsi qu'une estimation des besoins de prélèvements à venir. En cas de déficit de la ressource, l'OUGC est chargé de définir des règles de limitation de prélèvement.

Projet de territoire de gestion de l'eau (PTGE)

Les PTGE sont une « démarche permettant d'atteindre, dans la durée, un équilibre entre les besoins et les ressources au niveau local, et, lorsque cela est techniquement et économiquement pertinent, la construction d'ouvrages de stockage d'eau ». Le PTGE est donc un outil de concertation locale entre les différents usagers (eau potable, agriculture, industries, navigation, énergie…), afin de prévenir les conflits d'usage. Ils promeuvent une sobriété des usages sans exclure la possibilité de stocker l'eau ou de la transférer depuis des zones excédentaires en cas de déficit de la ressource en période d'étiage. L'élaboration des PTGE est censée s'appuyer sur une approche prospective, en intégrant les conséquences du changement climatique sur la disponibilité de la ressource en eau.

Aqui'Brie

La nappe du Champigny est une source d'eau majeure pour l'approvisionnement en eau potable des communes de Seine-et-Marne et d'une partie de l'agglomération parisienne. 87% des volumes prélevés sont pour l'alimentation en eau potable (à l'ouest) et 7% pour l'irrigation (à l'est et au centre), provoquant ainsi des disparités territoriales. Dans les années 1990, face à la dégradation qualitative et quantitative de la nappe du Champigny, l'association Aqui'brie, qui regroupe les services de l'État, collectivités territoriales, départements, mairies, l'Agence de l'eau, usagers agricoles et industriels, producteurs d'eau, associations et scientifiques a été créée afin de gérer la nappe de façon concertée. Aqui'brie a proposé une approche de gestion de la nappe fondée sur l'analyse des niveaux de la nappe, la pluviométrie, le débit des rivières et autres données de qualité. Ainsi, sur la base des modèles d'Aqui'Brie, les pouvoirs publics ont par exemple acté une baisse des autorisations de prélèvements de 164 000 m3/jr à 140 000 m3/jr en 2004.

Ces approches participatives sont encore peu développées en région parisienne et n'ont pas permis d'améliorer la résilience de la région. La Chambre d'agriculture suggère que les critères requis pour la mise en place de PTGE sont trop contraignants et complexes (Chambre d'agriculture Ile-de-France, 2023[36]) et réfléchit à des concertations multi-usagers en remplacement. Ce constat semble partagé par l'examen d'une quinzaine de PTGE à l'échelle nationale, mettant en évidence les défis de concertation, d'analyses coût-bénéfice et de procédures nécessaires à leur élaboration (CGEDD&CGAER, 2022[37]). En effet, les PTGE nécessitent d'évaluer qualitativement et quantitativement la ressource en eau, de comprendre les impacts des prélèvements en eau sur les milieux mais aussi socio-économiques. Les défis d'évaluation des volumes prélevables pour faire face aux enjeux futurs constituent un frein à une allocation et gestion efficace des ressources via ces PTGE. De même, si les OUGC se sont développés, ces initiatives ne prévoient pas légalement ou stratégiquement un changement d'allocation des ressources reflétant les enjeux climatiques. Par exemple, sur la nappe de la Beauce, 118 irrigants bénéficient d'une autorisation de prélèvement depuis 2017 dont la gestion a été confiée à la chambre d'agriculture d'Ile-de-France. Cette autorisation est donnée pour quinze ans, et les volumes autorisés sont largement supérieurs aux volumes réellement prélevés, sans incitation à la réduction des consommations ou l'anticipation des évènements climatiques.

Faciliter la concertation pour encourager une allocation plus flexible et qui intègre les enjeux climatiques requiert un accompagnement important. L'expérience d'Aqui'Brie a mis en avant l'importance du rôle d'animation dans une démarche de concertation autour de l'eau. L'association s'appuie sur des animateurs spécialisés pour chaque type d'usagers et un responsable de la concertation. Le rôle du préfet ou des services déconcentrés de l'État est d'ailleurs mis en avant par les rapports d'inspection commandés par le gouvernement pour initier les démarches préalables au PTGE (CGEDD&CGAER, 2022[37]).

Il existe en France des mécanismes de concertation qui ont permis d'intégrer les enjeux des sécheresses favorisées par le changement climatique et révèlent le rôle crucial des acteurs locaux. Dans le bassin Adour-Garonne, des coefficients de réduction de la demande sont appliqués lorsque les demandes de prélèvements excèdent les volumes autorisés. De même, en Ariège, un OUGC a mis en place un système d'allocation d'eau adapté aux cultures et types de sols. Ces exemples restent exceptionnels à l'échelle du pays, et le bilan dressé par le ministère de l'Agriculture est mitigé en raison de leur statut réglementaire parfois insuffisamment clair ou d'opinions divergentes sur le constat posé d'une rareté de l'eau, créant un sentiment d'injustice chez certains acteurs agricoles mis à contribution (CGEDD&CGAER, 2020[38]). Toutefois, lorsque ce type d'initiatives existe, le rôle crucial des acteurs locaux a été mis en avant pour piloter la connaissance et faire émerger des régimes d'allocation flexibles et adaptés aux impacts du changement climatique.

L'accompagnement des acteurs locaux requiert également la mise à disposition de moyens. Face aux enjeux du changement climatique, les syndicats de rivière et syndicats d'étude qui peuvent élaborer des plans d'action de gestion d'eau pour leur rivière ont indiqué leur volonté de travailler davantage sur la question de la gestion quantitative des ressources. Néanmoins, certains syndicats avancent un manque de capacités humaines.

4.3.4. Le signal prix

Les politiques de signal prix sont supposées inciter les usagers à consommer l'eau de façon efficace et contribuer ainsi à l'objectif de sobriété. En augmentant le prix de l'eau, l'objectif est d'orienter et modifier la consommation des usagers qui prennent conscience de sa rareté ou de leur impact sur les ressources en eau. Ces politiques recouvrent à la fois les redevances payées par les usagers au titre des prélèvements d'eau et le tarif pratiqué par les distributeurs d'eau potable auprès des foyers.

La mise en œuvre d'une politique de signal-prix dépend beaucoup de l'usager et de l'objectif fixé (ex. foyer, industrie, agriculture). En effet, pour la consommation d'eau potable des ménages, des méta-analyses évoquent des élasticités comprises entre -0.1 et -1. Cela signifie que la demande en eau diminue généralement de moins 0.1% à 1% pour une augmentation des prix de 1% (Reynaud et Romano, 2018[39]), (Sebri, 2013[40]), (Nauges et Thomas, 2003[41]). Dans le secteur agricole, l'élasticité varie selon le type de cultures. Par exemple, dans le cas de cultures maraîchères à forte valeur ajoutée, le prix de l'eau représente une part faible (2 à 4%) des charges d'exploitation et l'élasticité au prix de l'eau sera très faible (Montginoul et Rieu, 1996[42]). En revanche, la demande d'eau pour l'industrie est élastique au prix de l'eau dans certains cas. Une étude a ainsi montré qu'en France cette élasticité pouvait varier entre -0.1 et -0.79 lorsqu'on considère les prélèvements d'eau brute ou la consommation d'eau traitée. Cette élasticité augmente pour les industries nécessitant une eau traitée, telle que l'industrie agroalimentaire ou chimique. Dans ce dernier cas, l'élasticité pouvait atteindre -2.42.

Tarification de l'eau potable

Des politiques de signal prix pour la consommation d'eau potable existent déjà en France et dans la région Ile-de-France. Certaines villes comme Dunkerque, Rouen ou Montpellier ont d'ailleurs expérimenté la tarification progressive pour sensibiliser les habitants aux objectifs de préservation des ressources. En Ile-de-France, le SEDIF et Sénéo ont déjà mis en place un tarif à deux tranches qui permet de valoriser les comportements économes. La première tranche considère un tarif préférentiel pour les foyers, calculé sur la base de la consommation d'une famille de 4 personnes ayant chacune une consommation moyenne de 123 litres par jour (Chambre régionale des comptes Île-de-France, 2022[27]).

Les prix pratiqués dans la région parisienne varient significativement selon les villes, indépendamment du niveau de vie. En France, le tarif pratiqué pour les services d'eau potable est plutôt avantageux en comparaison des pays européens voisins (Graphique 4.5). En 2023, le prix moyen, toutes taxes comprises, s'élevait à 2.35€/m3 avec de fortes disparités selon les régions qui s'expliquent par la densité de population, les dimensions du réseau ou le choix des communes et clauses des contrats de délégation des services d'eau. En Ile-de-France, toujours en 2023, ce prix varie selon les départements et Paris bénéficie par exemple de prix particulièrement avantageux (1.8€/m3) tandis que les habitants de Seine et Marne paient davantage que la moyenne nationale et européenne (3.03€/m3 en moyenne)[6] malgré un niveau de vie médian inférieur de 17% (INSEE, 2021[43]). Le prix moyen de la région est l'un des plus élevés en France.

Graphique 4.5. Prix de l'eau moyen pour un panel de pays européens

Prix de l'eau (euros/m3), 2022

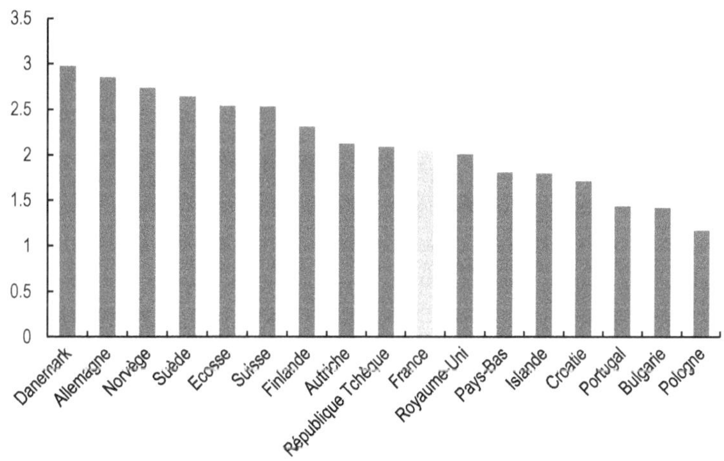

Source : Auteurs, d'après les données IBNET.
Note : Afin de comparer les prix entre pays, la base considérée est celle de 15m3 par mois. La moyenne par pays est obtenue en pondérant les prix pratiqués par opérateurs par la population desservie. Le prix pour la France n'est donc pas la moyenne des prix pratiqués en France.

L'impact des politiques tarifaires n'est pas homogène à l'échelle de la France et semble peu concluant en Ile-de-France. Dans le cas de Dunkerque, les gros consommateurs d'eau, à l'inverse des petits, ont en effet réduit leur consommation avec la tarification progressive (Mayol et Porcher, 2019[44]). Pour le SEDIF, l'écart entre les deux tranches de prix a été augmenté entre 2011 et 2020 sans diminution évidente de la consommation d'eau. Selon le SEDIF, ses usagers ont néanmoins peu de marge de réduction des consommations domestiques (peu de jardins, appartements...) et l'usager est peu sensibilisé au tarif de l'eau souvent mentionné comme l'une des charges locatives.

Au-delà de ces exemples, il apparaît que l'élasticité de la demande domestique au prix varie selon un ensemble de facteurs tels que la composition et le revenu d'un foyer, la durée sur laquelle les effets sont observés, ou le type d'usage visé (Reynaud et Romano, 2018[39]). Par exemple, une méta analyse a montré que la consommation d'eau pour les besoins essentiels tels que la cuisine ou l'hygiène étaient en effet inélastiques au signal prix. A l'inverse, les usages récréatifs tels que le jardinage ou le remplissage des piscines étaient plus réactifs. De même, dans les pays développés, les ménages les plus modestes réagiraient davantage au prix que les ménages aisés. Enfin, le signal prix serait moins efficace en Europe qu'aux États-Unis et même aux États-Unis, ce type de politiques serait plus efficace dans des zones arides que dans le reste du pays (Nauges et Thomas, 2003[41]). Or, la population francilienne est une population urbaine qui dispose moins de piscines et de jardins que les régions voisines. De plus, la région est peu aride et consomme déjà relativement peu d'eau. Enfin, l'Ile-de-France est la région où le niveau de vie médian est le plus élevé de France (INSEE, 2023[3]).

Étant donné le niveau plutôt faible de la consommation d'eau potable résidentielle en Ile-de-France, les mesures de sensibilisation, d'efficacité des usages et d'allocation pourraient être davantage efficaces pour réduire les consommations d'eau potable. En effet, pour obtenir des effets significatifs de réduction de la consommation d'eau potable 5%, il faudrait augmenter le prix de l'eau au minimum de 5 à 50% en supposant une élasticité de -0.1 à -1. Une telle augmentation pourrait être pénalisante pour les ménages les plus modestes.

Agriculture

Le montant des redevances agricoles n'est pas pensé pour inciter un comportement sobre en eau. Le montant des redevances est fixé par les lois de finances qui détermine un plafond annuel de redevances encaissées par les agences de l'eau (Ministère des Finances, 2021[45]). Ce plafond détermine l'assiette de financements disponibles pour mettre en œuvre le programme de mesures de l'agence de l'eau, tel que défini par le SDAGE. Le montant des redevances est déterminé à partir de l'assiette de prélèvements, indépendamment de l'utilisation finale de la ressource. Il ne s'agit donc pas d'un instrument économique mais d'une variable d'ajustement pour la mise en œuvre du programme du bassin.

Le montant des redevances pour prélèvements agricoles pratiqué en région parisienne n'est d'ailleurs pas incitatif. Bien que plus élevées que sur d'autres bassins versants français pour les prélèvements pour irrigation non gravitaire, les redevances restent particulièrement faibles (INRAE, 2022[46]). La notion de rareté de l'eau est uniquement reconnue via un montant de redevances plus élevé en zone de répartition des eaux. Un prix reflétant la valeur de l'eau dans le rendement des cultures pourrait être jusqu'à 30 fois plus élevé en Europe (Encadré 4.7). La sous-évaluation de la valeur de l'eau est à l'origine de pertes d'eau importantes dans le secteur agricole (Albiac et al., 2020[47]). Ces redevances ont en effet été conçues dans un contexte de ressources abondantes, sans réfléchir aux enjeux d'allocation en cas de raréfaction (Rey et al., 2019[48]).

Encadré 4.7. Le prix virtuel de l'eau : Donner une valeur à l'eau

Plusieurs études ont évalué le prix virtuel (*shadow price*) de l'eau qui devrait être payé pour l'irrigation pour tenir compte de la valeur réelle de l'eau. Il s'agit du rapport entre le rendement net de la production et la quantité totale d'eau utilisée pour l'irrigation. En Europe, le prix de l'eau est généralement beaucoup moins élevé (jusqu'à 30 fois moins) que ce prix virtuel, qu'il s'agisse de la redevance seule ou du prix total tenant compte des services d'irrigation.

C'est également le cas sur le bassin de la Seine et dans la région Ile-de-France où les redevances pour les prélèvements d'irrigation sont en moyenne de 0.015 €/m3. Le prix de l'eau pour l'irrigation est environ de 0.19€/m3. À titre indicatif, une étude a calculé le prix virtuel pour certaines cultures en Espagne. Bien que la situation soit différente, les ordres de grandeur permettent d'apprécier l'écart entre le prix de l'eau et ce prix virtuel. Par exemple, on considère que le prix virtuel des cultures de céréales est de 0.15€/m3, de 0.4€/m3 pour les arbres fruitiers et 0.9€/m3 pour des légumes.

Source : (Berbel et al., 2019[49]) ; (Office français pour la biodiversité, 2012[50]) ; (Albiac et al., 2020[47]).

L'augmentation du prix de l'eau peut inciter les agriculteurs à changer de pratique sur le long terme. La demande en eau agricole serait élastique au prix lorsque l'agriculteur peut adapter son activité en se tournant vers des cultures moins gourmandes en eau ou en diminuant sa surface irriguée. Cette efficacité s'observe sur le long terme et nécessite l'existence de marchés pour ces nouvelles cultures (OCDE, 2022[51]). Le prix doit néanmoins être augmenté de façon très importante, ce qui pose des questions d'acceptabilité et requiert un accompagnement des Chambres d'agriculture et de l'État. Des pays voisins ont d'ailleurs choisi d'adapter leurs politiques tarifaires en les conditionnant à des objectifs d'efficacité (Encadré 4.8). Une tarification progressive ou en plusieurs tranches peut alors s'avérer une solution utile (Montginoul et Rieu, 1996[42]) selon l'objectif recherché.

Encadré 4.8. Exemples de politiques économiques pour l'agriculture

- L'Italie (Émilie-Romagne) a mis en place un système dans lequel le prix de l'eau varie en fonction de l'efficacité du système d'irrigation.
- La Bulgarie facture davantage l'eau utilisée au-delà du volume déterminé pour une culture donnée.

Source : (Cour des Comptes européenne, 2021[52]).

Cette mesure a été identifiée par le gouvernement mais apparaît complexe à mettre en œuvre. Une réforme des redevances de l'eau est ainsi en préparation depuis 2018 afin de valoriser davantage le principe « pollueur-payeur » mais aussi mieux intégrer la notion de prélèvement quantitatif. Le projet de loi de finances 2024 prévoyait une augmentation de la redevance pour pollutions diffuses de 20% et une augmentation des redevances pour prélèvements d'irrigation permettant de mobiliser 10 millions de budget supplémentaire pour les agences de l'eau et la mise en œuvre du Plan Eau. Ces mesures ont été annulées[7] afin de réfléchir à une trajectoire pluriannuelle à partir de 2025, en raison des enjeux d'acceptabilité dans un contexte marqué par l'inflation et la hausse des prix de l'énergie.

Industrie

Selon l'objectif fixé, les politiques de signal prix sont pertinentes pour le secteur industriel. Étant donné l'élasticité de l'industrie au prix de l'eau, ce type de politiques pourrait inciter le secteur à réduire encore sa consommation d'eau. Une étude a montré qu'en France cette élasticité pouvait varier entre -0.1 et -0.79 lorsqu'on considère les prélèvements d'eau brute ou la consommation d'eau traitée. Cette élasticité augmente pour les industries nécessitant une eau traitée, telle que l'industrie agroalimentaire ou chimique. Dans ce dernier cas, l'élasticité pouvait atteindre -2.42 (Reynaud, 2003[53]). Ainsi, pour réduire les prélèvements de l'industrie chimique par exemple de 4% (cible fixée par l'agence de l'eau pour l'industrie (Agence de l'Eau Seine Normandie, 2023[2])), une augmentation de 2% des redevances serait suffisante.

Bien que le prix permette une réduction des consommations ou prélèvements d'eau, il ne s'agit pas uniquement de sobriété au sens de réduction des besoins en eau. En effet, si l'efficacité des procédés industriels peut s'améliorer, l'agence de l'eau Seine-Normandie relève un ensemble d'exemples de réutilisation de l'eau en circuit fermé permettant in fine une réduction des prélèvements, sans réduire la consommation d'eau nécessaire à l'activité industrielle. Le signal prix incite donc en effet à une réduction de la demande en eau primaire, par optimisation à la fois de la consommation d'eau et de l'offre en eau.

4.3.5. Conclusion sur la gestion de la demande

Face aux objectifs de réduction des prélèvements d'eau, les acteurs de la région et du bassin versant ont déjà identifié les mesures à mettre en œuvre. Ainsi, les collectivités et l'agence de l'eau ont entamé des actions de sensibilisation appropriées à la gestion de crise. De nouveau outils tels que Vigi'Eau et peut-être bientôt l'empreinte eau complètent ce dispositif. En revanche, l'allocation de l'eau reste trop statique, ce qui pourrait ne pas être adapté aux enjeux d'adaptation au changement climatique. Des technologies permettant d'améliorer l'efficacité des usages sont distribuées aux personnes vulnérables mais ne sont pas systématiquement déployées en dépit de gains potentiellement importants d'économies d'eau. Par ailleurs, des expériences de tarification de l'eau potable ont été entreprises, avec des résultats peu concluants du fait de la faible élasticité du prix de l'eau potable dans la région. Enfin, bien que le prix de l'eau reste soit trop bas pour le secteur agricole, il faudrait une augmentation probablement trop importante pour obtenir des effets sur le long terme, ce qui pose des enjeux d'acceptabilité. Une augmentation raisonnable des tarifs de l'eau pour signaler sa rareté tout en comprenant l'éventuelle perte de revenus des opérateurs d'eau potable ou de l'agence de l'eau Seine Normandie reste toutefois une piste à approfondir.

Une connaissance insuffisante des prélèvements et des consommations empêche de définir l'effort attendu de la part de chaque usager. Les efforts attendus des foyers, bureaux, municipalités, irrigants ou industries ne s'appuient pas sur un diagnostic précis des consommations actuelles, ni sur les besoins futurs. Il est donc complexe de quantifier la part de réduction des prélèvements qui peut être obtenue par des mesures de sobriété. De même, la région manque de connaissances sur les effets cumulés des prélèvements sur les milieux et sur le risque de raréfaction, rendant complexe l'idée d'une allocation de l'eau adaptée aux enjeux climatiques.

4.4. Mesures de résilience de gestion de l'offre en eau

Les mesures de gestion de l'offre en eau reposent essentiellement sur des infrastructures. Aujourd'hui, l'offre en eau est assurée par des lacs réservoirs et un réseau d'eau potable performant. Des projets de réutilisation d'eau non conventionnelles telles que les eaux d'exhaure et de piscine sont également en cours dans la région Ile-de-France, et s'avèrent particulièrement efficaces pour réduire la consommation d'eau potable d'acteurs tels que les municipalités. La région promeut également le déploiement des solutions fondées sur la nature qui permettent de retenir l'eau dans les sols et réduire la vulnérabilité d'usagers tels que ceux du secteur agricole.

Face aux délais de construction des infrastructures, la planification est essentielle. Des projets d'infrastructure réalisés aujourd'hui conditionnent la résilience de la région dans 30 à 50 ans, d'autant plus dans des environnements urbains où des modifications ou modernisations peuvent être coûteuses et complexes à mettre en œuvre. Ainsi, des solutions qui peuvent paraître superflues aujourd'hui, telles que la réutilisation des eaux grises, méritent d'être considérées à l'aune du changement climatique en tenant compte de leur potentielle efficacité (Tableau 4.2). De plus, face au recours à des ressources multiples telles que les eaux pluviales, eaux grises, eaux d'exhaure ou autres eaux non potables, comprendre l'impact de l'utilisation de ces ressources sur d'autres systèmes tels que l'assainissement et les bénéfices retirés de ces infrastructures permettent de calibrer les besoins d'infrastructure de façon cohérente.

Cette section évalue la robustesse des infrastructures existantes et propose des pistes nouvelles pour renforcer la résilience de la région parisienne.

Tableau 4.2. Exemples de volumes annuels économisés pour différentes mesures d'adaptation

Objectif	Potentiel de réduction (millions de m3)	Contribution à l'objectif de réduction de 10% de prélèvements	Contribution à l'objectif de l'usager
Réutilisation de 1% des eaux usées traitées (2.625 millions m3 traités par jour par le SIAAP)	57.5	44.2%	100%
Réduction des fuites (10% de réduction sur les réseaux de distribution et pour tout l'habitat collectif)	20	15.3%	26%
Réutilisation des eaux de pluie dans 20% du bâti	28.6	22%	37.1%
Réutilisation des eaux de pluie pour l'irrigation	4.1	3.1%	16%
Réutilisation des eaux grises dans 20% du bâti	52-139	40%	67.4 – 100%
Réutilisation des eaux d'exhaure et de piscine	40-62.5	30.7-48%	100%

Note : Les données du SIAAP (SIAAP, s.d.[54]) ont été utilisées pour la réutilisation des eaux traitées en faisant l'hypothèse d'une augmentation de 5% des volumes traités par le SIAAP. Pour la réutilisation des eaux de pluie, une réduction des usages de 26% des foyers, permettant d'économiser les volumes d'eau sanitaires (20% des usages domestiques) et de lavage des voitures et jardins (6%) ont été considérés. Pour la réutilisation des eaux grises, une revue de littérature indique des gains allant de 30 à 80% des consommations domestiques (Van de Walle et al., 2023[55]). Enfin, l'impact pour les fuites a été estimé en transposant des chiffres du SEDIF et Eau de Paris, transposés à la région parisienne.
Source : Auteurs à partir de (Climate Adapt, 2023[9]) (Ehret et al., 2021[10]) (DRIAAF, 2019[11]).

4.4.1. Améliorer l'efficacité des infrastructures existantes

Les lacs réservoirs pour tous les usages des fleuves

Le bassin de la Seine bénéficie de quatre lacs réservoirs qui contribuent à assurer des débits suffisants sur une partie des fleuves de la région en cas d'étiage. Les lacs réservoirs sont créés dans le but de réguler le débit du fleuve et de ses affluents, ce qui permet de répondre aux besoins en eau potable, industriels, en irrigation, en production d'énergie lors des étiages, mais aussi de limiter les risques d'inondations. La capacité de stockage de ces lacs est de 800 millions de m3 (équivalent à 71% des prélèvements réalisés dans la région parisienne) (Graphique 4.6).

Le soutien des lacs pourrait être drastiquement réduit en cas de sécheresse extrême. Comme évoqué au Chapitre 2.3, cela affecterait l'activité industrielle, la plaisance et l'irrigation ainsi que la production des réseaux de chaleur et froid en raison d'un soutien d'étiage insuffisant. Une étude met d'ailleurs en avant des difficultés pour l'approvisionnement en eau potable de la région parisienne en cas d'un niveau de remplissage des lacs de 50%, ce qui est plus élevé que les niveaux qui pourraient être atteints dans le cas d'une sécheresse similaire à celle décrite dans le scénario 1, chapitre 2. (Aquavesc, SEDIF, Sénéo, Ville de Paris, 2020[56]).

La gestion actuelle des lacs pourrait nécessiter des ajustements. L'ajustement des règles de gestion est un enjeu récurrent de l'établissement gestionnaire des lacs qui observe que les objectifs de remplissage des lacs réglementaires sont très rarement atteints à 100%, témoin de la variabilité hydrologique et du risque potentiel de ne pas pouvoir remplir les lacs en cas de sécheresse. Lorsque le remplissage est important, la fonction d'écrêtement des crues des lacs peut devenir complexe comme en atteste la crue de juillet 2021. A l'inverse, la tranche de réserve des lacs, prévue pour soutenir les débits d'étiage exceptionnels survenant entre le 31 octobre et le 31 décembre, est régulièrement sollicitée. L'établissement réunit d'ailleurs régulièrement usagers et décideurs publics pour évaluer les besoins de soutien d'étiage à venir et adapter ses règles de gestion en cas de déficit hydrique anticipé.

Une gestion davantage flexible est envisagée. Dans une étude récente (EPTB Seine Grands Lacs, 2022[57]), il est par exemple proposé d'adapter le volume de la tranche de réserve en fonction du volume total obtenu en fin de période de remplissage, pour tenir compte du risque d'étiage tardif. Au-delà du dimensionnement des tranches de réserve, l'établissement gestionnaire réfléchit également à adapter la courbe de déstockage en tenant compte des besoins des divers usagers du bassin. Il apparait toutefois complexe d'évaluer comment les lacs contribuent spécifiquement aux besoins des usagers.

Toutefois, face au double objectif de soutien d'étiage et d'écrêtement des crues, le remplissage des lacs pourrait rester un défi, fragilisant l'efficacité des lacs. L'objectif d'écrêtement des crues suggère une vidange annuelle des lacs, et donc un remplissage hivernal, cohérent avec les projections climatiques d'augmentation des cumuls de précipitations hivernaux (Météo France, 2023[58]). En reprenant l'étiage utilisé dans l'évaluation des impacts économiques au chapitre 2, il apparaît que cet étiage est le résultat d'un hiver particulièrement sec, ayant conduit à un faible remplissage des lacs. Une gestion sans vidange des lacs aurait ainsi probablement permis de limiter les impacts calculés au chapitre 2. Toutefois, face au risque croissant d'inondations, une telle gestion paraît peu pertinente. D'autres mesures sont donc nécessaires pour compléter l'action des lacs.

Graphique 4.6. Les lacs réservoirs sur le bassin Seine-Normandie

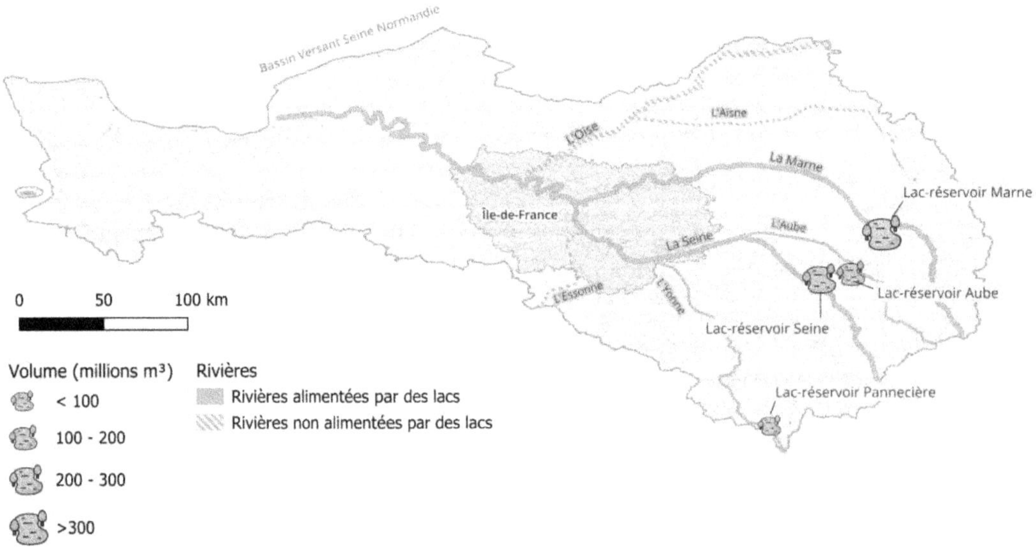

Source : Auteurs d'après EPTB Seine Grands lacs.

Le déploiement de nouveaux réservoirs ou retenues d'eau pour compléter l'action des lacs requiert une approche prudente pour éviter un risque de maladaptation. Au-delà des lacs, les retenues d'eau permettent de stocker de l'eau en prévision des épisodes de sécheresse qui recouvrent toutes les installations ou ouvrages permettant de stocker de l'eau quel que soit leur mode d'alimentation (par un cours d'eau, une nappe, ...) et quelle que soit leur finalité (agricole, eau potable, ...). Selon leur conception, les retenues d'eau peuvent aggraver les conditions de sécheresse. Les retenues pourraient d'ailleurs réduire considérablement le débit annuel des rivières (de 7 à 35 %) et diminuer les débits d'étiage, en particulier pendant les années sèches (Association Rivière Rhône Alpes Auvergne, 2020[59]). Ces effets dépendent du climat (par exemple, l'évaporation de l'eau stockée), de l'emplacement dans le bassin hydrographique et du type de prélèvement d'eau (par exemple, le moment, le détournement de la rivière, etc.). De plus, les réservoirs peuvent accroître la dépendance des utilisateurs aux ressources en eau et accroître la vulnérabilité aux pénuries d'eau (Graphique 4.7). Dans le nord-ouest de la France, le développement de petits réservoirs a entraîné une diminution des débits fluviaux et une diminution de l'efficacité du remplissage des réservoirs (Habets et al., 2014[60]).

La prudence adoptée par le bassin Seine-Normandie en matière de développement de réservoirs semble appropriée au vu des défis futurs posés par la sécheresse. Les projets de retenue doivent s'accompagner d'un objectif de réduction des prélèvements et intégrer les impacts du changement climatique, ou d'autres effets qui ne se manifestent que sur des dizaines d'années tel le transfert de sédiments. Par ailleurs, pour bénéficier de financements de l'Agence de l'eau Seine-Normandie, le projet doit être réalisé en zone vulnérable, adossé à un PTGE, porté par un organisme collectif, ne pas entraîner d'augmentation des volumes d'irrigation et les eaux stockées doivent provenir uniquement des eaux de surface ou de drainage sans possibilité avérée d'infiltration avant la rivière. Ces précautions sont judicieuses pour ne pas créer de vulnérabilités supplémentaires.

Graphique 4.7. Impacts possibles des retenues d'eau sur la demande en eau

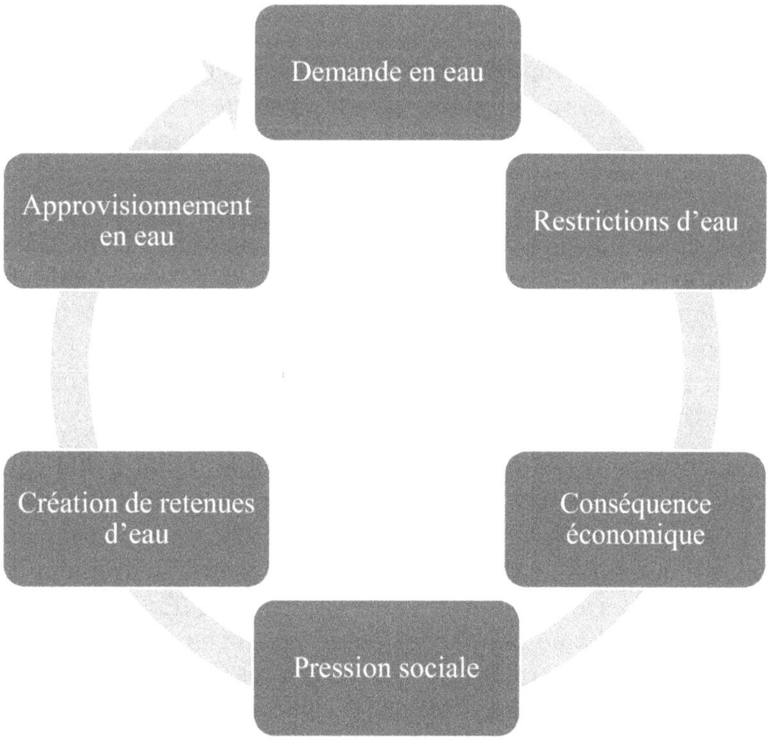

Note : Le cycle offre-demande traduit un impact croissant sur la demande d'eau liée à une offre nouvelle, en l'occurrence liée aux retenues.
Source : Adapté de (Di Baldassarre et al., 2018[61]).

Gestion des niveaux d'eau pour le transport fluvial

Les fleuves du bassin bénéficient d'infrastructures robustes au changement climatique qui permettent d'assurer la résilience du transport fluvial. En effet, des barrages mobiles installés le long des cours d'eau permettent de réguler les niveaux d'eau tout au long de l'année sur les fleuves. Ces barrages permettent de retenir l'eau en étiage à des niveaux compatibles avec les usages du fleuve et à l'inverse laissent passer l'eau lors des crues. Selon une estimation de l'OCDE (Annexe B), un débit minimal de 15.5 m^3/s serait suffisant pour assurer le trafic fluvial sur la Seine (à titre de comparaison, le débit moyen annuel sur la Seine est de 310m^3/s (Agence de l'Eau Seine Normandie, s.d.[62])). Or, dans la pire situation d'étiage envisagée d'ici 2100, en considérant les difficultés de remplissage des lacs, et en s'appuyant sur les données fournies par VNF et l'EPTB Seine Grands Lacs, le débit moyen attendu serait de 26m^3/s (Annexe B) sur la Seine. Lors de la rédaction de ce rapport, VNF et l'EPTB Seine Grands Lacs finalisaient d'ailleurs une convention pour assurer une cohérence de gestion de leurs infrastructures respectives en cas d'étiage.

Réseau d'eau potable

Le réseau d'eau potable s'appuie sur une stratégie d'alimentation et des infrastructures robustes. La stratégie d'alimentation en eau potable permet de diversifier les sources et donc les risques liés au changement climatique. Un système d'interconnexions de secours permet à différents opérateurs d'assurer l'accès à l'eau potable de zones géographiques potentiellement affectées par une raréfaction de l'eau. Enfin, les mesures permettant de lutter contre les fuites sur les réseaux d'eau permettent d'optimiser les prélèvements pour eau potable en évitant des pertes. Pour lutter contre les fuites, les opérateurs mettent en place une surveillance du réseau (e. g capteurs acoustiques) pour localiser les fuites et les réparer. Ils peuvent également renouveler le réseau.

Schéma d'alimentation d'eau potable

L'alimentation en eau potable de la région s'appuie sur une grande variété de ressources de façon à être résiliente à des chocs climatiques ou pollutions sur les ressources en eau. La Ville de Paris s'appuie à moitié sur des ressources souterraines variées en nature et en nombre, parfois situées jusqu'à 150 km de Paris (Eau de Paris, s.d.[63]). Les caractéristiques des nappes sont variées, permettant de diversifier les risques de son opérateur dans l'éventualité où l'une des nappes utilisées n'auraient pas eu le temps de se recharger convenablement. L'autre moitié des ressources de Paris provient des eaux de surface de la Seine et de la Marne, à l'instar de la région Ile-de-France qui puise l'essentiel de ses ressources dans les trois rivières principales du bassin versant (Aquavesc, SEDIF, Sénéo, Ville de Paris, 2020[56]). Enfin, l'Ile-de-France dispose d'un aquifère de plus de 100 000 km^2, la nappe de l'Albien, qui est une ressource stratégique très encadrée (car non renouvelable) afin de pouvoir porter secours aux franciliens en cas de raréfaction de l'eau (Eau de Paris, 2022[64]) liée à une crise externe paralysant le réseau de distribution d'eau potable.

Si ce schéma d'alimentation est vecteur de résilience, il pourrait nécessiter des ajustements face aux enjeux climatiques. A Paris, le recours à des ressources souterraines dans des territoires lointains où d'autres usages entrent en concurrence pourrait devenir davantage controversé dans un contexte de ressources rares. Alors que la région Ile-de-France s'attend à une plus grande variabilité climatique alternant inondations et sécheresses, l'opérateur de la Ville de Paris (Eau de Paris) pourrait adapter ses prélèvements pour faciliter la recharge des nappes en période de hautes eaux par exemple. C'est l'une des pistes avancées plus largement par l'agence de l'eau pour gérer de façon plus flexible les ressources en tenant compte des dynamiques nappes-rivières. De même, les 32 communes de l'Ouest parisien desservies par Aquavesc bénéficient de ressources souterraines, en partie alimentées par la Seine par une technique de réalimentation artificielle permettant le stockage souterrain et l'amélioration de la qualité de l'eau de la nappe. Ce type d'approches peut s'adapter à d'autres territoires de la région, essentiellement dépendants des ressources de surface.

Interconnexions de secours

Le réseau d'eau potable s'appuie sur des interconnexions de secours qui permettent d'assurer la résilience d'une partie de la région en cas de sécheresse. Quatre autorités organisatrices de l'eau (Aquavesc, Seneo, Eau de Paris et SEDIF) représentant 71 % des volumes d'eau potable en distribution ont mis en place des interconnexions de secours afin d'assurer la continuité de service en cas d'arrêt de la production de l'un des opérateurs. Les opérateurs ont testé la résilience de la zone interconnectée en cas de risques critiques tels qu'une pollution intense, une rupture d'approvisionnement électrique, une inondation majeure ou une sécheresse sévère qui affecterait la production unitaire d'un opérateur (Aquavesc, SEDIF, Sénéo, Ville de Paris, 2020[56]). Ce test a révélé une robustesse de la zone interconnectée en cas de sécheresse qui pourrait néanmoins être remise en cause selon le niveau de remplissage des lacs.

Les autorités organisatrices réfléchissent à améliorer la gestion de la zone interconnectée en favorisant davantage de concertations. Des conventions entre autorités organisatrices et leurs opérateurs permettent au moins un échange annuel pour définir la programmation des travaux de l'année à venir et garantir un secours mutuel. Afin d'optimiser la gestion des ressources en cas de crise, des échanges plus réguliers pour maximiser les marges de sécurité sur les capacités de production sont envisagés. De même, les autorités organisatrices prévoient un partage des inventaires des moyens de secours, de sauvegarde et de lutte contre les inondations et les pollutions.

Efficacité du réseau et lutte contre les fuites

Le réseau d'eau potable de la région parisienne est particulièrement efficace en termes de rendement. La loi prévoit un rendement des réseaux d'eau potable de 85% pour limiter les pertes d'eau et ainsi accroître la résilience des usagers au risque de raréfaction de l'eau (Gouvernement, 2012[65]). Grâce à un réseau très dense et assez maillé, permettant d'intervenir facilement et d'assurer la continuité de services en cas de fuite sur une partie du réseau, l'Ile-de-France bénéficie de rendements bien supérieurs à ce seuil (89.6% (SISPEA, 2021[66]) en moyenne). À titre de comparaison, le taux de fuites à Londres est de 24% (Thames Water, 2020[67]) et la moyenne européenne de 25% (Graphique 4.8). Des disparités existent cependant selon les municipalités, avec des rendements pouvant atteindre 50% pour certains réseaux de Seine et Marne.

Graphique 4.8. Pourcentage d'eau potable perdue sur les réseaux en Europe

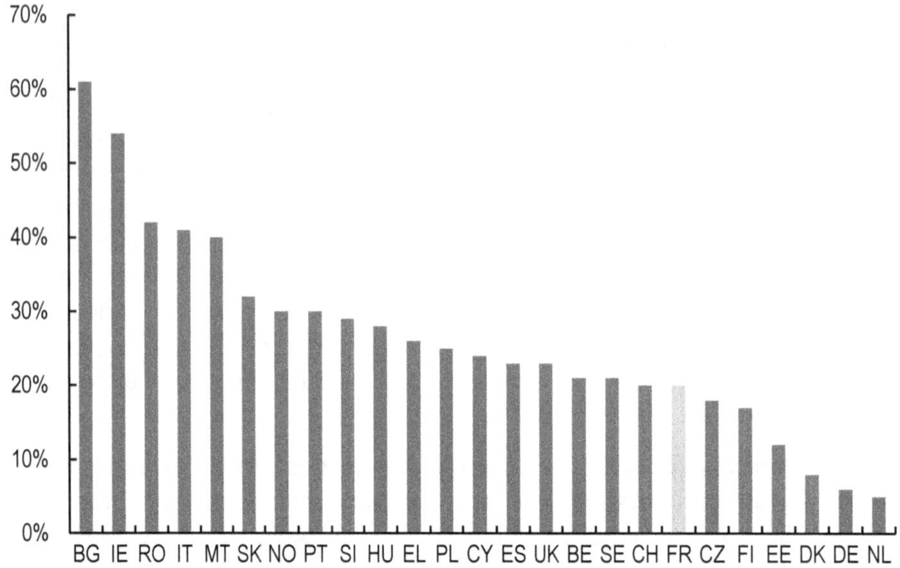

Note : BE : Belgique ; BG : Bulgarie ; CH : Suisse ; CY : Chypre ; CZ : République Tchèque ; DE : Allemagne ; DK : Danemark ; EE : Estonie ; EL : Grèce ; ES : Espagne ; FI : Finlande ; FR : France ; HU : Hongrie ; IE : Irlande ; IT : Italie ; MT : Malte ; NL : Pays-Bas ; NO : Norvège ; PL : Pologne ; PT : Portugal ; RO : Roumanie SI : Slovénie ; SE : Suède ; SK : Slovaquie ; UK : Royaume Uni.
Source : (EurEau, 2021[68]).

Les opérateurs d'eau de la région sont très impliqués dans l'amélioration continue des performances du réseau. Cette performance s'améliore chaque année. Ainsi, grâce à son programme Eau et Climat, l'agence de l'eau Seine Normandie a également contribué à économiser près de 4.08 millions de m^3 (soit 0.1% des prélèvements du bassin) grâce à la réduction de fuites sur les réseaux. À l'échelle du SEDIF, le taux de renouvellement du réseau est par exemple de 1.19% par an (Chambre régionale des comptes Île-de-France, 2022[27]), bien supérieur à la moyenne française de 0.67% (SISPEA, 2020[69]) et à l'objectif de 1% de renouvellement des réseaux fixé lors des Assises de l'Eau pour les zones rurales. Entre 2021 et 2022, Eau de Paris a par exemple déployé 2 750 capteurs acoustiques pour détecter et localiser des fuites, soit un capteur tous les 700 mètres environ. Les volumes de pertes de réseaux devraient ainsi diminuer de 4.3 millions de m3 par an pour Eau de Paris (2.3% de l'eau produite annuellement par la régie) (Eau de Paris, 2022[70]). L'objectif poursuivi est d'atteindre un taux de rendement du réseau de 92% contre 90.5% en 2021.

Poursuivre l'amélioration du réseau est une stratégie sans regret pour les opérateurs d'eau tant que le coût reste absorbable face aux bénéfices environnementaux et économiques. Atteindre 100% de rendement n'est pas réaliste. Tout d'abord, le réseau se dégrade en partie à cause de son vieillissement, mais aussi d'évènements tels que les déformations de terrains ou phénomènes climatiques qui affectent les canalisations. À moins de renouveler l'intégralité du réseau dans les prochaines années, l'objectif zéro fuite n'est donc pas envisageable. Lorsque le réseau d'eau potable est enterré (SEDIF, 2021[71]), une intervention sur le réseau requiert des travaux sur la voirie. Ce n'est pas le cas du réseau de distribution d'Eau de Paris qui est à 90% situé en égout et galeries visitables et dont les coûts seront a priori moindres. Cependant, ce n'est pas parce qu'une fuite aura été réparée sur une partie du réseau, qu'une nouvelle n'apparaîtra pas le lendemain. Ainsi, l'objectif « zéro fuite » suggère des interventions répétées qui posent des questions d'acceptabilité, de coordination et de coût qui se répercute sur les consommateurs. Les services d'eau pourront néanmoins poursuivre leurs efforts pour améliorer sensiblement le rendement de leur réseau lorsque celui-ci est peu élevé, voire le maintenir aux niveaux actuels lorsqu'il est excellent, en combinant détection de fuites et renouvellement à coût abordable.

Des mesures ciblées sur les réseaux privés semblent davantage prometteuses. C'est par exemple le cas des dispositifs d'alerte fuite déployés par le SEDIF ou Aqua'vesc (Aviz'eau). Ces dispositifs permettent d'avertir les usagers d'anomalies sur leurs consommations. En 2020, un million de m3 d'eau ont été économisés en habitat collectif lors du test de ce dispositif (Chambre régionale des comptes Île-de-France, 2022[27]). Ce type de mesures prometteuse réduit les pertes d'eau superflues et permet des économies importantes, tant économiques pour les foyers qu'en consommation d'eau potable.

Solutions fondées sur la nature pour faciliter la recharge des nappes et préserver la qualité de l'eau

Les solutions fondées sur la nature contribuent à la rétention d'eau et la préservation des écosystèmes permettant de prévenir les épisodes de sécheresse. En milieu naturel, la protection des zones humides, enherbées et boisées (zones tampons) permettent par exemple d'épurer l'eau en piégeant les polluants et particules fines. Elles sont souvent comparées à des éponges, grâce à leurs capacités à stocker d'importantes quantités d'eau (certaines zones humides peuvent stocker jusqu'à 15 000 m3 d'eau/hectare (Office français pour la biodiversité, 2012[50])) et ainsi alimenter les eaux souterraines. En période de sécheresses, elles restituent de l'eau et soutiennent ainsi les débits des cours d'eau. À l'échelle de la ville, les solutions fondées sur la nature telles que la végétalisation permettent de réduire fortement le rejet des eaux pluviales vers les réseaux d'assainissement en cas de forte pluie et peuvent être réutilisées pour certaines consommations. Une étude dans le quartier de République à Paris a d'ailleurs montré qu'il était possible d'installer des toitures végétalisées sur 13% des toits d'un quartier. Ces toits permettraient d'absorber les pluies et éventuellement de les récupérer pour les sanitaires (APUR, 2015[72]). Plus généralement, les solutions fondées sur la nature en ville permettent de lutter contre les îlots de chaleur, avec des effets indirects sur la consommation d'eau et la lutte contre les inondations en cas de réseaux d'assainissement unitaires générant un risque de pollution de l'eau et la rendant ainsi indisponible.

Les solutions fondées sur la nature permettent également des co-bénéfices intéressants en faisant le lien entre les risques d'inondation et de sécheresse. Par exemple, les solutions fondées sur la nature telles que la végétalisation des toitures, ou la désimperméabilisation qui permettent de limiter le ruissellement et le risque d'inondations mais aussi une meilleure recharge des nappes. De même, une sécheresse des sols ou raréfaction de l'eau pour l'agriculture et la biodiversité favorisent les inondations en cas de précipitations en empêchant l'infiltration de l'eau dans les sols.

Les solutions fondées sur la nature sont mises en œuvre progressivement en région parisienne. La Région a par exemple créé Ile-de-France Nature qui contribuera à protéger 1000 hectares de friches urbaines d'ici 2025, accompagner la plantation de 2 millions d'arbres d'ici 2030 ou créera un fonds francilien de 1 million d'euros pour l'adaptation des forêts au changement climatique (Région Île-de-France, 2022[73]). De la même façon, la Métropole du Grand Paris a créé un fonds biodiversité pour financer des opérations de plantations d'arbres, de résorptions de coupures écologiques et de désimperméabilisation et renaturation d'espaces avec des objectifs ambitieux. La désimperméabilisation et la renaturation devraient couvrir au moins 10 hectares, 20 mares devraient être créées ou restaurées et 100 000 arbres plantés pour favoriser l'émergence de forêts urbaines (Métropole du Grand Paris, 2023[74]). La Métropole promeut également des solutions innovantes pour l'intégration de ces solutions à l'urbanisme à travers les appels à projet « Inventons la Métropole du Grand Paris ». La Ville de Paris a également élaboré un plan biodiversité (Ville de Paris, 2018[75]) qui prévoit une trentaine d'actions, dont des projets de nature en ville pour créer des trames vertes et bleues. La Ville est aussi impliquée dans les projets de cours Oasis dont l'objectif est de déminéraliser les cours d'école et les végétaliser pour ramener la nature en ville et créer des ilots de fraicheur (Ville de Paris, 2023[25]).

Définir des stratégies de protection des milieux aquatiques et de leurs écosystèmes nécessite un recensement précis des écosystèmes présents sur le territoire aujourd'hui insuffisant. L'Agence Parisienne d'Urbanisme (APUR) a étudié le potentiel de désimperméabilisation de l'espace public parisien

(APUR, 2022[76]) et conduit une étude pour favoriser la végétalisation et le rafraichissement d'une partie du territoire métropolitain (APUR, 2023[77]). L'Institut Paris Région recense des réservoirs de biodiversité d'importance nationale en Ile de France (262 000 ha au total en 2018) (Institut Paris Région, 2022[78]). La Métropole du grand Paris conduit également une étude des potentialités pour identifier les secteurs à enjeu et les opportunités de renaturation de ses cours d'eau et zones humides. Enfin, la Métropole du Grand Paris conduit une étude visant à caractériser les cours d'eau de son territoire ainsi que leur potentiel de restauration. Cette étude aboutira à la production d'une cartographie complète des cours d'eau qui servira d'outil d'aide à la décision pour définir les interventions à mener en priorité pour la reconquête des milieux aquatiques. Cette étude doit aussi permettre d'identifier les marges de recul nécessaires à la restauration écologique des petits cours d'eau afin de les inscrire dans les documents d'urbanisme (PLU et PLUi) et de pouvoir bâtir une stratégie foncière visant à redonner de la place aux milieux aquatiques. Toutefois, à peine 1/10 des zones humides sont cartographiées, et donc susceptibles d'être protégées. En effet, la DRIEAT fait état de 250 000 hectares de zones humides potentielles en Ile-de-France, pour 23 000 hectares de zones humides délimitées et caractérisées (DRIEAT, 2020[79]). Les zones humides non cartographiées ne peuvent faire l'objet de mesures de protection ou restauration. Or connaître l'état des zones tampons permettrait d'identifier les endroits prioritaires à préserver car ayant le plus de capacité de stockage de l'eau et donc de soutien d'étiage en période estivale.

Le rôle des gouvernements nationaux et supranationaux est également crucial pour inciter les collectivités à investir dans les solutions fondées sur la nature. Tout d'abord, le cadre légal encadrant la mise en œuvre de ces solutions peut faciliter leur déploiement et permet de superviser leur mise en œuvre. Par exemple, la directive cadre sur l'eau propose un cadre règlementaire commun pour l'utilisation durable de l'eau et la protection des écosystèmes et milieux aquatiques. De même, la stratégie de l'Union Européenne pour la biodiversité reconnaît l'intégration des services écosystémiques dans la prise de décisions et encourage son recours. Des pays, tels que le Pérou, ont également adopté des lois permettant d'encourager le recours aux solutions fondées sur la nature. Ainsi, en 2014, le Pérou a introduit une loi sur les mécanismes de compensation pour les services écosystémiques (Banque Mondiale, 2023[80]). Cette loi vise à promouvoir, réguler et surveiller les mécanismes de rémunération des services écosystémiques pour garantir la pérennité des avantages générés par les écosystèmes. En vertu de cette loi, les gestionnaires des services écosystémiques reçoivent une rémunération en fonction de la mise en œuvre de mesures de conservation, de réhabilitation et d'utilisation durable des sources de services écosystémiques. Ces mesures peuvent inclure la conservation d'aires naturelles, la réhabilitation de zones endommagées, ou des actions visant à assurer une utilisation durable des sources de services écosystémiques.

Gestion à la source des eaux pluviales

Le zonage pluvial contribue à faciliter l'infiltration de l'eau dans les sols pour accroître la résilience de la région parisienne. Cette infiltration se met en place au plus tôt dans le processus d'aménagement urbain en limitant l'imperméabilisation des sols ou en désimperméabilisant les ouvrages existants. Cela permet par exemple de favoriser la rétention d'eau dans les sols pour les arbres et plantes pour refroidir la ville et indirectement diminuer les consommations d'eau estivales. Cela permet également de limiter les rejets dans les réseaux d'assainissement unitaires (majorité des réseaux à Paris (Ville de Paris, s.d.[81]), et très représentés dans la petite couronne[8] (SISPEA, 2021[82])) pour éviter les risques de débordement et de pollution (APUR, 2022[4]).

La gestion à la source des eaux de pluie est un objectif national et local qui permet de limiter les risques d'indisponibilité de la ressource liée à une pollution intense. Elle fait l'objet d'un plan d'actions national pour une gestion durable des eaux pluviales depuis 2021 et constitue l'une des priorités de la stratégie d'adaptation au changement climatique du bassin Seine-Normandie. Il s'agit également d'une priorité des collectivités, notamment pour les enjeux de qualité d'eau induits par la saturation des réseaux d'assainissement. La gestion des eaux pluviales était d'ailleurs centrale dans l'objectif des Jeux

Olympiques de 2024 qui prévoit des épreuves de baignade dans la Seine. La région prévoit de financer la désimperméabilisation de 5000 hectares d'ici 2030 le SDRIF mentionne la gestion des eaux pluviales intégrée à l'aménagement urbain par le biais de toitures végétalisées, récupération des eaux de pluie ou noues. L'infiltration et la rétention d'eau à la source sont privilégiées. À l'échelle de Paris, un zonage pluvial attaché au plan local d'urbanisme permet l'intégration des eaux pluviales à l'aménagement urbain. La Ville a également élaboré un règlement de zonage d'assainissement au titre de son plan Paris Pluie. Ce règlement s'applique à tous les porteurs de projets d'infrastructures et prévoit l'obligation de concevoir un mode de gestion des eaux pluviales, limitant les débits de rejets d'assainissement.

L'agence de l'eau Seine-Normandie poursuit ses efforts pour aligner davantage plans d'urbanisme et les objectifs de gestion fixés à l'échelle du bassin versant Seine-Normandie. Par exemple, bien que le zonage pluvial mette en avant des zones plus ou moins vulnérables au risque de ruissellement, il ne semble pas que cette évaluation soit retranscrite en plan d'actions à l'échelle de la région. De même, l'agence de l'eau indiquait que les objectifs liés à l'artificialisation des sols ne sont pas atteints. Le manque de compréhension des enjeux liés à l'imperméabilisation et la perception d'effets négatifs liés à la présence d'eau dans la ville sont des freins à cette gestion des eaux pluviales. L'agence de l'eau Seine-Normandie a développé un portail d'informations pour soutenir les collectivités à renforcer la prise en compte des eaux pluviales dans les plans d'urbanisme.

4.4.2. Considérer davantage les ressources non conventionnelles

Mobiliser des ressources non conventionnelles permet de compléter efficacement les infrastructures et technologies existantes. Les ressources non conventionnelles sont des ressources en eau présentes sur le territoire mais qui ne sont pas utilisées, telles que les eaux pluviales ou les eaux usées (e.g, eaux grises, eaux de piscine…). Ces ressources représentent un potentiel inexploité pour réduire les prélèvements d'eau en se substituant aux eaux de surface ou souterraine. Elles permettent ainsi d'optimiser la gestion de l'eau.

Réutilisation des eaux pluviales

La collecte et la réutilisation des eaux pluviales permettent la mobilisation de ressources insuffisamment exploitées. En remplaçant des ressources traditionnelles par d'autres habituellement perdues, la réutilisation des eaux pluviales peut contribuer à assurer la résilience de la région. La récupération de l'eau de pluie peut être réalisée à l'échelle de l'habitation mais aussi de façon collective via des cuves de stockages pour un immeuble ou un quartier. Des études suggèrent que la collecte de l'eau de pluie pourrait subvenir à 50% de la demande en eau d'un foyer, voire dans certains cas 80 à 90% de la consommation des ménages (GhaffarianHoseini et al., 2015[83]). Au-delà des besoins domestiques, les eaux pluviales peuvent par exemple compléter les ressources distribuées sur le réseau d'eau non potable de la Ville de Paris pour raccorder davantage d'espaces végétalisés à ce réseau (APUR, 2021[84]). De même, 16% des besoins d'irrigation pourraient être couverts par des systèmes de collecte des eaux de pluie (Raimondi et al., 2023[85]). Dans certaines régions telles que le sud de l'Australie ou les zones semi-arides des États-Unis, l'eau de pluie est même une des principales ressources d'eau.

En France, la réutilisation des eaux de pluie est encadrée depuis 2008 (France, 2008[86]). La loi définit les usages autorisés, les procédures de déclaration et d'entretien et les responsabilités des usagers. Ainsi, l'utilisation d'eau de pluie peut être autorisée pour tout usage extérieur mais se limite à la chasse d'eau, le lavage des sols et le lavage du linge sous condition en intérieur. Les usages autorisés reflètent des exigences sanitaires prévues pour pallier les risques de contamination de l'eau ayant circulé sur toits ou autres matériaux comportant des produits chimiques.

La région parisienne est un territoire adapté à ce genre d'approches en raison de sa densité de population importante et de son hydrologie. En effet, avec un double objectif de limitation du ruissellement et d'optimisation des ressources, les cuves de stockage d'eau doivent pouvoir se vider régulièrement. Un bâti dense permet une utilisation constante des cuves et l'installation de petites cuves mutualisées à plusieurs usagers. Enfin, la région Ile-de-France devrait connaître des volumes de précipitation plutôt stables, avec des épisodes de pluies intenses mais brefs, permettant de s'appuyer sur la collecte des eaux pluviales (APUR, 2018[87]). Au-delà de l'eau potable, la collecte d'eaux pluviales peut s'avérer intéressante pour accompagner le secteur agricole dans une logique de maintien des volumes d'irrigation aux niveaux actuels.

La collecte et réutilisation des eaux de pluie requièrent des incitations financières ou une réglementation forte. L'installation de récupérateurs d'eau de pluie peut être complexe et coûteuse pour le bâti existant ce qui peut constituer un frein à leur déploiement (Parsons et al., 2010[88]). Tout d'abord, le raccordement des cuves d'eau pluviales aux étages d'immeubles, en particulier anciens, est compliqué techniquement. De plus, ce type d'installation peut être coûteux en raison de la longueur des linéaires de réseaux nécessaires. Il nécessite également la pose de compteurs d'eaux pluviales afin d'adapter la taxe d'assainissement. Enfin, la réutilisation d'eau de pluie peut également s'avérer coûteuse pour les opérateurs d'eau potable qui feraient face à une baisse des consommations, donc de revenus et pourrait nécessiter une compensation financière s'appuyant par exemple sur les gains en termes d'assainissement par exemple (Tableau 4.3).

Tableau 4.3. Exemples internationaux de mesures de soutien à la collecte des eaux pluviales

Lieu	Type de politiques publiques	Description
Allemagne	Fiscale	En Allemagne, la redevance pour les eaux usées reflète la surface imperméable des propriétés, et donc indirectement la quantité d'eau dirigée vers les réseaux d'égouts publics. En effet, la collecte de l'eau de pluie par les particuliers contribue à réduire les volumes d'eau de pluie à traiter par les stations d'épuration et donc les coûts de traitements des eaux usées incombant aux propriétaires. Le développement de cette approche a été soutenu par les länder et les municipalités, sous la forme de programmes de subventions. À Berlin, le quartier de Potzdamer est souvent cité en exemple pour la gestion des eaux pluviales. Les eaux pluviales des voiries et toitures sont recueillies à la fois dans des cuves souterraines et dans des bassines à surface libre. Les bassins permettent de rafraichir l'air et jouent donc le rôle d'évaporateurs géants. Les cuves servent également de réserves pour l'arrosage des espaces verts, les chasses d'eau de certains immeubles et la réalimentation des bassins paysagers. Un système de secours alimente en eau les immeubles en cas de pénurie d'eau.
Nouvelle-Zélande	Réglementation	Obligation de collecte des eaux
Tucson (États-Unis)	Réglementation	Obligation de collecte des eaux de pluie
Région de Flandres (Belgique)	Réglementation	Toute nouvelle construction ou projet de rénovation dont les toits ont une surface de plus de 75m2 et sur une parcelle de plus de 300m2 doit installer d'une citerne d'eau de pluie. Les dimensions de la citerne et l'utilisation de l'eau, qui doit a minima servir pour les chasses d'eau, sont aussi encadrées.
Barcelone (Espagne)	Réglementation et subventions	Pour les bâtiments déjà construits, des subventions sont proposées pour inciter les particuliers à investir dans leur propre système de collecte. La règlementation locale autorise l'usage des eaux de pluie pour l'irrigation des jardins, mais également pour la chasse d'eau ou les lessives. Cette règlementation a récemment évolué puisque désormais, toute nouvelle construction ou réhabilitation d'infrastructures doivent être dotées d'un récupérateur d'eau de pluie et d'eaux grises (à partir de 20 appartements dans les nouveaux bâtiments et 30 dans les bâtiments réhabilités). Cette règlementation ne s'applique pour le moment qu'à certains quartiers de la ville de Barcelone.

Source : (ONEMA, 2012[89]) ; (Domènech et Saurí, 2011[90]) ; (Gabe, Trowsdale et Mistry, 2012[91]) ; (Climate ADAPT, 2018[92]).

La Région Ile-de-France soutient la réutilisation des eaux pluviales. La Région propose de soutenir à 50% les particuliers qui souhaiteraient installer des récupérateurs d'eau pour un usage sanitaire ou l'arrosage de leurs jardins (Région Île-de-France, 2022[93]). A Paris, le plan Paris Pluie informe les citoyens de la possibilité de récupération des eaux de pluie notamment pour l'arrosage des jardins partagés ou la végétation. La Ville s'implique également dans des projets d'aménagement judicieux, à l'instar du quartier de la gare de Rungis qui permet de réduire les consommations d'eau de bureaux, arroser des jardins et lutter contre les inondations. Les promoteurs du quartier sont obligés par la Ville d'installer des collecteurs d'eau de pluie qui sont utilisées pour arroser les espaces associés aux bâtiments et pour les sanitaires. En cas de pluie excessive, les eaux sont redirigées vers un jardin et un bassin pour réguler le niveau d'eau. Ce programme de récupération permettra une économie de l'eau consommée pouvant atteindre jusqu'à 30%.

Le recours à de telles infrastructures peut s'appuyer sur des études coût-efficacité sur le long terme. Par exemple, pour les infrastructures existantes dont le déploiement peut être coûteux au regard du bâti existant, d'autres solutions sont probablement préférables. Dans une perspective de plus long terme, il apparaît judicieux d'intégrer les infrastructures de réutilisation des eaux pluviales le plus tôt possible pour éviter des coûts de modernisation futurs. À ce jour, aucune étude n'a permis d'évaluer l'impact de la stratégie mise en œuvre sur la consommation d'eau. Aucune étude ne permet non plus de mesurer l'impact de la stratégie actuelle sur le risque de raréfaction de l'eau à venir.

Ce type de mesures comporte néanmoins des risques qui n'ont pas été évalués dans le contexte du changement climatique. La réutilisation des eaux pluviales reste pour l'instant une mesure marginale à l'échelle de la région en termes de volumes mobilisés. Toutefois, dans l'éventualité d'une collecte à large échelle, ces eaux ne seraient pas restituées aux milieux naturellement et pourraient perturber le cycle de l'eau avec des impacts encore inconnus. Par ailleurs, dans l'éventualité de périodes estivales marquées par des volumes de précipitations plus faibles, cette ressource pourrait s'avérer insuffisante alors qu'il s'agit des périodes où les ressources non conventionnelles seront les plus importantes. S'appuyer uniquement sur ces ressources pourrait donc créer davantage de vulnérabilité, en particulier dans le secteur agricole. Il pourrait alors être nécessaire de la compléter par d'autres ressources non conventionnelles et de les intégrer avant tout dans une démarche visant à par exemple réduire les prélèvements souterrains en période de hautes eaux ou de fortes précipitations pour préserver ces stocks d'eau souterraines en prévision des périodes estivales.

La réutilisation des eaux usées traitées

La réutilisation des eaux usées traitées est une mesure permettant de réduire les pressions anthropiques sur l'eau. Cela consiste à récupérer les eaux usées après traitement par une station d'épuration, pour employer à nouveau cette eau. Recycler les eaux usées permet donc une double économie : économie de l'eau en amont en réutilisant l'eau et diminution du volume des rejets pollués. Par exemple, à Melbourne, les habitations équipées d'un système permettant la réutilisation des eaux usées utilisent 30% moins d'eau que les habitations « conventionnelles » (van Leeuwen, 2015[94]). Ces systèmes, aussi appelés « troisièmes tuyaux » sont un réseau de distribution parallèle, alimentées en eaux non conventionnelles pour des usages tels que le sanitaire ou l'arrosage des jardins. Plus généralement, la réutilisation des eaux utilisées traitées au maximum de ses capacités permettrait de réduire la consommation d'eau primaire de 26 à 48% tous usages confondus (Bauer, Linke et Wagner, 2020[95]).

La réutilisation des eaux usées traitées (REUT) n'est pas encore très développée en France, et encore moins sur le bassin Seine Normandie. La REUT permet l'irrigation ou le refroidissement industriel et parfois la réalimentation des nappes. La réutilisation des eaux usées en zone urbaine a également un fort potentiel pour l'arrosage des parcs, eaux des sanitaires, lavage de voirie, climatisation ou réservoirs anti-incendie. À Tokyo, l'eau usée est par exemple recyclée pour les sanitaires, l'irrigation des jardins, mais aussi pour préserver la biodiversité (Takeuchi et Tanaka, 2020[96]). Pourtant, en France, environ 0,2% des eaux usées sont recyclées, contre 14% en Espagne et 90% en Israël ou Singapour (Cleau, s.d.[97]). En Europe, Barcelone s'est engagé dans la REUT dès 2002, avec comme objectif de produire 50 hm3/an d'eau recyclée pour différents usages. L'avance de ces pays s'explique par des tensions plus importantes sur leurs ressources en eau.

La France mise beaucoup sur la réutilisation des eaux traitées. En 2019, les Assises de l'eau ont fixé un objectif de triplement de la REUT à l'horizon 2025. Cet objectif de réutilisation des eaux usées a été confirmé par le plan Eau qui prévoit 1000 projets de REUT d'ici 2027. Faisant suite à une étude mettant en avant les freins liés à la complexité de la procédure réglementaire en vigueur (CEREMA, 2020[98]) (France, 2023[99]), la loi a été revue pour simplifier les démarches en supprimant des obligations réglementaires de bilan, de procédure d'autorisation mais aussi de qualité des eaux usées dans certains cas. Pourtant, si les eaux usées traitées ne peuvent être utilisées dans les habitations, elles sont une solution intéressante pour l'arrosage des voiries, des jardins, l'irrigation ou certains procédés industriels (France, 2022[100]).

La mise en place la REUT est toutefois relativement coûteuse et nécessite sensibilisation et incitations en raison d'une perception négative des eaux usées traitées. L'idée de réutiliser des eaux usées peut avoir un impact psychologique négatif sur la population (Institut national de l'économie circulaire, 2018[101]). Il apparait donc important de bien informer la population des avantages et risques de la REUT. De plus, la REUT ne pourrait être utilisée à l'intérieur des habitations, ce qui limite les usages et incitations à s'équiper d'infrastructures permettant leur utilisation. Elle nécessiterait en effet un réseau d'eau double, à l'instar du réseau d'eau non potable de la ville de Paris.

De plus, la REUT peut conduire à un risque de maladaptation dans la région parisienne. En effet, les rejets des stations d'épurations contribuent au soutien d'étiage des rivières. Sur la Seine, l'agence de l'eau considère que la restitution des eaux usées traitées peut contribuer jusqu'à 70% au débit d'un cours d'eau en étiage (Agence de l'Eau Seine Normandie, 2022[102]). Leur réutilisation peut donc avoir un impact considérable en termes d'assèchement d'un cours d'eau, et pénaliser des usages en aval. De même, le SIAAP indiquait qu'un débit d'entrée de 100m3/s était nécessaire afin d'assurer un traitement efficace des rejets d'assainissement. Ce type d'approches semble davantage adapté aux zones côtières où les rejets des stations d'épuration sont de toute façon perdus. En raison des freins existants et du risque de maladaptation, la réutilisation des eaux usées semble davantage adaptée à la réutilisation d'eau en circuit fermé pour l'industrie et au cas par cas pour d'autres usages tels que l'irrigation.

Eaux grises

La réutilisation des eaux grises recouvre une partie des eaux usées qui peuvent être utilisées pour limiter la consommation d'eau primaire. L'utilisation des eaux grises fait référence à la collecte et à l'utilisation des eaux provenant des activités ménagères, telles que la douche ou le lavabo. Sont en général exclues les eaux des sanitaires et de cuisine qui sont des eaux usées. Elles représentent 30 à 80% de la consommation d'eau potable d'un foyer (Van de Walle et al., 2023[55]), ce qui en fait une ressource intéressante pour réduire la consommation d'eau primaire et ainsi prévenir le risque de raréfaction de l'eau. L'utilisation de ces ressources est d'ailleurs commune dans certains états américains, en Australie, au Japon et en Espagne. La Californie est ainsi le premier état à avoir normalisé l'utilisation des eaux grises (Encadré 4.9). Au Japon, leur utilisation est obligatoire dans les immeubles de plus de 30 000m2 ou si le volume potentiel d'eaux grises est supérieur à 100m3/j (Domènech et Saurí, 2010[103]).

En France, les eaux grises sont considérées comme des eaux traitées et leur réutilisation n'est pas autorisée pour des usages domestiques (ANSES, 2015[104]). En pratique, il n'y a pas d'interdiction formelle mais une obligation de rejeter les eaux usées vers un réseau d'assainissement. Ainsi, la réutilisation des eaux grises est encadrée de la même façon que la réutilisation des eaux usées traitées qui limite leur usage à l'irrigation et l'arrosage des espaces verts, sous condition de traitement suffisant (Gouvernement, 2022[105]). Ce rejet des eaux grises reflète avant tout une politique sanitaire de protection des populations. L'agence nationale de sécurité sanitaire de l'alimentation, de l'environnement et du travail (ANSES) a d'ailleurs recommandé de limiter cet usage aux seules régions affectées durablement et de façon répétée par des pénuries d'eau en raison de risques sanitaires importants.

Les eaux grises nécessitent un traitement adapté pour éviter tout risque sanitaire ou environnemental. Contenant a priori moins de pathogènes que les eaux usées puisqu'elles excluent les eaux des toilettes et de cuisine, la concentration de détergents et autres agents de lavage dans les eaux grises peuvent s'avérer néfastes. Les produits ménagers augmentent par exemple la salinité de l'eau et sont concentrés en métaux qui peuvent se retrouver en trop grande quantité dans les sols. Sans traitement adapté, une contamination microbienne peut également survenir (Van de Walle et al., 2023[55]). Bien que des standards de qualité d'eau non potable apparaissent, les technologies de filtration et traitement des eaux grises sont encore insuffisamment développées. Cela est dû notamment au faible engouement pour cette pratique à l'exception de certains pays (Van de Walle et al., 2023[55]). L'absence de standards de qualité des eaux grises et d'encadrement de cette pratique freine le développement des technologies permettant de faciliter leur utilisation.

Une perception négative des usagers soulève également l'importance de mesures de sensibilisation. Un programme de déploiement des systèmes de réutilisation des eaux grises aux Émirats Arabes Unis a par exemple mis en avant le scepticisme des habitants face à ce procédé pourtant devenu obligatoire (Shanableh et al., 2021[106]). L'éducation et la sensibilisation ont été primordiales pour que les usagers adhèrent à ce programme et utilisent les eaux grises. En effet, il semblerait que les consommateurs confondent eaux grises et eaux usées et doutent de la qualité de ces ressources pour leur usage. La notion de contact avec ces eaux grises est aussi rédhibitoire pour certains. De plus, la maintenance de ces systèmes nécessite des compétences techniques et était perçue comme un fardeau. Le déploiement de la réutilisation des eaux grises dans certains pays a mis en évidence que les impacts économiques d'une réduction de la consommation d'eau potable étaient en revanche un argument auquel les usagers pouvaient être sensibles (Van de Walle et al., 2023[55]). Sensibiliser aux gains environnementaux et économiques apparaît donc essentiel pour mobiliser ce type de ressources.

Enfin, le coût d'installation des infrastructures de réutilisation des eaux grises constitue également un frein à leur déploiement pour le bâti existant. L'utilisation des eaux grises requiert l'installation d'infrastructures qui peuvent être complexes à installer dans des immeubles anciens, notamment un double réseau pour distinguer les canalisations transportant eaux grises et eau potable. Des incitations réglementaires pourraient être envisagées à l'instar de la ville de Barcelone (Encadré 4.9).

La réutilisation des eaux grises paraît néanmoins être une piste prometteuse en complément de la réutilisation des eaux pluviales à l'échelle de l'habitat. La réutilisation des eaux grises pourrait permettre d'importantes économies d'eau dans des secteurs tels que l'hôtellerie ou la restauration (mars et Gorostiza, 2023[107]), qui sont de gros consommateurs d'eau potable. De même, alors que les nouvelles constructions pourraient intégrer des systèmes de gestion des eaux pluviales, il pourrait être intéressant de réfléchir en amont au sujet des eaux grises pour éviter des coûts futurs d'installation de systèmes permettant d'intégrer les deux types de ressources aux habitations. En effet, si la collecte des eaux pluviales permet une prévention du risque de raréfaction, l'absence de pluie en période de sécheresse pourrait être compensée par les eaux grises. De plus, certaines habitations dont la surface des toits ou le système de gouttières ne permettrait pas l'installation de cuve de récupération des eaux pluviales, pourraient bénéficier de ce système.

Le déploiement d'infrastructures de réutilisation des eaux grises requiert une meilleure compréhension des risques et bénéfices liés à ces mesures. En dépit d'exemples internationaux de réutilisation des eaux grises, il n'existe pas d'étude permettant de comprendre de façon quantifiée les gains environnementaux, sociaux et économiques de ces mesures, mais aussi l'efficacité des différentes solutions apportées pour faire face aux risques sanitaires. Ce type d'étude permettrait de considérer à nouveau le déploiement d'une telle pratique et faciliterait des investissements dans des technologies de traitement de ces eaux innovantes en vue de leur réutilisation.

Encadré 4.9. Faciliter le déploiement de la réutilisation des eaux grises

Californie

Le Sud de la Californie est l'une des régions des États Unis les plus exposées aux sécheresses. L'État a mis en place un certain nombre de mesures pour s'adapter à la raréfaction de l'eau et mise en partie sur l'utilisation des eaux grises. En 2010, la Commission des normes de construction californienne a ainsi adopté les principes techniques de développement des systèmes d'utilisation des eaux grises pour intégration aux normes de plomberie qui permettent désormais l'installation des infrastructures requises pour leur utilisation dans les maisons. Depuis 2019, une loi permet également des crédits d'impôts pour tout contribuable qui souhaiterait installer un dispositif de réutilisation des eaux grises.

Barcelone

En 2002, des ordonnances municipales rendant obligatoires les systèmes de collecte des eaux de pluie et de réutilisation des eaux grises apparaissent. En 2023, le bilan est toutefois mitigé car seules cinq municipalités de la métropole de Barcelone incluent la réutilisation des eaux grises dans leur plan d'économie d'eau. En dépit d'économies d'eau avérées (près de 22 litres par habitant par jour pour un habitant de Barcelone soit 20% de réduction), il existe des doutes sur le déploiement de ces solutions, au profit d'autres mesures telles que la sobriété ou la réutilisation des eaux usées traitées.

Source : (État de Californie, 2018[108]),Central Coast Greywater Alliance ; (mars et Gorostiza, 2023[107]) ; (Saurí, March et Gorostiza, 2015[109]).

Autres ressources non conventionnelles : Eaux de piscine et eaux d'exhaure

Parmi les ressources non conventionnelles, existent également les eaux d'exhaure et de piscine, qui représentent des volumes conséquents. À l'échelle de Paris, il est ainsi estimé que les volumes d'eau de piscine représentent un quart des volumes d'eau non potable utilisée aujourd'hui par la Ville de Paris provenant des canaux via des prélèvements dans la Marne (APUR, 2013[110]). La régie autonome des transports parisiens (RATP) a lancé des projets pilotes dans certaines de ses stations pour évaluer les bénéfices potentiels de l'utilisation des eaux d'exhaure, c'est-à-dire des eaux claires, considérées comme impropres, telles que les infiltrations fluviales dans les stations de métro. Le volume d'eaux d'exhaure potentiel pourrait représenter 16% des volumes d'eau non potable utilisés par la Ville de Paris (Encadré 4.10).

Encadré 4.10. Le réseau d'eau non potable de la Ville de Paris : un atout exposé à la raréfaction

La Ville de Paris est la seule à posséder un réseau d'eau non potable en France. Ce réseau d'eau non potable, est alimenté par le canal de l'Ourcq, et des prélèvements dans la Marne et la Seine. Près de 78 millions de mètres cubes d'eau ont été produits en 2019 (42% de la production d'eau potable la même année). Le linéaire du réseau est comparable à celui du réseau de distribution d'eau potable de la Ville de Paris (1700 km contre 2000 km pour le réseau d'eau potable).

Cette eau non traitée est utilisée pour assurer le fonctionnement optimal du réseau d'assainissement de la ville, le lavage des rues, l'arrosage des espaces verts et mares, étangs, lacs, rivières et fontaines ornementales. Le réseau d'eau devrait également être utilisé pour ses propriétés de fluide caloporteur, pour le chauffage du futur écoquartier Saint Vincent de Paul. Enfin, le réseau d'eau potable est également utilisé par les sapeurs-pompiers.

Toutefois, les ressources du réseau d'eau non potable pourraient également être limitées en cas d'étiage important sur les axes alimentant les principaux réservoirs. Des travaux ont été menés par l'Agence Parisienne d'Urbanisme (APUR) afin d'évaluer le potentiel d'une combinaison de ressources d'eau pouvant, entre autres, alimenter le réseau d'eau non potable. Cette étude a notamment contribué à alimenter les échanges qui ont conduit à l'élaboration du Schéma Directeur 2022-2034 du réseau d'eau non potable de la Ville de Paris. Il apparaît que l'intégration de nouvelles ressources pourrait s'avérer très coûteuse face aux volumes mobilisés. Une approche au cas par cas est ainsi recommandée.

Source : Eau de Paris ; (APUR, 2022[111]).

Recourir à ces ressources est pertinent pour atteindre les objectifs de réduction de prélèvements nécessaires pour accroître la résilience de la région parisienne. Les eaux de piscine, plutôt que d'être simplement rejetées dans l'environnement ou dans les réseaux d'assainissement, offrent une précieuse ressource pour divers usages tels que le nettoyage des espaces publics, l'irrigation des jardins, l'alimentation des réseaux de chauffage et de climatisation, ainsi que le lavage des véhicules et des articles textiles dans les blanchisseries. Sur le périmètre du SEDIF, ces eaux permettraient d'assurer environ un tiers des besoins totaux en eau potable au titre des usages non domestiques (INSEE, 2023[112]). Certaines villes, telles qu'Orly, utilisent d'ailleurs exclusivement les eaux de piscine pour l'arrosage de leur voirie (Agence de l'Eau Seine Normandie, 2023[2]). De même, les eaux d'exhaure sont aujourd'hui pompées, stockées puis renvoyées aux réseaux d'assainissement alors qu'elles pourraient alimenter le réseau d'eau non potable.

Mobiliser ces ressources nécessite une approche au cas par cas. Concernant les eaux de piscine, la régie d'eau de la Ville de Paris (Eau de Paris), également responsable du réseau d'eau non potable de la ville a ainsi évoqué des coûts importants face à une ressource qui ne représenterait que 1% du réseau d'eau non potable actuel. Concernant les eaux d'exhaure, Eau de Paris alerte sur le risque de corrosion du réseau d'eau non potable en cas de raccordement et préconise une approche au cas par cas (APUR, 2022[111]). Hormis le raccordement au réseau d'eau non potable qui permettrait de pallier des déficits quantitatifs éventuels des ressources d'eau non potable, ces eaux peuvent être utilisées hors réseau d'eau non potable. Elles deviennent ainsi des ressources intéressantes pour des municipalités ne disposant pas de tels réseaux, ou pour des institutions qui peuvent considérer un double réseau, à l'instar du musée du Quai Branly (APUR, 2013[113]). Dans ce dernier cas, le réseau n'est pourtant pas utilisé, par mesure de précaution face à l'absence de réglementation sur ce sujet.

4.4.3. Investissement dans d'autres projets d'infrastructure à large échelle

Le transfert de ressources en eau entre bassins versants

Les transferts de ressources en eau entre bassins versants permettent un soutien entre régions affectées et préservées en cas de sécheresse qui est coûteuse et source de conflits. Des transferts au sein d'un même bassin existent dans plusieurs pays tels que l'Espagne ou le Royaume-Uni. Les transferts ont néanmoins un coût élevé lié à la construction d'infrastructures et peuvent se révéler sensibles au changement climatique (Sénat, 2023[114]). De plus, les transferts entre bassins reposent sur le principe de solidarité entre des régions plus riches en eau et les régions plus pauvres et plus déficitaires en eau au sein d'un pays. Lorsque les ressources sont rares, la compétition pour les ressources crée un risque de conflit (Encadré 4.11).

Ce type d'approche n'est pour l'instant pas envisagée sur le bassin de la Seine et ne semble pas prioritaire en raison des risques attendus sur les autres bassins français et des dommages possibles pour l'environnement.

Encadré 4.11. Conflits liés à des projets de transferts d'eau en Corée sans compensation

La ville de Busan en Corée, avec 3,5 millions d'habitants, dépend principalement de la rivière Nakdong pour son approvisionnement en eau potable. Cependant, la qualité de l'eau de la Nakdong a souffert de la pollution due aux eaux usées industrielles et domestiques mal traitées, notamment la contamination au phénol d'un complexe industriel de Gumi. Pour pallier cette situation, Busan a exploré des transferts d'eau interrégionaux depuis d'autres régions depuis les années 1990. En 1996, un plan de transfert d'eau interrégional depuis la rivière Hwang à Hapcheon a été élaboré, mais il a été annulé en raison de l'opposition des habitants. La croissance de la population et de l'urbanisation a créé des problèmes de qualité et de pénurie d'eau, incitant Busan à chercher de l'eau propre auprès du barrage de la rivière Nam à Jinju en 2018. Ce plan a également suscité une forte opposition en raison de l'augmentation du risque de raréfaction de l'eau pendant la saison sèche et du risque d'inondation pendant la saison des pluies. Busan a finalement annulé ce projet de transfert d'eau en 2019, cherchant d'autres solutions alternatives.

Source : (OCDE, 2022[115]).

4.4.4. Conclusion sur la gestion de l'offre

Les infrastructures qui ont permis d'assurer la résilience de la région en optimisant l'offre en eau pourraient s'avérer insuffisantes pour faire face au risque de raréfaction induit par le changement climatique. Les lacs réservoirs pourraient rencontrer des difficultés à se remplir, et les interconnexions de secours pourraient en souffrir. De même, le déploiement de solutions fondées sur la nature est positif mais reste insuffisamment stratégique pour assurer la résilience de la région.

Cette perspective suggère non seulement de renforcer les infrastructures existantes, d'accentuer le déploiement des solutions fondées sur la nature en priorité, mais également de considérer de nouvelles mesures de gestion de l'offre en eau. En effet, face aux délais de construction des infrastructures et à la densité du bâti francilien, planifier les infrastructures qui permettront de faire face au risque de raréfaction de l'eau à moyen-long terme est indispensable. Dans cette perspective, des solutions permettant de récupérer les eaux pluviales, de piscine, d'exhaure et grises semblent davantage prometteuses que la réutilisation des eaux usées traitées qui présente un risque de maladaptation. Toutefois, ce type d'approche doit être envisagé au cas par cas :

- **Eau potable et usages municipaux d'eau non potable** : Si la Ville de Paris bénéficie d'un réseau d'eau non potable, les usagers municipaux et non résidentiels d'autres municipalités pourraient bénéficier directement de l'utilisation des eaux non conventionnelles. C'est le cas de commerces tels que le lavage de voitures, les blanchisseries, l'arrosage d'installations sportives ou encore le nettoyage des voiries. De plus, face à la réduction des ressources disponibles pour le réseau d'eau non potable de Paris, de nouvelles ressources peuvent être considérées pour alimenter ce réseau et répondre aux enjeux de rafraichissement et de végétalisation de la ville. Par ailleurs, la perspective d'une ressource en diminution à plus long terme (2100) et la marge potentiellement restreinte de foyers dont la consommation est déjà très raisonnable (INSEE, 2023[112]), rendent les eaux non conventionnelles intéressantes à considérer dans de nouvelles constructions ou via des aménagements peu coûteux (e. g bacs de récupération des eaux pluviales).
- **Agriculture** : Face au défi du maintien des volumes de prélèvements pour irrigation, la mobilisation de ressources non conventionnelles parait pertinente. La réutilisation des eaux pluviales présente par exemple un potentiel intéressant, avec près de 16% des besoins d'irrigation pouvant être atteints ainsi. Des études de faisabilité, intégrant les enjeux climatiques et prévoyant des efforts de sobriété indispensables en parallèle sont nécessaires pour calibrer ces mesures et éviter la maladaptation. En effet, miser sur cette seule ressource peut s'avérer risqué dans un contexte de sécheresses plus fréquentes. Un des risques pour le secteur est ainsi d'opter pour des solutions qui ne seraient pas robustes au changement climatique.
- **Industrie** : Les industries du bassin versant Seine-Normandie ont déjà commencé à mobiliser des ressources non conventionnelles via la mise en place de circuits fermés permettant de réutiliser des eaux usées ou des eaux de pluie. Ces approches sont très efficaces pour réduire les prélèvements d'eau.

Références

Ademe (2021), « L'étiquette énergie pour l'équipement de la maison », https://librairie.ademe.fr/ged/6557/fiche-etiquette-energie-equipement-maison.pdf (consulté le 17 août 2023). [15]

Agence de l'Eau Seine Normandie (2023), *Stratégie d'adaptation au changement climatique du bassin Seine Normandie*. [2]

Agence de l'Eau Seine Normandie (2022), *https://www.eau-seine-normandie.fr/reutilisation-eaux-usees-traitees*. [102]

Agence de l'Eau Seine Normandie (2021), *Rapport d'activité 2021*. [13]

Agence de l'Eau Seine Normandie (s.d.), *Les cours d'eau du bassin Seine-Normandie*, https://sigessn.brgm.fr/spip.php?article175. [62]

Agence Locale de l'Energie Montpellier (2017), *Économies d'eau en copropriété*, https://alec-montpellier.org/wp-content/uploads/2017/09/REX-Athena_V2.pdf. [26]

Agreste (2024), *Mémento 2023 Île-de-France*. [21]

Agreste (2023), *Memento Centre Val-de-Loire*. [23]

Albiac, J. et al. (2020), « The Challenge of Irrigation Water Pricing in the Water Framework Directive », http://www.water-alternatives.org (consulté le 17 août 2023). [47]

ANSES (2015), *Réutilisation des eaux grises pour des usages domestiques : une pratique à encadrer.* [104]

APUR (2023), *Plan de végétalisation et de rafraichissement de la Plaine Commune.* [77]

APUR (2022), *Contribution au schéma directeur du réseau d'eau non potable 2022-34.* [111]

APUR (2022), *L'eau potable, témoin du taux d'usage des bâtiments*, https://www.apur.org/fr/nos-travaux/eau-potable-temoin-taux-usage-batiments-exemple-paris (consulté le 17 août 2023). [4]

APUR (2022), *Potentiel de déperméabilisation de l'espace public parisien.* [76]

APUR (2021), *Atlas des usages et des potentiels du réseau d'eau non potable parisien.* [84]

APUR (2018), *Référentiel pour une gestion à la source des eaux pluviales dans la métropole.* [87]

APUR (2015), *Préservation et valorisation de la ressource en eau brute.* [72]

APUR (2013), *Du réseau d'eau non potable à l'optimisation de la ressource en eau*, https://www.apur.org/fr/nos-travaux/reseau-eau-non-potable-optimisation-ressource-eau. [110]

APUR (2013), *Du réseau d'eau non potable à l'optimisation de la ressource en eau.* [113]

Aquavesc, SEDIF, Sénéo, Ville de Paris (2020), *Étude relative à la sécurisation de l'eau potable en Ile-de-France.* [56]

Arc'Eau (2021), *Quel intérêt pour la séparation à la source dans la gestion des eaux domestiques en France ?.* [29]

Association Rivière Rhône Alpes Auvergne (2020), *Les retenues d'eau comme solution d'adaptation au changement climatique ? Synthèse bibliographique et retours d'expériences.* [59]

Australian Bureau of Statistics (2021), *Water Account, Australia, ABS Website.* [17]

Banque Mondiale (2023), *https://blogs.worldbank.org/water/keys-accelerating-nature-based-solutions-integration-water-projects.* [80]

Bauer, S., H. Linke et M. Wagner (2020), « Optimizing water-reuse and increasing water-saving potentials by linking treated industrial and municipal wastewater for a sustainable urban development », *Water Science and Technology*, vol. 81/9, pp. 1927-1940, https://doi.org/10.2166/wst.2020.257. [95]

Berbel, J. et al. (2019), « Analysis of irrigation water tariffs and taxes in Europe », *Water Policy*, vol. 21/4, pp. 806-825, https://doi.org/10.2166/wp.2019.197. [49]

CEREMA (2020), *Réutilisation des Eaux Usées Traitées, le panorama français.* [98]

CGEDD&CGAER (2022), *Appui à l'aboutissement de projets de territoire pour la gestion de l'eau, examen de l'élaboration de quinze PTGE et identification de voies de progrès.* [37]

CGEDD&CGAER (2020), *Bilan du dispositif des organismes uniques (OUGC) des prélèvements d'eau pour l'irrigation.* [38]

Chambre d'agriculture Ile-de-France (2023), *Adaptation et transition face au changement climatique - Atelier du 3 avril 2023*, https://idf.chambre-agriculture.fr/fileadmin/user_upload/Ile-de-France/160_Inst-IDF/2-Nos_Services/Documents/2023_04_03_GT3_Support_de_presentation__atelier_n__2.pdf. [36]

Chambre régionale des comptes Île-de-France (2022), *Syndicat des eaux d'Île-de-France (SEDIF) – Cahier n° 2 : Enquête nationale gestion quantitative de l'eau*. [27]

Cleau (s.d.), *https://www.cieau.com/eau-transition-ecologique/solutions/reutilisation-des-eaux-usees-traitees-un-formidable-procede-deconomie-circulaire/*. [97]

Climate ADAPT (2018), *Etude de cas- Économie et utilisation de l'eau de pluie dans les ménages, Brême*. [92]

Climate Adapt (2023), *Zaragoza: combining awareness raising and financial measures to enhance water efficiency*. [9]

Cour des Comptes européenne (2021), *La PAC et l'utilisation durable de l'eau dans l'agriculture*. [52]

Di Baldassarre, G. et al. (2018), « Water shortages worsened by reservoir effects », *Nature Sustainability*, vol. 1/11, pp. 617-622, https://doi.org/10.1038/s41893-018-0159-0. [61]

Domènech, L. et D. Saurí (2011), « A comparative appraisal of the use of rainwater harvesting in single and multi-family buildings of the Metropolitan Area of Barcelona (Spain): social experience, drinking water savings and economic costs », *Journal of Cleaner Production*, vol. 19/6-7, pp. 598-608, https://doi.org/10.1016/j.jclepro.2010.11.010. [90]

Domènech, L. et D. Saurí (2010), « Socio-technical transitions in water scarcity contexts: Public acceptance of greywater reuse technologies in the Metropolitan Area of Barcelona », *Resources, Conservation and Recycling*, vol. 55/1, pp. 53-62, https://doi.org/10.1016/j.resconrec.2010.07.001. [103]

DRIAAF (2019), *Agreste IDF*. [11]

DRIEAT (2020), *L'eau et les milieux aquatiques en Ile-de-France*, https://www.drieat.ile-de-france.developpement-durable.gouv.fr/IMG/pdf/2020_01_28_eau_et_milieux_aquatiques_idf.pdf. [79]

Eau de Paris (2022), *L'Eau une énergie d'avenir*. [64]

Eau de Paris (2022), *Rapport annuel*, https://www.eaudeparis.fr/sites/default/files/2023-05/EDP%20-%20Rapport%20annuel%202022%20Eau%20de%20Paris.pdf. [70]

Eau de Paris (s.d.), *Schéma d'alimentation d'eau potable*. [63]

Ehret, P. et al. (2021), « Systematic Review of Household Water Conservation Interventions Using the Information–Motivation–Behavioral Skills Model », *Environment and Behavior*, vol. 53/5, pp. 485-519, https://doi.org/10.1177/0013916519896868/ASSET/IMAGES/LARGE/10.1177_0013916519896868-FIG3.JPEG. [10]

EPTB Seine Grands Lacs (2022), *Etude globale sur l'incidence socio-économique et environnementale des étiages sévères sur le bassin amont de la Seine*. [57]

État de Californie (2018), *Amendement à la loi « Personal Income Tax Law (PITL) »*. [108]

EurEau (2021), *Europe's Water in Figures*, https://www.eureau.org/resources/publications/eureau-publications/5824-europe-s-water-in-figures-2021/file (consulté le 17 août 2023). [68]

Fane, S., C. Grossman et A. Schlunke (2020), « Australia's water efficiency labelling and standards scheme: summary of an environmental and economic evaluation », *Water Supply*, vol. 20/1, pp. 1-12, https://doi.org/10.2166/WS.2019.137. [18]

France (2023), *Arrêté du 30 juin 2023 relatif aux mesures de restriction, en période de sécheresse, portant sur le prélèvement d'eau et la consommation d'eau des installations classées pour la protection de l'environnement*, https://www.legifrance.gouv.fr/jorf/id/JORFTEXT000047784127. [34]

France (2023), *Décret n° 2023-835 du 29 août 2023 relatif aux usages et aux conditions d'utilisation des eaux de pluie et des eaux usées traitées*. [99]

France (2022), *Décret n° 2022-336 du 10 mars 2022 relatif aux usages et aux conditions de réutilisation des eaux usées traitées*. [100]

France (2008), *Arrêté du 21 août 2008 relatif à la récupération des eaux de pluie et à leur usage à l'intérieur et à l'extérieur des bâtiments*. [86]

Gabe, J., S. Trowsdale et D. Mistry (2012), « Mandatory urban rainwater harvesting: learning from experience », *Water Science and Technology*, vol. 65/7, pp. 1200-1207, https://doi.org/10.2166/wst.2012.955. [91]

GhaffarianHoseini, A. et al. (2015), « State of the art of rainwater harvesting systems towards promoting green built environments: a review », *Desalination and Water Treatment*, pp. 1-10, https://doi.org/10.1080/19443994.2015.1021097. [83]

Gouvernement (2022), *Décret n° 2022-336 du 10/03/22 relatif aux usages et aux conditions de réutilisation des eaux usées traitées*. [105]

Gouvernement (2012), *Décret relatif à la définition d'un descriptif détaillé des réseaux des services publics de l'eau et de l'assainissement et d'un plan d'actions pour la réduction des pertes d'eau du réseau de distribution d'eau potable*. [65]

Gouvernement (2008), *Circulaire du 30/06/08 relative à la résorption des déficits quantitatifs en matière de prélèvement d'eau et de gestion collective des prélèvements d'irrigation*. [35]

GOV UK (2023), *A summary of England's draft regional and water resources management plans*. [1]

Habets, F. et al. (2014), « Small farm dams: impact on river flows and sustainability in a context of climate change », *Hydrology and Earth System Sciences*, vol. 18/10, pp. 4207-4222, https://doi.org/10.5194/hess-18-4207-2014. [60]

IGEDD ; IGA ; CGAAER (2023), *Retour d'expérience sur la gestion de l'eau lors de la sécheresse 2022*. [33]

INRAE (2022), *Aider les agriculteurs à s'adapter*, https://www.inrae.fr/dossiers/lagriculture-va-t-elle-manquer-deau/aider-agriculteurs-sadapter. [46]

INSEE (2023), *Analyses Île-de-France n° 175*. [112]

INSEE (2023), *L'essentiel...sur l'Ile-de-France*, https://www.insee.fr/fr/statistiques/4481962. [3]

INSEE (2021), « Niveau de vie et pauvreté des territoires en 2021 », https://www.insee.fr/fr/statistiques/7752770?sommaire=7756859. [43]

Institut national de l'économie circulaire (2018), *L'économie circulaire dans le petit cycle de l'eau : la réutilisation des eaux usées traitées*. [101]

Institut Paris Région (2022), *L'environnement en Ile-de-France*. [78]

mars, H. et S. Gorostiza (2023), *Redrawing the hydrosocial cycle through treated wastewater reuse in the metropolitan area of Barcelona*. [107]

Mayol, A. et S. Porcher (2019), « Tarifs discriminatoires et monopoles de l'eau potable : une analyse de la réaction des consommateurs face aux distorsions du signal-prix », *Revue économique*, vol. Vol. 70/4, pp. 461-494, https://doi.org/10.3917/reco.pr2.0144. [44]

Mekonnen, M. et A. Hoekstra (2011), « The green, blue and grey water footprint of crops and derived crop products », *Hydrol. Earth Syst. Sci*, vol. 15, pp. 1577-1600, https://doi.org/10.5194/hess-15-1577-2011. [16]

Météo France (2023), « Climat HD - Les futurs du Climat », *Précipitations en Île-de-France*, https://meteofrance.com/climathd. [58]

Métropole du Grand Paris (2023), *La Métropole du Grand Paris renforce son action en matière de gestion des milieux aquatiques et de prévention des inondations, et poursuit la dynamisation des centres-villes*, https://metropolegrandparis.fr/fr/actualites/la-metropole-du-grand-paris-renforce-son-action-en-matiere-de-gestion-des-milieux#:~:text=Nature%20et%20qualit%C3%A9%20de%20vie%20%3A%20r%C3%A9ouverture%20de%20la%20Bi%C3%A8vre&text=En%202022%2C%20la%20M%C3%A9t. [74]

Ministère des Finances (2021), *Annexe au projet de loi de finances - Agences de l'Eau*. [45]

Montginoul, M. et T. Rieu (1996), « Instruments économiques et gestion de l'eau d'irrigation en France », *La Houille Blanche*, vol. 82/8, pp. 47-54, https://doi.org/10.1051/lhb/1996087. [42]

National Delta Programme (2021), *Delta Plan on Freshwater Supply*. [7]

Nations Unies (s.d.), *Questions thématiques sur l'eau*, https://www.un.org/fr/global-issues/water#:~:text=L%27Assembl%C3%A9e%20a%20reconnu%20le,par%20personne%20et%20par%20jour. [5]

Nauges, C. et A. Thomas (2003), « Long-run Study of Residential Water Consumption », *Environmental and Resource Economics*, vol. 26/1, pp. 25-43, https://doi.org/10.1023/A:1025673318692/METRICS. [41]

Nydrioti, I. et H. Grigoropoulou (2023), « Using the water footprint concept for water use efficiency labelling of consumer products: the Greek experience », *Environmental Science and Pollution Research*, vol. 30/8, pp. 19918-19930, https://doi.org/10.1007/S11356-022-23573-W/FIGURES/10. [20]

OCDE (2022), *Background note: The economics of water scarcity - Thematic workshops April 2022*. [51]

OCDE (2022), *Managing and Financing Water for Growth in Thailand : Highlights of a National Dialogue on Water*, Études de l'OCDE sur l'eau, Éditions OCDE, Paris, https://doi.org/10.1787/839a4f70-en. [115]

OCDE (2021), *Boîte à outils pour des politiques et la gouvernance de l'eau : Converger vers la Recommandation du Conseil de l'OCDE sur l'eau*, Éditions OCDE, Paris, https://doi.org/10.1787/e867acbb-fr. [31]

OCDE (2015), *Water Resources Allocation : Sharing Risks and Opportunities*, Études de l'OCDE sur l'eau, Éditions OCDE, Paris, https://doi.org/10.1787/9789264229631-en. [32]

Office français pour la biodiversité (2012), *De la qualité des milieux aquatiques dépendent de nombreux services rendus à la société*. [50]

ONEMA (2012), *Panorama international de l'utilisation de l'eau de pluie*. [89]

Parsons, D. et al. (2010), « The perceived barriers to the inclusion of rainwater harvesting systems by UK house building companies », *Urban Water Journal*, vol. 7/4, pp. 257-265, https://doi.org/10.1080/1573062x.2010.500331. [88]

Propluvia (s.d.), *Propluvia (developpement-durable.gouv.fr)*. [12]

Raimondi, A. et al. (2023), « Rainwater Harvesting and Treatment: State of the Art and Perspectives », *Water*, vol. 15/8, p. 1518, https://doi.org/10.3390/w15081518. [85]

Région Île-de-France (2023), *Plan régional pour une alimentation locale, durable et solidaire*. [22]

Région Île-de-France (2022), *« Île-de-France Nature » succède à l'Agence régionale des espaces verts*, https://www.iledefrance.fr/toutes-les-actualites/ile-de-france-nature-succede-lagence-regionale-des-espaces-verts. [73]

Région Île-de-France (2022), *Plan régional d'adaptation au changement climatique*. [93]

Rey, D. et al. (2019), « Role of economic instruments in water allocation reform: lessons from Europe », *International Journal of Water Resources Development*, vol. 35/2, pp. 206-239, https://doi.org/10.1080/07900627.2017.1422702. [48]

Reynaud, A. (2003), , *Environmental and Resource Economics*, vol. 25/2, pp. 213-232, https://doi.org/10.1023/a:1023992322236. [53]

Reynaud, A. et G. Romano (2018), « Advances in the Economic Analysis of Residential Water Use: An Introduction », *Water*, vol. 10/9, p. 1162, https://doi.org/10.3390/w10091162. [39]

Saurí, D., H. March et S. Gorostiza (2015), « Des ressources conventionnelles aux ressources non conventionnelles : l'approvisionnement moderne en eau de la ville de Barcelone », *Flux*, vol. N° 97-98/3, pp. 101-109, https://doi.org/10.3917/flux.097.0101. [109]

Sebri, M. (2013), « A meta-analysis of residential water demand studies », *Environment, Development and Sustainability*, vol. 16/3, pp. 499-520, https://doi.org/10.1007/s10668-013-9490-9. [40]

SEDIF (2021), *Rapport d'activité*. [71]

Sénat (2023), *Éviter la panne sèche - Huit questions sur l'avenir de l'eau*. [114]

Shanableh, A. et al. (2021), « Assessment and reform of greywater reuse policies and practice: a case study from Sharjah, United Arab Emirates », *Water Policy*, vol. 23/2, pp. 376-396, https://doi.org/10.2166/wp.2021.205. [106]

SIAAP (s.d.), *Dépolluer les eaux usées*, https://www.siaap.fr/metiers/depolluer-les-eaux-usees/. [54]

SISPEA (2021), *Données annuelles des services*, https://www.services.eaufrance.fr/pro/telechargement. [82]

SISPEA (2021), *Île-de-France*. [66]

SISPEA (2020), *Observatoire des services publics d'eau et d'assainissement*. [69]

SMEREG (2023), *Synthèse et interprétation des résultats du projet Life + MAC Eau*, https://www.jeconomiseleau.org/wp-content/uploads/2023/04/rapport-resultats-version-web.pdf. [24]

Stavenhagen, M., J. Buurman et C. Tortajada (2018), « Saving water in cities: Assessing policies for residential water demand management in four cities in Europe », *Cities*, vol. 79, pp. 187-195, https://doi.org/10.1016/j.cities.2018.03.008. [14]

Stratelligence (2021), *A freshwater supplu cost-benefit analysis : Economische analyse Zoetwater Eindrapportage*. [6]

Takeuchi, H. et H. Tanaka (2020), « Water reuse and recycling in Japan — History, current situation, and future perspectives », *Water Cycle*, vol. 1, pp. 1-12, https://doi.org/10.1016/j.watcyc.2020.05.001. [96]

Thames Water (2023), *Draft Water Resources Management Plan 2024*. [8]

Thames Water (2020), *Shape your water future*. [67]

Van de Walle, A. et al. (2023), « Greywater reuse as a key enabler for improving urban wastewater management », *Environmental Science and Ecotechnology*, vol. 16, p. 100277, https://doi.org/10.1016/j.ese.2023.100277. [55]

van Leeuwen, C. (2015), « Water governance and the quality of water services in the city of Melbourne », *Urban Water Journal*, vol. 14/3, pp. 247-254, https://doi.org/10.1080/1573062x.2015.1086008. [94]

Ville de Paris (2023), *Cours Oasis*, https://www.paris.fr/pages/les-cours-oasis-7389. [25]

Ville de Paris (2018), *Plan Biodiversité 2018-24*. [75]

Ville de Paris (2013), *Rapport annuel 2013 sur le prix et la qualité des services publics d'eau potable et d'assainissement*, https://cdn.paris.fr/paris/2019/07/24/7408eea1a73c088b675cdbf55996576c.pdf. [28]

Ville de Paris (s.d.), *Schémas des réseaux d'eau et d'assainissement et systèmes d'élimination des déchets*, http://pluenligne.paris.fr/plu/sites-plu/site_statique_1/documents/1_Plan_Local_d_Urbanisme_de_Par/24_Annexes_du_PLU/C_ANN2-V01.pdf. [81]

Water Services Association of Australia (2019), *Water Efficient Australia*, https://www.wsaa.asn.au/publication/water-efficient-australia (consulté le 17 août 2023). [19]

Wheeler, S. et al. (2020), « The rebound effect on water extraction from subsidising irrigation infrastructure in Australia », *Resources, Conservation and Recycling*, vol. 159, p. 104755, https://doi.org/10.1016/j.resconrec.2020.104755. [30]

Notes

[1] Scénario OCDE de sécheresse 2050 tel qu'utilisé au chapitre 2

[2] Données communiquées par le gouvernement sur la plateforme Vigi Eau : https://vigieau.gouv.fr/

[3] Dispositif Ecodo : https://www.eaudubassinrennais-collectivite.fr/votre-eau/comment-economiser-eau/documentation-ecodo/

[4] https://www.smegreg.org/index.php?option=com_content&view=article&id=219:elaborer-un-referentiel-des-consommations-domestiques-d-eau-potable-par-usage&catid=11&acm=_73

[5] Informations sur la collecte des urines pour l'écoquartier de Saint-Vincent de Paul : https://www.blog-saintvincentdepaul-leprojet.fr/blog/68/la-collecte-des-urines-un-sujet-serieux

[6] Données de l'Observatoire National des Services d'Eau et Assainissement 2024

[7] Réforme des redevances des agences de l'eau (senat.fr)

[8] La petite couronne désigne l'ensemble formé par Paris et les trois départements les plus proches (Seine-Saint Denis, Hauts de Seine et Val de Marne, cf Chapitre 3)

5 Financer les mesures de résilience

Ce chapitre analyse les différentes sources de financement existantes pour investir dans des mesures de résilience aux sécheresses futures. La première section s'intéresse aux financements disponibles et à leurs limites. La seconde section évalue les stratégies de financement élaborées aux niveaux national et local pour accroître la résilience de l'Ile-de-France.

5.1. Introduction

Face au risque de raréfaction de l'eau pour la région parisienne, il est essentiel de mobiliser stratégiquement des financements pour mettre en œuvre les mesures nécessaires à la résilience du territoire. Le financement de la résilience de la région aux risques de sécheresse implique de financer la réduction des risques, c'est-à-dire des financements *ex ante*, et des mesures de transfert des risques, c'est-à-dire des financements *ex post*. Les financements *ex ante* englobent les investissements requis pour améliore les connaissances climatiques et hydrologiques, ainsi que des prélèvements d'eau, afin de mieux évaluer les risques futurs et sensibiliser les citoyens et acteurs économiques. Les financements *ex ante* couvrent également le de déploiement d'infrastructures permettant d'améliorer la gestion de la consommation et de l'approvisionnement en eau et faciliter l'innovation essentielle à une meilleure efficacité des usages. Si ces financements permettent de mieux anticiper, planifier et réduire le risque de raréfaction, le concept de résilience recouvre également les mesures pour gérer les impacts des sècheresses *ex post*, permettant de transférer les risques et de soutenir les personnes et activités affectées par une raréfaction de l'eau. Les financements ex post peuvent être assimilés à des mécanismes assurantiels.

La mise en œuvre des mesures de résilience requiert une stratégie d'allocation des ressources financières mais aussi d'identification des sources de financement. Aujourd'hui, une partie des mesures de résilience identifiées pour assurer la résilience de la région parisienne au risque de raréfaction de l'eau sont déjà mises en œuvre. Toutefois, si les financements mobilisés pour ces mesures contribuent probablement à accroître la résilience de la région parisienne, ils pourraient s'avérer insuffisants ou mal alloués pour assurer la résilience à long terme. Par ailleurs, certaines mesures telles que l'entretien des réseaux d'eau potable et d'assainissement sont financés par les revenus des services d'eau. En cas de réduction de la consommation d'eau, l'équilibre financier des services d'eau potable et d'assainissement, pourrait être impacté, limitant les capacités d'investissement dans les usines et les réseaux. La réduction des prélèvements aura également un impact sur les revenus de l'agence de l'eau Seine Normandie, ou de l'établissement gestionnaire des lacs, limitant leurs investissements.

Financer la résilience de la région aux risques induits par les sécheresses implique également une approche coordonnée pour favoriser l'alignement des politiques sectorielles avec l'objectif de résilience à la raréfaction de l'eau. En l'absence de coordination, le financement de la résilience à la raréfaction de l'eau peut en effet s'avérer inefficace s'il entre en concurrence avec d'autres financements potentiellement néfastes pour la qualité de l'eau ou la protection de la ressource.

Ce chapitre établit un panorama des financements actuels et propose d'évaluer leur pertinence pour faire face aux sécheresses induites par le changement climatique. La pertinence est analysée sous l'angle de l'adéquation aux besoins et de l'efficacité des financements déployés. Une distinction est faite entre les financements mobilisés pour réduire le risque en amont et mettre en œuvre des mesures *ex post*. Le panorama des financements s'appuie sur une analyse des budgets des différents acteurs de la résilience pour améliorer les connaissances et la surveillance du risque, les mesures de résilience citées dans le chapitre 4, mais aussi les mesures de compensation des dommages *ex post* offertes.

5.2. Financements *ex ante* des mesures d'adaptation aux sécheresses

Cette section s'intéresse aux financements existants pour l'anticipation et la réduction du risque sécheresse. Une distinction est faite entre les financements publics nationaux et locaux.

5.2.1. Financements publics nationaux

Le budget de l'État français recouvre différentes missions qui peuvent orienter ou soutenir les politiques de résilience aux risques de sécheresse. Le budget de l'État français est alloué à des missions qui reflètent les principales politiques publiques portées par le gouvernement. Ces missions sont ensuite retranscrites en programmes. Parmi les quarante-six missions recensées en 2023, deux contribuent directement à la résilience des régions à la raréfaction de l'eau. Il s'agit des missions « Écologie, développement et mobilités durables » (3.6% du budget total en 2023) et « Agriculture, alimentation, forêt et affaires rurales » (0.5% du budget total en 2023). D'autres postes budgétaires, tels que les fonds alloués au développement économique peuvent soutenir la résilience des territoires à la raréfaction de l'eau (France, 2023[1]).

Ces missions poursuivent des objectifs directement liés à la gestion des ressources en eau et à la protection des milieux. L'accompagnement des politiques liées à l'eau et à la biodiversité représente ainsi 1% du budget de la mission Écologie, développement et mobilités durables, et les politiques climatiques et la prévention des risques, 21.9%. La mission Écologie finance également es le Fonds d'accélération de la transition écologique dans les territoires ou Fonds Vert,[1] permettant le développement des connaissances climatiques et hydrologiques. Elle finance également la gestion des infrastructures fluviales via des opérateurs publics tels que Voies Navigables de France (France, 2023[1]). La mission « Agriculture, alimentation, forêt et affaire rurales » intègre les enjeux de résilience climatique du secteur agricole, parmi lesquels la raréfaction de l'eau.

Évaluer la part des financements nationaux dédiés aux mesures de résilience en Ile-de-France peut s'avérer complexe et requiert une analyse des actions engagées. Les mesures de résilience sont multi-sectorielles et parfois initiées dans un but autre que celui de résilience à la raréfaction de l'eau. De plus, la fongibilité des budgets ne permet pas une vision suffisamment désagrégée des engagements nationaux. Afin de comprendre quels financements nationaux sont disponibles pour mettre en œuvre les mesures de résilience au risque de raréfaction de l'eau pour la région Ile-de-France, cette section s'intéresse aux financements nationaux spécifiquement alloués aux actions d'adaptation au changement climatique listées dans le plan national d'adaptation au changement climatique 2018-2024 ainsi qu'aux principaux fonds nationaux de prévention des risques, de transition écologique des territoires ou de développement économique. Les financements des agences de l'eau seront étudiés de façon distincte, au niveau du bassin versant Seine-Normandie.

Le budget alloué à la mise en œuvre du plan national d'adaptation au changement climatique 2018-2024 (PNACC-2) a permis de financer des mesures d'anticipation et de réduction du risque de sécheresse dans toutes les régions du pays. Le budget du PNACC-2 s'élève à 3.5 Milliards d'euros, dont 2.1 milliards déjà alloués en 2021 (Tableau 5.1). Le budget dédié à la résilience au risque de raréfaction de l'eau provient en partie des financements de la mission Écologie, développement et mobilités durables au titre de ses programmes « eau et biodiversité », « climat » ou d'amélioration des connaissances. Les financements du PNACC-2 contribuent ainsi à l'acquisition de connaissances et à l'information nécessaire pour mettre en place une stratégie de résilience (1% du budget (Ministère de la Transition écologique et de la Cohésion des territoires, 2021[2])). Parmi les projets de déploiement des connaissances, figurent par exemple, l'élaboration de plateformes pour accéder aux projections climatiques et hydrologiques telles que le projet Explore 2. Ces financements contribuent également aux actions de protection des milieux et de la nature (20% du budget), telles que les solutions fondées sur la nature. Les actions liées à la préservation des ressources en eau entrent dans ce cadre. 1% des financements sont dédiés aux filières économiques, à l'instar du secteur agricole dont les pratiques doivent évoluer pour préserver les ressources en eau et limiter ainsi le risque de raréfaction. 4% du budget pour le plan national d'adaptation au changement climatique est consacré à la prévention et à la résilience, qui repose essentiellement sur des actions de communication et de sensibilisation aux risques naturels. Les feux de forêts, retrait-gonflement des argiles et retrait du trait de côte sont les principaux risques considérés dans cette catégorie. En effet, la raréfaction de l'eau est avant tout perçue comme un enjeu de protection des milieux.

Le budget du PNACC-2 alloué à l'adaptation au changement climatique est davantage tourné vers des régions déjà vulnérables aux sécheresses. Le PNACC-2 a permis le financement d'études permettant d'évaluer la probabilité de sécheresses induites par le changement climatique, de comprendre les dynamiques d'évaporation des grands lacs de Seine, mais aussi de mettre en œuvre des politiques de gestion quantitative de la ressource à l'échelle du bassin versant. Toutefois, l'évaluation à mi-parcours du PNACC-2 (Ministère de la Transition écologique et de la Cohésion des territoires, 2021[2]) met en avant un ensemble de mesures visant à soutenir davantage les départements d'Outre-Mer et autres régions particulièrement vulnérables aux aléas climatiques.

Les fonds nationaux de prévention des risques, de transition écologique des territoires ou de développement économique contribuent également directement à la résilience des régions et des entreprises. Dans une logique de décentralisation de l'action climatique, le fonds vert contribue à l'adaptation du territoire au changement climatique. Le budget du fonds est de 2.5 milliards d'euros par an.[2] En parallèle, le gouvernement français a annoncé un plan d'investissement significatif pour développer la compétitivité industrielle du pays et les technologies d'avenir, le plan « France 2030 ».[3] D'un montant de 54 milliards d'euros, ce plan soutient des entreprises qui s'inscrivent dans une logique de reprise verte, avec des investissements dans l'amélioration de la filière agricole qui pourrait inclure des usages davantage économes en eau. Enfin, le Fonds de prévention des risques naturels majeurs (FPRNM ou fonds Barnier) (Ministère de la Transition écologique, 2012[3]) vise à améliorer la sécurité des personnes et réduire les dommages induits par les risques naturels. Il permet de co-financer la prévention ou la protection contre les risques naturels engagées par les collectivités. Le budget annuel du fonds est de 200M€.

Les sécheresses sont peu identifiées par les différents fonds nationaux. Le Fonds Vert finance les actions de renaturation liées à l'objectif de zéro artificialisation nette. Ces actions permettent une meilleure infiltration des eaux pluviales, et donc contribuent à la réduction du risque de raréfaction de l'eau. Pourtant, le Fonds Vert n'a financé aucun projet de renaturation dans la région Ile-de-France (Gouvernement, 2023[4]) qui est la région qui recourt le moins au fonds (Sénat, 2021[5]). Ce fonds est toutefois récent, et les collectivités bénéficient d'ores et déjà d'aides en ce sens à l'échelle de la région (e.g., subventions de l'agence de l'eau Seine Normandie). La sous-utilisation du fonds pourrait évoluer dans les prochaines années si les dispositifs existants ne suffisent pas. Par ailleurs, le fonds finance la prévention des risques naturels mais exclut les sécheresses de cette catégorie. C'est également le cas du fonds Barnier qui n'inclut pas le retrait-gonflement des argiles (RGA) lié à une raréfaction de l'eau. Pourtant, dans une logique de gestion du risque RGA en amont, le fonds Barnier pourrait être une option intéressante de financement de la prévention des risques (Sénat, 2023[6]). En effet, une meilleure gestion des eaux pluviales pourrait contribuer à la fois à la prévention des inondations et à une humidification des sols. L'humidification des sols serait d'ailleurs une mesure efficace de prévention du RGA dont le ratio coût-bénéfice s'avère positif (Sénat, 2023[6]). Ce projet ne semble pas d'actualité, le budget du fonds Barnier restant stable en 2023 et 2024 (Sénat, 2023[7]).

Cette insuffisante prise en compte est reflétée par l'absence d'objectif de résilience à la raréfaction de l'eau dans les mesures de performance budgétaire définies par le gouvernement. Afin d'évaluer les résultats de la politique portée par le gouvernement national en lien avec les moyens engagés, le ministère des finances suit l'évolution d'indicateurs sensés refléter l'impact des dépenses effectuées. Pour les actions liées à la politique de l'eau, du climat et de la biodiversité, trente indicateurs ont été définis parmi lesquels trois permettent d'évaluer la gestion de l'eau et le bon état des masses d'eau, essentiellement représentatifs de la qualité des ressources en eau.

Les financements nationaux semblent ainsi essentiellement alloués au renforcement des connaissances permettant l'évaluation des risques induits par le changement climatique pour la

région parisienne. En effet, les projets permettant le développement de solutions fondées sur la nature ou de pratiques davantage économes bénéficient plutôt aux autres régions. De même, les fonds permettant d'assurer la résilience des collectivités et la prévention des risques sont essentiellement concentrés sur le risque inondation, qui mériterait pourtant d'être traité conjointement avec le risque de sécheresse.

5.2.2. Financements publics de l'agence de l'eau Seine-Normandie

Le soutien de l'agence de l'eau Seine-Normandie permet d'orienter les financements des acteurs locaux vers davantage de résilience aux sécheresses grâce à un accompagnement financier efficace. Bien que l'agence définisse un programme de mesures, les projets sont acceptés selon l'ordre de réception des demandes de financement. L'agence a toutefois mis en place un programme d'accompagnement à long terme permettant d'élaborer et de préparer des projets ambitieux en termes de résilience au changement climatique. Le programme d'intervention de l'agence de l'eau Seine Normandie, ou programme « Eau et Climat » est d'ailleurs la déclinaison opérationnelle de la stratégie d'adaptation au changement climatique du bassin (chapitre 3). Les critères de sélection des projets sont ainsi alignés avec les objectifs de résilience à la raréfaction de l'eau, guidant les collectivités et acteurs économiques dans l'élaboration de leurs projets.

Les financements de l'agence de l'eau Seine-Normandie sont un soutien important pour l'adaptation au changement climatique des collectivités. En 2023, les aides distribuées par l'agence de l'eau aux collectivités et administrations publiques territoriales[4] de la région Ile-de-France représentent 83% des financements totaux de l'agence de l'eau pour les acteurs de la région Ile-de-France (Agence de l'Eau Seine Normandie, 2023[8]). Plus largement sur le bassin, l'agence de l'eau évalue à plus de 50% les actions mesurées en lien avec l'adaptation au changement climatique en 2023, chiffre cohérent avec les années précédentes. Ces actions recouvrent pour la majeure partie, la lutte contre les pollutions et la préservation des ressources, qui sera en effet crucial en cas de ressources limitées du fait de la moindre capacité de dilution des milieux. Le budget consacré à la sobriété représente seulement 2% des dépenses proposées par l'agence de l'eau pour son programme 2019-2024. Les mesures touchant à l'infiltration des eaux pluviales, la préservation des milieux ou le soutien aux changements de pratiques agricoles représentent 18% de ce budget (Agence de l'eau Seine Normandie, 2022[9]). Enfin l'agence de l'eau est un pilier important du développement des connaissances via le financement de formations, campagnes et programmes de recherches.

Graphique 5.1. Engagements financiers de l'agence de l'eau Seine-Normandie

Autorisations d'engagements prévus pour la période 2019-2024

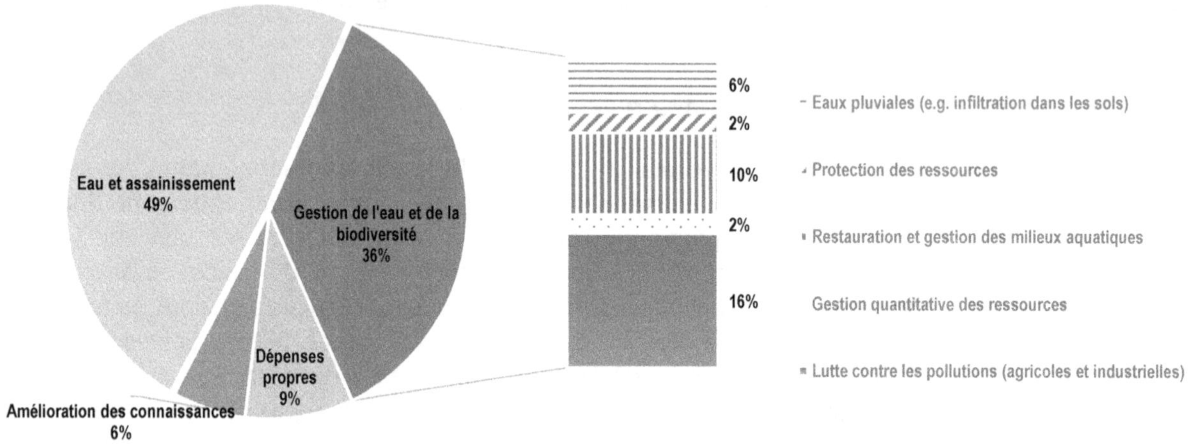

Note : La part importante accordée à l'assainissement dans le budget de l'agence reflète en partie les investissements conséquents pour assurer la baignade dans la Seine, un des objectifs affichés des Jeux Olympiques 2024 et un indicateur de la qualité de l'eau des rivières. Parmi ces mesures figure l'amélioration des réseaux (et donc les luttes contre les fuites). Les mesures de gestion quantitative des ressources sont essentiellement des mesures permettant d'accompagner les acteurs économiques à la sobriété ou à la mise en place d'infrastructures de réutilisation d'eaux non conventionnelles (e. g circuits fermés dans l'industrie). Les autres mesures principales de résilience sont la gestion des eaux pluviales, la restauration et gestion des milieux. Les autres mesures visent à améliorer la qualité de l'eau et renforcent la résilience du territoire qui pourrait connaître des ressources plus rares et une capacité de dilution des milieux faible.
Source : Auteurs à partir des bases de données de financements effectués par l'agence de l'eau (Agence de l'eau Seine Normandie, 2022[9]).

Toutefois les capacités de financement des agences de l'eau sont dépendantes de leurs revenus soumis au principe « l'eau paie l'eau ». Leur budget provient essentiellement des redevances collectées pour pollution et pour prélèvement dues par les différents usagers du bassin. Pour le programme de mesures de l'agence de l'eau Seine-Normandie, les redevances proviennent à 88% des usagers domestiques, 5.2% pour les usagers industriels et 5.9% pour la profession agricole (Agence de l'eau Seine Normandie, 2022[10]). Ces redevances constituent plus de 80% des ressources de l'Agence, les 20% restants étant constitués de remboursements d'avances (prêts qui ont été consentis aux collectivités territoriales). Une augmentation des redevances ne se traduirait d'ailleurs pas nécessairement par une augmentation du budget de l'agence, car celui-ci est encadré par le ministère des finances qui peut choisir de fixer un budget des agences inférieurs aux revenus perçus. Toutefois, ce plafond de dépenses pourrait faire l'objet d'une suppression lors du programme d'interventions des agences de l'eau (2025-2030). Cet aspect n'est pas encore inscrit dans la loi de finance 2024.[5]

Les financements de l'agence de l'eau sont d'ailleurs relativement faibles en comparaison de financements parfois nuisibles pour la ressource en eau. Par exemple, l'agence de l'eau définit des standards pour l'agriculture beaucoup plus ambitieux que ceux de la Politique Agricole Commune (PAC), tels que les cultures à bas niveaux d'intrants. Or, le budget de la PAC alloué à la région Ile-de-France est de 152 millions d'euros en moyenne par an (Agreste, 2022[11]) (Agreste, 2021[12]) (Agreste, 2019[13]), soit près de 20 fois le montant des subventions allouées au secteur agricole en 2022 par l'agence de l'eau Seine-Normandie. De plus, une grande partie des subventions de la PAC est dédiée aux aides surfaciques qui ne sont pas alignées avec les objectifs de protection de la ressource portés par l'agence de l'eau. Les financements de l'agence ne sont donc pas aussi incitatifs que ceux de la PAC.

Par ailleurs, les responsabilités des agences de l'eau ont évolué créant davantage de pressions sur les ressources financières de l'agence Seine-Normandie (Serva, 2021[14]). Ainsi, la loi pour la reconquête de la biodiversité, de la nature et des paysages du 8 août 2016 a étendu les missions des agences de l'eau. En parallèle, les agences de l'eau sont supposées contribuer aux efforts de réduction des effectifs de la fonction publique, et subissent une baisse des effectifs depuis 2016. Ainsi, en dépit d'un périmètre élargi, l'agence de l'eau est contrainte dans sa capacité d'exécution et d'encadrement.[6] Cette tendance pourrait s'inverser avec l'ouverture de nouveaux postes en 2023.

Le budget de l'agence de l'eau ne permet pas d'atteindre les objectifs de performance souhaités et pourrait diminuer. Tout d'abord, comme indiqué dans le chapitre 4, le montant des redevances est trop faible pour inciter à des comportements sobres et peu polluants. Par conséquent, alors que l'objectif même des financements de l'agence de l'eau est de financer des actions pour améliorer la qualité des cours d'eau, les acteurs locaux qui dégradent la ressource ne sont pas incités à ne pas polluer dans un premier temps. Par ailleurs, indépendamment du prix des redevances, d'autres fonds tels que ceux de la PAC sont suffisamment attractifs pour la profession agricole qui est donc peu incitée à solliciter les aides de l'agence de l'eau liées à la protection des captages, des pratiques économes ou vertueuses, avec un risque d'accroissement du risque de raréfaction (Chapitre 3). Dans une logique de politique de sobriété, les revenus de l'agence de l'eau pourraient d'ailleurs diminuer, limitant son action et ses performances.

L'augmentation du budget des agences proposée par le plan Eau est une première étape positive pour renforcer l'action de l'agence de l'eau Seine-Normandie. Lors de la publication du plan en 2023, le gouvernement a ainsi annoncé l'augmentation du budget des agences de l'eau de 475 millions d'euros. Cette augmentation provient en réalité de l'augmentation du plafond de dépenses et de la hausse du montant des redevances pour usages domestiques et la mise en place de nouvelles redevances supposées inciter à la performance des réseaux d'eau potable et d'assainissement (Sénat, 2023[7]).

Néanmoins, le budget de l'agence reste non proportionné aux enjeux du bassin en termes d'objectifs de gestion de la ressource et indirectement de résilience au changement climatique. Le principe « l'eau paie l'eau » n'est pas remis en question par les différentes mesures, ni l'adéquation du principe des redevances aux objectifs de préservation des ressources en eau (qualité comme quantité). Tant que les redevances n'inciteront pas des comportements vertueux, notamment moins polluants, l'agence de l'eau contribuera en partie à réparer les dommages causés par l'activité ayant cours sur le bassin versant avec des moyens limités par le montant de ces redevances.

5.2.3. Financement des collectivités

Les collectivités financent essentiellement des mesures de sensibilisation et de réduction du risque liées à l'aménagement du territoire. En effet, les collectivités sont responsables de la gestion des eaux pluviales et donc de leur rétention ou réutilisation (communes), de la protection de la biodiversité et des milieux aquatiques et donc de la mise en œuvre de solutions fondées sur la nature (métropole, région), de l'allocation des fonds européens au secteur agricole, et donc du soutien à une agriculture économe en eau et respectueuse des ressources en eau. Enfin, les collectivités sont responsables des infrastructures d'eau et assainissement (collectivités) et jouent donc un rôle important dans l'efficacité des réseaux d'eau et l'utilisation efficiente de la ressource. Elles financent également les campagnes de sensibilisation, communication pour alerter sur les risques de raréfaction de l'eau. Enfin, elles peuvent financer des infrastructures, à l'instar des lacs réservoirs de la Seine qui sont financés en partie par le syndicat de collectivités qui en assurent la gestion.[7] Ce consortium assure par exemple les budgets de fonctionnement et d'investissement annuels de l'établissement gestionnaire des lacs.

Les collectivités financent également des projets de solutions fondées sur la nature. Hors transferts de l'État et européens, le budget des collectivités provient de taxes locales, de subventions de l'agence de l'eau, voire d'instruments financiers tels que les obligations vertes émises par la Ville de Paris ou la Région Ile-de-France pour la transition écologique (Région Île-de-France, 2019[15]). En analysant le budget de la Ville de Paris, le budget consacré aux solutions fondées sur la nature ou à l'aménagement urbain représente 2% du budget d'investissements total en 2023. C'est également le cas de la Région Ile-de-France, dont le budget pour la biodiversité représente moins de 1% du budget total de la région. La Ville de Paris et la Région financent ainsi des projets urbains (e.g. les écoquartiers), des mesures de protection telles que la gestion des lacs réservoirs, des projets de végétalisation ou des mesures spécifiques à l'instar des subventions pour la collecte des eaux de pluie (Chapitre 4). Enfin, la Ville et la Région ont émis des obligations émises pour la transition écologique qui sont essentiellement destinées à financer des projets d'atténuation du changement climatique (Région Île-de-France, 2023[16]). À l'échelle de la Métropole du Grand Paris, la taxe pour la gestion des milieux aquatiques et la protection contre les inondations (GeMAPI) permet de financer des solutions fondées sur la nature telles que la restauration des zones humides ou la préservation des zones d'expansion des crues qui régulent les débits et restituent de l'eau lors des étiages. Cette taxe est toutefois principalement utilisée pour la lutte contre les inondations (Métropole du Grand Paris, 2023[17]) et son montant est relativement bas à l'échelle du bassin. En effet, une majeure partie des projets est encore en phase d'étude. La Métropole contribue également à la protection de la biodiversité via son programme Nature 2050 et son Fonds biodiversité créé en 2023 qui permet de financer des projets de végétalisation, désimperméabilisation ou renaturation de grande ampleur. Ce fonds est doté de 80 millions d'euros d'ici 2030. La Métropole a également lancé des appels à projets d'urbanisme innovants, analysés selon un ensemble de critères incluant par exemple la « gestion alternative des eaux de pluie et récupération d'eaux » (Tableau 5.1).

Les collectivités, co-financent une partie de leurs projets avec l'agence de l'eau Seine-Normandie, suggérant des budgets probablement plus élevés pour la résilience de la région. L'agence de l'eau Seine Normandie dispose d'un budget de 3.84Mds€ sur 6 ans pour la période 2019-2024 et contribue à la prévention du risque de dégradation des milieux, des risques induits par le changement climatique (Tableau 5.1). L'agence propose des subventions ou avances aux collectivités locales, aux industriels, aux artisans, aux agriculteurs ou aux associations qui entreprennent des actions de protection du milieu naturel. Elle peut également nouer des partenariats avec des institutions financières publiques, créant ainsi un effet de levier important d'investissements.

5.2.4. Financement des acteurs de réseau d'eau potable et assainissement

Le financement de la résilience est motivé par des considérations économiques et écologiques pour les opérateurs d'eau potable (publics ou privés) et d'assainissement. Ces opérateurs investissent dans des technologies permettant une utilisation efficace des réseaux ou la protection des captages. Ces acteurs sont rémunérés en partie sur le prix de l'eau, ce qui définit leur plan d'investissement. Cette logique d'équilibre, ainsi que l'encadrement du prix de l'eau, incitent les opérateurs à optimiser le fonctionnement des réseaux et les traitements nécessaires pour rendre l'eau potable.

Face à une baisse de revenus des opérateurs d'eau provoquée par les politiques de sobriété, les opérateurs pourraient nécessiter des revenus complémentaires pour maintenir les niveaux d'efficacité actuels. Dans l'hypothèse d'une productivité constante, les revenus des acteurs pourraient être considérablement réduits et créer des risques de désinvestissement dans les réseaux ou usines et de fuites accrues. Cette baisse peut donc nécessiter une augmentation du tarif de l'eau, le développement d'autres services marchands, ou des aides supplémentaires. En Allemagne, les opérateurs d'eau et d'assainissement facturent par exemple la gestion des eaux pluviales, expliquant le coût plus élevé de l'eau comparé à la France (Chapitre 4). Les opérateurs d'eau peuvent également considérer des solutions fondées sur la nature pour réduire leurs coûts d'entretiens (Encadré 5.1).

Encadré 5.1. Pallier la baisse de revenus des opérateurs d'eau – Exemples internationaux

Etats-Unis : Le Programme de financement des infrastructures d'eau et d'innovation

Le Water Infrastructure Finance and Innovation Act (WIFIA) Program est une initiative de l'agence de protection de l'environnement qui vise à soutenir le financement de projets d'infrastructures liés à l'eau. L'objectif principal du programme est d'aider les entités locales, régionales, et étatiques à financer des projets d'infrastructure d'eau et d'assainissement de grande envergure de manière plus rentable. Le programme WIFIA offre des prêts et des garanties de prêt à des conditions avantageuses aux organismes publics et privés qui entreprennent des projets d'infrastructure liés à l'eau. Ces conditions incluent généralement des taux d'intérêt favorables, des délais de remboursement étendus et des exigences de fonds propres réduites. De plus, en encourageant l'innovation dans la conception, la construction et la gestion des projets d'infrastructure d'eau, le programme WIFIA vise à favoriser l'efficacité, la durabilité et la résilience de ces infrastructures. Avec des taux de financements à des taux d'intérêt plus bas que ceux du marché, le programme WIFIA permet aux emprunteurs de réduire leurs coûts de financement, ce qui peut se traduire par des économies substantielles pour les projets d'infrastructure. Enfin, le programme encourage également la participation du secteur privé en travaillant avec des partenaires publics-privés pour financer et gérer les projets d'infrastructure. Cela peut aider à mobiliser des capitaux privés pour soutenir le développement des infrastructures.

Ce programme a ainsi peu d'impact sur la dette publique des États-Unis, car seuls les fonds considérés comme étant exposés au risque de défaut sont comptabilisés comme des dépenses fédérales, et le défaut dans les projets liés à l'eau est très faible.

Philadelphie (Etats-Unis) : Réduire les coûts des opérateurs

À Philadelphie, des solutions fondées sur la nature permettent un drainage économique (toits végétalisés, zones humides, revêtements en matériaux poreux). Ces solutions représentent un coût de 2 milliards de dollars, soit moins de la moitié du coût d'une mise à niveau conventionnelle du système actuel de canalisations et de bassins. Atteindre un niveau de service similaire en construisant une station d'épuration supplémentaire coûterait de 4 à 5 fois plus cher, soit 8 à 10 milliards de dollars.

Source: (OCDE, 2015[18]) (Congressional Research Service, 2019[19]).

5.2.5. Financement des acteurs économiques

Secteur agricole

Le secteur agricole est probablement l'un des secteurs qui nécessitent le plus de financements pour faire face aux sécheresses. Tout d'abord, c'est le secteur qui sera le plus affecté par les épisodes de sécheresse à venir et dont la transformation est inévitable pour préserver les capacités d'infiltration des sols, limiter l'irrigation ou faire évoluer les cultures actuelles. À l'échelle de la région Ile-de-France, les ménages agricoles ont un revenu disponible médian relativement élevé par rapport à d'autres professions. Ces ménages pourraient être incités à investir dans des mesures de résilience telles que des changements de cultures, ou un matériel plus efficient. Toutefois, la perception d'un risque rare et incertain dans un environnement très compétitif, et où les cultures existantes représentent une forte valeur ajoutée ne sont pas incitatifs. Par ailleurs, près de 10% de ces ménages ont des revenus négatifs, souvent liés à des investissements importants et ne peuvent investir dans ces mesures (INSEE, 2022[20]). Les politiques agricoles et leur soutien financier sont donc importants pour inciter à davantage de résilience face aux sécheresses.

Le secteur bénéficie de financements européens, nationaux et locaux divers pour l'accompagner dans cette transition. La Politique Agricole Commune (PAC) contribue à soutenir le marché, le prix des biens et les revenus agricoles, mais aussi à soutenir la gestion durable des ressources et la compétitivité des zones rurales. Les financements alloués à la gestion durable des ressources et la compétitivité des zones rurales s'élèvent à 25 millions d'euros, une partie permettant la mise en œuvre de mesures de résilience (Agreste, 2022[11]). C'est 16% des financements de la PAC pour la région Ile-de-France. Le secteur agricole bénéficie également du programme de financement « France 2030 », dont l'objectif est de développer la compétitivité industrielle du pays. Ce plan prévoit 54 milliards d'euros d'investissement pour les entreprises et l'un de ses objectifs est l'amélioration de la filière agricole qui pourrait inclure les usages économes de l'eau. France 2030 a contribué à des projets pilotes de transition écologique dans le secteur agricole et soutient des mesures de résilience du plan Eau. Le secteur agricole bénéficie lui-aussi du soutien de l'agence de l'eau qui subventionne le matériel ou les pratiques permettant une transformation du modèle agricole vers une gestion durable des ressources en eau. Par exemple, l'Agence de l'eau subventionne Eau de Paris, opérateur d'eau potable de la Ville de Paris, pour accompagner la profession agricole vers des pratiques durables. Ces enjeux sont davantage qualitatifs mais également primordiaux pour limiter les pollutions, voire la fermeture d'aires de captage (e.g. pollution de nitrates). En 2022, les financements de l'agence de l'eau pour le secteur agricole constituent 4.7% des financements de l'agence (Agence de l'Eau Seine Normandie, 2023[21]).

Les financements destinés à transformer le secteur agricole ont permis des améliorations marginales. Lors d'entretiens avec les services déconcentrés de l'État responsable de la politique agricole, aucun scénario de rupture n'était envisagé. Des entretiens avec la chambre d'agriculture d'Ile-de-France ont indiqué que les aides financières restaient insuffisantes face aux dépenses engagées par le passé pour leurs exploitations actuelles. De plus, comme indiqué au Chapitre 4, une transformation du secteur requiert également l'existence de marchés pour écouler de nouvelles cultures.

Toutefois, il reste complexe d'évaluer si l'enjeu est d'augmenter les volumes de financement ou de les allouer différemment. Depuis 2022, les pays membres de l'Union Européenne établissent eux-mêmes leur programme de mesures pour bénéficier des aides de la PAC (Conseil de l'Union Européenne, 2022[22]). Or, comme indiqué au Chapitre 3, les mesures portées par la PAC aujourd'hui ne sont pas alignées avec les enjeux de protection de la ressource en eau. Il y a donc une allocation de flux financiers conséquents dirigés vers des pratiques qui renforcent la vulnérabilité du secteur sur le long terme.

Secteur industriel

Le secteur industriel finance également des mesures permettant de limiter ses consommations d'eau et préserver la ressource pour éviter la raréfaction de l'eau. Le secteur industriel a par exemple investi dans des technologies permettant d'utiliser l'eau de manière efficace, la récupération des eaux de pluie ou la mise en place de circuits fermés permettant une réutilisation des eaux usées (Agence de l'Eau Seine Normandie, 2021[23]). En 2022, l'Agence de l'eau Seine-Normandie a contribué à 10.9 Millions d'euros à des projets permettant ce type d'économies d'eau. Il est toutefois complexe d'évaluer les investissements réalisés en ce sens au niveau des entreprises de la région.

Le secteur bénéficie aussi des financements de l'agence de l'eau Seine-Normandie et du plan France 2030. L'agence de l'eau consacre 3.8% de son budget à l'industrie, avec l'objectif de réduire les pollutions et de réaliser des économies d'eau (Agence de l'Eau Seine Normandie, 2023[8]). Le plan France 2030 a été conçu pour accélérer la compétitivité de secteurs tels que l'énergie ou l'automobile, présents dans la région Ile-de-France.

Ces financements contribuent marginalement à la résilience du secteur et de la région. Si l'agence de l'eau met en avant plusieurs projets d'économie d'eau et de réduction des pollutions à l'échelle du bassin, ces financements sont relativement faibles en comparaison du budget de l'agence. De même, il existe peu de références au plan France 2030 pour la protection des ressources en eau, à l'exception du

Plan Eau publié en 2023 qui mentionne qu'un volet de France 2030 devrait supporter les innovations des entreprises françaises pour faire évoluer leurs usages en misant notamment sur le développement des eaux non conventionnelles telles que les eaux usées traitées (Tableau 5.1).

Les acteurs économiques peuvent également s'appuyer sur les banques qui les accompagnent dans le développement de leurs activités. En effet, les banques, publiques ou privées peuvent soutenir la soutenir la transformation des industries qui souhaiteraient investir dans des technologies permettant de réduire leur consommation en eau ou optimiser les ressources en eau.

Les banques ont d'ailleurs intérêt à aligner leurs investissements avec les objectifs de résilience à la raréfaction de l'eau. La matérialité financière des risques induits par la raréfaction de l'eau crée un risque de crédit pour les banques. Par exemple, des pertes de production répétées et de donc de chiffre d'affaires pour une entreprise peut conduire à une dégradation de sa qualité de crédit, voire à un risque de crédit pour une banque.

Toutefois, les banques prennent encore trop peu en compte le risque de raréfaction de l'eau induit par le changement climatique. Selon un rapport du Carbon Disclosure Project (CDP, 2022[24]), 33 % des institutions financières cotées en bourse n'évaluaient pas l'exposition de leurs activités financières aux risques liés à l'eau en 2021. Ceci suggère que ces institutions financières pourraient sous-estimer leur exposition, voire financer des activités non soutenables et risquées.

Tableau 5.1. Financements *ex ante* contribuant à la résilience de la région parisienne aux sécheresses

Acteur	Exemples de budgets contribuant à la résilience	Exemples de mesures financées	Bénéficiaire
Ministère de la Transition Écologique et de la cohésion des territoires	Budget pour le plan national d'adaptation au changement climatique : 3.5 Mds€ sur 6 ans	Amélioration des connaissances Amélioration d'allocation de l'eau Solutions fondées sur la nature Stratégies foncières	Acteurs économiques, acteurs de la recherche, collectivités
France 2030	Une fraction des 54 Mds€ du plan jusqu'à 2030	Innovation Transformation des pratiques agricoles	Agence de l'eau, acteurs économiques
Agence de l'Eau	423.5M€ pour l'adaptation au changement climatique (2022), soit 53% du budget annuel de l'agence en 2022	Sensibilisation Sobriété (e.g soutien aux entreprises) Solutions fondées sur la nature Gestion des eaux pluviales Changement de pratiques agricoles	Collectivités, Acteurs économiques Acteurs de la recherche
Région Ile-de-France	16.6M€ pour préserver la biodiversité et les milieux naturels et la politique de l'eau en 2023 (soit 0.5% du budget d'investissement régional) 8.2M€ pour Ile-de-France Nature en 2023 44.3M€ d'actions agro-environnementales	Solutions fondées sur la nature Collecteurs d'eau de pluie Pratiques agricoles vertueuses	Collectivités, citoyens, agriculteurs
Ville de Paris	214.M€ d'investissements dans l'aménagement urbain, dont 40.9M€ de végétalisation (soit 2% du budget annuel d'investissement de la ville 2023) 96.2M€ d'investissement dans l'environnement, dont 2.2M€ pour la gestion de l'eau 4.9M€ d'investissements dans l'agriculture urbaine en 2023 2.2 M€ pour le soutien d'étiage en 2023	Projets végétalisation, écoquartiers, désimperméabilisation Redevance soutien d'étiage Investissements dans le réseau d'eau non potable Pratiques agricoles vertueuses	Investissements directs d'aménagement

EPTB Seine Grands Lacs	11.8 M€ pour la gestion des lacs en 2023 (16.5% du programme d'investissement de l'année) 0.65M€ pour l'hydrologie (1% du programme d'investissement 2023)	Amélioration des connaissances Soutien d'étiage et écrêtement des crues par l'entretien et la gestion des grands lacs	Collectivités, citoyens, acteurs économiques
Métropole du Grand Paris	6.2M€ du budget GeMAPI hors inondations en 2023 (30.6% du budget GeMAPI total et 3% du programme d'investissement de la Métropole)[8] 3.8M€ de soutien d'étiage en 2023 4M€ au titre du fonds biodiversité	Amélioration des connaissances Solutions fondées sur la nature Soutien d'étiage indirectement via une redevance de soutien d'étiage	Citoyens, acteurs économiques
Services d'eau potable	107M€ d'investissements pour le SEDIF en 2023 90.4M€ d'investissements pour Eau de Paris, 22.2M€ d'investissements pour Aquavesc et 17M€ pour Seneo en 2022	Entretien du réseau Protection des captages Sensibilisation	Investissements directs, assistance technique, paiements pour services écosystémiques

Note : Ces budgets n'incluent pas les dépenses de fonctionnement pour se concentrer sur le financement des « mesures » de résilience mentionnées au chapitre 4. Du fait de la nature transversale de ces mesures, ces budgets donnent une indication des financements mobilisés mais ne sont pas une évaluation des financements en vigueur, faute de taxonomie permettant de retracer tous ces financements.
Source : (DRIEAT, 2023[25]) (Agence de l'Eau Seine Normandie, 2021[23]) ; (Région Île-de-France, 2023[16]) ; (Conseil régional d'Île-de-France, 2023[26]) ; (Ministère de la Transition écologique et de la Cohésion des territoires, 2021[2]) ; (Institut Paris Région, 2022[27]) (EPTB Seine Grands Lacs, 2023[28]), (Métropole du Grand Paris, 2023[17]) (Ville de Paris, 2023[29]) (SEDIF, 2023[30]) ; (Eau de Paris, 2022[31]) (Aquavesc, 2022[32]) (Sénéo, 2023[33]).

5.2.6. Évaluation de la pertinence des financements ex ante

Adéquation aux besoins

L'analyse des financements actuels révèle l'importance donnée à la compréhension des risques et aux mesures sans regret. La connaissance des prélèvements, des projections hydrologiques et climatiques et *in fine* des vulnérabilités de la région sont prises en compte dans les plans de financement d'adaptation nationaux et locaux. Bien que la région Ile-de-France n'ait pas financé d'études pour évaluer les risques liés à la sécheresse sur son territoire, le ministère de l'environnement contribue au financement du projet Explore 2, actualisation de l'évaluation nationale des risques de sécheresse sur les bassins versants français Explore 2070. De même, à l'échelle du bassin versant de la Seine, les fonds européens régionaux (FEDER) et le budget de l'établissement gestionnaire des lacs réservoirs en amont de Paris ont été utilisés pour réaliser une étude permettant l'évaluation des risques d'étiage sévères sur ce périmètre. (EPTB Seine Grands Lacs, 2022[34]). De même, les actions de sensibilisation et de solutions fondées sur la nature sont régulièrement mentionnées par les différents plans d'investissement ou budgets des collectivités et de l'État. C'est également le cas des financements pour l'efficacité des réseaux d'eau potable, qui constituent une part importante du budget des opérateurs d'eau potable (43% pour le Syndicat des Eaux d'Ile-de-France (SEDIF, 2022[35])), et 8.3% du budget de l'agence de l'eau Seine-Normandie en 2022 (Agence de l'eau Seine Normandie, 2019[36]). Ce budget alloué aux opérateurs d'eau potable est néanmoins moindre en comparaison du budget dédié à l'amélioration des réseaux d'assainissement, notamment dans le cadre du plan de baignade sur la Seine et de la lutte contre les pollutions de l'eau (Agence de l'Eau Seine Normandie, 2021[23]) (Agence de l'eau Seine Normandie, 2022[9]).

Toutefois les moyens financiers annoncés entre 2022 et 2023 pour renforcer la résilience de la France face aux sécheresses suggèrent que les financements existants étaient insuffisants. L'augmentation du budget des agences de l'eau à l'occasion du plan Eau est une reconnaissance des limites rencontrées par ces institutions pour faire face à leurs responsabilités croissantes. De même, la mobilisation de France 2030 pour la transformation des filières agricoles et le doublement des montants dédiés aux matériels de protection et d'irrigation (Gouvernement, 2022[37]) à la suite de la sécheresse 2022 sont un témoignage des besoins importants de ce secteur pour accroître sa résilience. L'encadrement de ces fonds, notamment lorsqu'il s'agit d'infrastructures (e.g. irrigation) est néanmoins nécessaire pour éviter la maladaptation.

Les financements actuels ne couvrent d'ailleurs pas certaines mesures nécessaires pour faire face aux risques futurs de raréfaction de l'eau. Lors d'entretiens conduits durant l'étude, la chambre d'agriculture évoquait ainsi le coût de la transition vers des pratiques plus économes et les difficultés de mise en place de mesures agro-environnementales dans le contexte de leurs exploitations. De même, si des financements existent pour la gestion des eaux pluviales et leur réutilisation telles que les subventions offertes par la région Ile-de-France pour des collecteurs d'eau de pluie, aucun plan de financement ne mentionne la réutilisation des eaux grises ou usées. Enfin, lors des entretiens conduits par l'OCDE, les villes ont mis en avant des budgets limités pour ce risque en comparaison du risque inondation considéré comme l'un des plus importants à l'échelle de la région parisienne.

En conclusion, les financements actuels s'avèrent insuffisants pour faire face à la raréfaction de l'eau. Toutefois, en l'absence d'un objectif de résilience précis qui permettrait d'évaluer les besoins pas secteur, il est complexe d'estimer l'écart de financements entre les besoins de la région et les montants déjà mobilisés.

Efficacité des financements

Le manque de financements éventuel pourrait provenir d'une allocation inadaptée des ressources financières actuelles liée à un manque de coordination des acteurs du bassin. Bien que l'agence de l'eau intervienne essentiellement en co-financement avec les collectivités ou acteurs socio-économiques, il n'existe pas de stratégie de financement de la résilience au risque de raréfaction de l'eau consolidée en Ile-de-France. Ainsi, plusieurs acteurs sont parfois responsables de missions similaires, ou ont des objectifs différents. Par exemple, si l'agence de bassin finance le soutien aux exploitations à bas intrants, la politique agricole commune (PAC) évoque des cultures à faible impact. De même, alors que la responsabilité de gestion des milieux aquatiques et protection contre les inondations est dévolue à la Métropole du Grand Paris ou à des groupements de communes, l'agence de l'eau contribue elle aussi fortement à la protection des milieux humides et a un pilier d'aides pour lutter contre les inondations. D'autres pays tels que les Pays-Bas tentent de rationaliser les différents financements pour avoir une source unique de financements pour l'eau, via un fonds abondé par tous les acteurs pertinents (Encadré 5.2).

Par ailleurs, les financements actuels témoignent d'une priorité donnée au risque inondation sans considération du rôle aggravateur des sécheresses sur cet aléa. La gestion des eaux pluviales et la prévention des inondations sont des mesures importantes du programme de l'agence de l'eau, des collectivités mais également des fonds nationaux alloués aux collectivités et à la prévention des risques naturels. Par exemple, les fonds Barnier et Vert excluent le retrait gonflement des argiles des risques naturels. Pourtant, la prévention et préparation au risque d'inondations pourrait inclure un volet prévention de l'étiage ou de la sécheresse des sols, qui permettrait de lutter contre le ruissellement induit par des sols trop secs.

De plus, les actions financées ne s'inscrivent pas dans une stratégie de long terme. Étant donnés les délais d'instruction et de construction des projets d'infrastructure, considérer ces solutions en amont est essentiel. De plus, face aux enjeux climatiques, une stratégie de long terme permet d'évaluer les bénéfices des financements aujourd'hui pour définir ce qui doit être mis en œuvre à plus ou moins brève échéance. Par exemple, il est essentiel de s'intéresser aux enjeux de financement posés par la mise en œuvre des mesures de sobriété qui vont affecter les opérateurs d'eau potable ou l'agence de l'eau Seine Normandie. À long terme, une stratégie permettant de pallier cette perte de revenus est indispensable pour éviter d'aggraver les risques projetés. Enfin, l'absence de connaissances sur l'efficacité des financements actuels ne permet pas d'identifier les leviers à actionner pour optimiser l'allocation des ressources existantes.

Encadré 5.2. Exemple du financement de l'eau aux Pays-Bas

La loi sur l'eau a prévu la création d'un fonds particulier, le « fonds delta », afin d'identifier les ressources affectées à la politique concernant l'ensemble du pays. Il est alimenté par le gouvernement national, les provinces, municipalités, compagnies de distribution d'eau potable et les agences de l'eau. Pour la période 2021-2034, le budget attendu pour le déploiement du programme Delta est de 1.3 Milliards d'euros par an en moyenne, soit 0.1% du PIB du pays en 2021. Ces proportions sont comparables en termes d'ordre de grandeur à celles du budget consacré aux missions du programme Delta à l'échelle de la région Ile-de-France ramené au PIB de la région.

Ce fonds offre une continuité et une stabilité de financements pour la mise en œuvre des mesures du programme Delta jusqu'à 2050 (Encadré 3.4, Chapitre 3). Les ressources du fonds sont affectées aux trois sous-programmes que sont le programme de lutte contre les inondations, de disponibilité des ressources d'eau douce et d'adaptation spatiale. Entre 2015 et 2021, 500 Millions d'euros ont été alloués au programme encadrant les ressources d'eau douce, un tiers venant du gouvernement national, le reste des régions. Pour la période 2022-2027, ce montant est de 800 Millions d'euros, dont 250 Millions d'euros du gouvernement national.

Note : On considère que le budget du programme Delta recouvre les activités de l'agence de l'eau Seine-Normandie, les investissements des opérateurs d'eau potable mais aussi les financements pour la biodiversité, la gestion des milieux et la protection contre les inondations. Ces budgets sont évalués dans le Tableau 5.1 et représentent près de 670M€. En considérant les budgets d'investissement du SIAAP pour les réseaux d'assainissement, ce budget peut augmenter de façon importante mais reste en-dessous des 2 Milliards d'euros (soit 0.25% du PIB de la région Ile-de-France). On considère que le budget de l'agence de l'eau pour la région Ile-de-France correspond aux aides versées à la région en 2023, l'objectif étant avant tout de donner des ordres de grandeur.
Source : (Pays-Bas, 2021[38]) ; Données Banque Mondiale pour le PIB des Pays-Bas ; (SIAAP, 2020[39]) ; INSEE, Tableau de bord de l'économie française.

5.3. Les financements de la résilience ex post

Les régimes de compensation financière permettent d'atténuer les impacts liés à une sécheresse en transférant le risque à un assureur (public ou privé). En cas d'impacts liés à la raréfaction de l'eau, des régimes assurantiels permettent de soutenir les usagers affectés et contribuer à la résilience des acteurs économiques. C'est le cas des régimes de calamité agricole et de catastrophe naturelle (CatNat) qui compensent une partie des dommages subis par le bâti et les agriculteurs en cas de sécheresse.

5.3.1. Le régime d'assurance de calamités agricoles

Face aux risques croissants induits par le changement climatique, un nouveau régime d'assurance agricole a été adopté en 2023. Ce nouveau régime permet de partager l'indemnisation du risque de sécheresse entre l'État, les agriculteurs et les assureurs avec l'objectif d'inciter les agriculteurs à souscrire à une assurance privée. Ce dispositif définit 3 niveaux d'aléas et pour chacun un niveau d'indemnisation. Ainsi, pour les aléas courants (pertes modestes jusqu'à 20%), les agriculteurs devront assumer leurs dommages. Ils peuvent toutefois investir dans du matériel de protection en sollicitant des programmes tels que France 2030. Pour des aléas moyens (entre 20 et 40% des pertes de récolte), l'assurance privée, subventionnée par l'État, viendra compléter ce dispositif jusqu'à un certain seuil fixé par décret. Enfin, les aléas exceptionnels, sont indemnisés par l'État via un nouveau Fonds de Solidarité Nationale.[9] Ainsi, à partir de 50% de pertes de récoltes pour les grandes cultures, légumes et viticulture, la solidarité nationale indemnise les agriculteurs. Ce seuil est de 30% pour l'arboriculture, les prairies ou les cultures spécialisées

(France Assureurs, 2023[40]). Les indemnisations sont plus élevées pour les agriculteurs ayant souscrit un contrat d'assurance multirisques (100% versus 45% sans assurance).

Ce nouveau régime vise à accroître la protection des agriculteurs jugée insuffisante face aux aléas climatiques. En 2022, seule 17% de la surface agricole utile était assurée.[10] Le montant des primes reçues par les assureurs permet de moins en moins de couvrir les sinistres, et des assureurs se désengagent déjà du marché de l'assurance récolte dans certaines régions en raison des phénomènes d'antisélection qui opèrent (Descroizaille, 2022[41]). De plus, le régime permettant de couvrir les pertes agricoles en cas d'aléa exceptionnel, ou calamité agricole excluait un ensemble de cultures considérées comme non assurables, telles que la viticulture et les grandes cultures emblématiques de la région Ile-de-France. Le nouveau régime permet d'élargir la couverture de l'État en cas d'aléa exceptionnel, et d'encourager la diversification des portefeuilles des assureurs privés, en subventionnant les primes d'assurance et en compensant davantage les pertes liées à l'aléa exceptionnel lorsque l'agriculteur est assuré.

S'il est trop tôt pour évaluer ce régime, l'Espagne a un régime similaire depuis 1978 dont les résultats sont plutôt positifs. Ainsi, des organisations d'agriculteurs évaluent leurs besoins d'assurance. Les sociétés d'assurance, regroupées au sein d'un *pool* d'assurances, peuvent ainsi mutualiser les contrats, données mais aussi connaissances sur la distribution des aléas sur les exploitations leur permettant d'optimiser leurs polices. Les assureurs sont enfin réassurés par le gouvernement. Ce système a conduit à des taux de souscription bien supérieurs à ceux existants en France, avec par exemple 78% des cultures fruitières assurées contre 3% en France en 2019. De même, le capital assuré n'a cessé d'augmenter depuis la création de ce mécanisme d'assurance récolte (Koenig et al., 2022[42]).

Néanmoins, cette réforme manque de mesures de réduction du risque. Le régime d'assurance ne récompense pas les approches consistant à privilégier des pratiques qui favorisent la rétention d'eau dans le sol ou le choix de cultures moins gourmandes en eau (Tuffnell, 2020[43]). Or, il semblerait même que l'assurance récolte rende le système agricole moins résilient au changement climatique lorsqu'elle est subventionnée (Annan et Schlenker, 2015[44]).

5.3.2. Le régime d'assurances pour les catastrophes naturelles (CatNat)

Le régime de catastrophes naturelles CatNat permet de compenser les dommages liés aux catastrophes naturelles sur le bâti. Il s'agit d'un partenariat public-privé (secteur privé de l'assurance et État) assimilable à une extension de garantie obligatoire pour tous les contrats d'assurance de dommages (multirisque habitation, tous risques automobile, local professionnel…). La prime CatNat atteint 12 % dans les contrats multirisques habitation et entreprises et 6 % pour les contrats automobiles. Ces réserves peuvent être mobilisées dès lors que l'état de catastrophe naturelle est constaté par arrêté ministériel sur un territoire délimité et pour un risque spécifique. L'État apporte une garantie de réassurance au-dessus d'un certain seuil de dommages via la Caisse centrale de réassurance (CCR). Selon l'article L125-1 du code des assurances, la garantie *CatNa*t prend en charge les « dommages matériels directs non assurables ayant eu pour cause déterminante l'intensité anormale d'un évènement naturel, lorsque les mesures habituelles à prendre pour prévenir ces dommages n'ont pu les empêcher ».

Depuis 2016, les sécheresses constituent la cause la plus importante des sinistres observés en France. L'alternance de périodes sèches et humides est responsable de dommages aux habitations, via le phénomène de retrait gonflement des argiles, dont le coût cumulé entre 1990 et 2018 est estimé à 8,5 milliards d'euros en France (Gourdier et Plat, 2018[45]). L'année 2022 a aussi conduit à une indemnisation record estimée entre 2,4 et 2,9 milliards d'euros pour les sinistres causés par le retrait gonflement des argiles (CCR, 2023[46]). Or, la région parisienne est particulièrement exposée à cet aléa (Chapitre 2).

Graphique 5.2. Évolution des sinistres observés en France entre 1982 et 2022

En millions d'euros

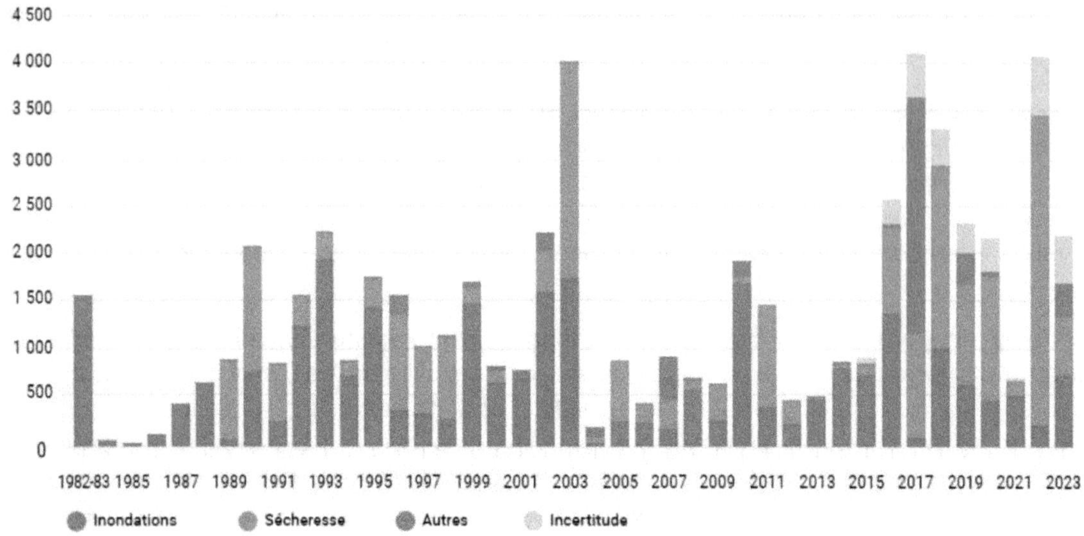

Source : (Sénat, 2023[6]).

Alors que les sécheresses pourraient devenir plus fréquentes et sévères, le régime d'assurance CatNat pourrait s'avérer insoutenable. La charge annuelle liée au retrait gonflement des argiles au niveau national a presque doublé entre 1982 et aujourd'hui (Sénat, 2023[6]). En 2022, le coût de la sécheresse était même supérieur au montant des cotisations perçues. Selon l'Institut Paris Région les indemnisations au titre du régime CatNat pour le phénomène de retrait gonflement des argiles pourraient doubler d'ici 2050 (Institut Paris Région, 2022[27]). En 2022, la Cour des Comptes publiait un rapport suggérant des mesures de prévention du risque tardives et insuffisantes (Cour des comptes, 2022[47]).

Graphique 5.3. Évolution des dommages liés à la sécheresse et des réserves financières de la Caisse de réassurance (millions euros)

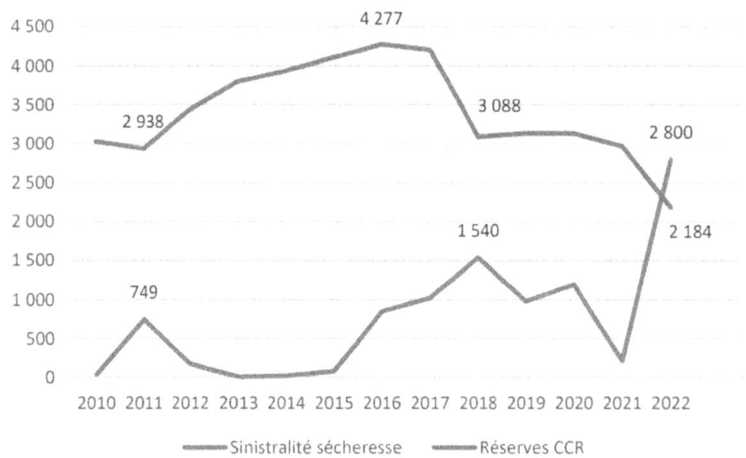

Note : Les réserves de la CCR correspondent aux montants des primes collectées qui n'ont pas été utilisées pour compenser des dommages.
Source : (Assemblée nationale, 2023[48]).

Le retrait gonflement des argiles pourrait ainsi être exclu du régime CatNat malgré un stock d'habitations vulnérables à la sécheresse important dans la région parisienne. Évoquant un phénomène connu, la Cour des Comptes suggère l'exclusion du phénomène de retrait gonflement des argiles au motif qu'il ne s'agirait plus d'un évènement d'intensité anormale. Avec 83.4 % du territoire vulnérable hors Paris (Institut Paris Région, 2022[27]), le coût des dommages moyens annuels dus au phénomène de retrait gonflement des argiles est estimé entre 60 et 170 millions d'euros à l'horizon 2100 (Métropole du Grand Paris, 2018[49]).

Les enjeux économiques d'une exclusion des sécheresses du régime CatNat seraient donc significatifs et nécessitent des actions en amont. Une politique visant à ne plus indemniser des évènements devenus « normaux » serait particulièrement coûteuse pour les citoyens et nécessite une stratégie de réduction du risque en amont. Par exemple, la gestion de l'eau autour du bâti permettrait d'alimenter les sols en eau. De telles approches seraient assimilables à des mesures de prévention partielle du risque inondation, aujourd'hui couvertes par le fonds de prévention des risques naturels qui n'intègre pour l'instant pas les risques liés aux sécheresses. De même, une gestion des arbres stratégique permettant d'éviter la proximité de racines par rapport au bâti permet de limiter le risque (DRIEAT, 2022[50]).

5.3.3. Évaluation de la pertinence des financements ex post

Les régimes d'assurance récolte et CatNat ont soutenu les agriculteurs et les foyers de façon limitée. En effet, sur la période 2010-2020, 52 % des demandes faites par les villes pour une reconnaissance de sinistre lié au retrait gonflement des argiles (RGA) ont recueilli un avis défavorable. Ce chiffre s'explique par la difficile causalité entre une sécheresse dont les effets s'observent sur le long terme et les dommages aux habitations. De même, le taux de couverture assurantielle pour les pertes de récolte était relativement faible en comparaison d'autres pays comme les États-Unis (85% de la surface agricole utile), le Canada (70%) ou l'Espagne (60%) (OptiMind, 2022[51]). De plus, la plupart des cultures d'Ile-de-France n'étaient pas couverte par le dispositif national de calamités agricoles.

Alors que le régime de couverture des pertes agricoles s'améliore, le régime CatNat pourrait s'essouffler. Ainsi, la couverture du secteur agricole pourrait permettre une compensation plus efficace via une meilleure diversification des risques des assureurs et l'extension des régimes de couverture exceptionnelle à de nouvelles récoltes. Ce n'est pas le cas du régime CatNat dont la soutenabilité financière est remise en question et qui pourrait exclure le RGA de ses indemnisations.

Enfin, ces régimes encouragent peu la prévention. La loi Elan a permis de garantir la prise en compte des risques de RGA dans les futures constructions. Toutefois, aucune mesure permettant de préserver le bâti exposé actuellement ne semble financée. De même, si la première tranche du régime d'assurance récolte pourrait inciter les agriculteurs à se protéger en amont des risques, les mesures considérées sont davantage des innovations que des changements de pratique.

5.4. Vers des sources de financements complémentaires

5.4.1. Un fonds sécheresse

Face au traitement marginal de la raréfaction de l'eau par les fonds nationaux, la création d'un fonds ad-hoc pour la sécheresse peut s'avérer efficace. L'avantage de telles structures est de donner davantage de visibilité sur les mesures de résilience qui peuvent être financées, mais aussi de coordonner les différents acteurs impliqués dans la mise en œuvre d'une stratégie de résilience. Ainsi, l'Australie ou les États-Unis ont créé de tels fonds pour soutenir des mesures de long-terme (Encadré 5.3). Ces fonds peuvent être sectoriels (Australie) ou liés aux infrastructures d'eau (États-Unis).

Un tel fonds peut s'inspirer du fonctionnement des fonds nationaux ou locaux existant en France. À l'échelle nationale, un fonds sécheresse pourrait être construit sur le modèle du fonds vert dont les financements de projets sont supervisés par les préfets de région qui peuvent choisir et sélectionner les projets les plus pertinents à l'échelle de leur territoire. Ce fonds est approvisionné par le budget national et les critères de sélection des projets sont définis à l'échelle nationale. Ce fonds pourrait financer des projets de restauration des zones humides, d'infrastructures permettant d'élargir le mix hydrique de la région ou tout simplement co-financer des projets municipaux ou d'opérateurs d'eau souhaitant déployer des kits d'eau et approfondir les connaissances liées aux risques de sécheresse. Une autre alternative est d'exploiter la compétence GEMAPI des intercommunalités telles que la Métropole du Grand Paris pour alimenter un fonds local de prévention du risque sécheresse. Ces fonds ad-hoc peuvent s'inspirer des fonds créés par la Métropole du Grand Paris tels que le fonds biodiversité. Ils pourraient être alimentés par la taxe GEMAPI directement.

Encadré 5.3. Exemples internationaux de fonds pour accroître la résilience face aux sécheresses

Le Fonds pour les sécheresses futures, Australie

Le *Future Drought Fund* est une initiative du gouvernement australien pour soutenir la préparation et la gestion des périodes de sécheresse en Australie. Il a été créé pour accompagner les mesures du plan du gouvernement australien pour la préparation, la résilience et la réponse aux sécheresses. Le fonds a été officiellement lancé en 2019. Son objectif est d'investir dans des mesures de long terme pour renforcer la résilience des communautés, des agriculteurs et des industries australiennes face aux périodes de sécheresse, ainsi que de promouvoir la recherche et l'innovation dans le domaine de la gestion de l'eau et de l'agriculture. Le fonds est doté de 5 milliards de dollars australiens et investit 100 millions de dollars australiens par an pour soutenir les agriculteurs et les régions à mettre en place des stratégies de résilience pour faire face aux sécheresses, via l'adoption de nouvelles technologies, de meilleure planification ou de participation à des activités encadrées pour renforcer la résilience du secteur agricole. Il finance également une série de programmes et de projets conçus pour aider les agriculteurs et les collectivités à faire face aux défis posés par la sécheresse. Cela peut inclure des subventions pour des projets d'infrastructure, des programmes de formation, des initiatives de gestion des sols, des systèmes de gestion de l'eau plus efficaces, des mesures de gestion du bétail…

Le *Clean Water State Revolving Fund* (Etats Unis)

Le Clean Water State Revolving Fund (CWSRF) est une source de financement à faible taux d'intérêt pour divers projets d'infrastructures liées à l'assainissement et à la qualité de l'eau. Il s'agit d'un partenariat entre l'agence de protection de l'environnement et les états fédérés. Le CWSRF finance également des projets qui permettent de soutenir la résilience des états et municipalités grâce à des activités de protection des ressources en eau, de réutilisation ou de résilience climatique. Des programmes et initiatives d'états, tels que le *California Water Recycling Funding Program* et *l'Oklahoma Water for 2060 Initiative*, encouragent ainsi la réutilisation de l'eau pour améliorer la résilience à la sécheresse.

Source: (Agriculture Victoria, 2023[52]) (Australie, 2019[53]) (Environmental Protection Agency, 2022[54]).

5.4.2. *Mobiliser des financements*

Financements privés

L'évaluation et la publication des risques liés à l'eau restent rare alors qu'elles permettraient d'évaluer l'exposition des entreprises au risque de raréfaction. Seules les Installations Classées Protection de l'Environnement, i.e. les entreprises susceptibles de provoquer des pollutions ou nuisances doivent évaluer leur consommation d'eau (Chapitre 4). Les recommandations de la *Task Force on Nature-related Financial Disclosure* (TNFD) (Groupe de travail sur la publication d'informations financières relatives à la nature, 2023[55]) représentent une opportunité prometteuse pour encourager les institutions financières à aligner leurs financements vers des modèles résilients en matière d'eau. En exigeant la divulgation systématique des risques et opportunités liés à la nature, y compris ceux liés à l'eau, la réglementation TNFD pourrait inciter les acteurs financiers à prendre en compte les aspects environnementaux et sociaux dans leurs décisions d'investissement. Cela pourrait encourager les industries à adopter des pratiques de gestion de l'eau plus durables et à investir dans des technologies et des projets qui préservent efficacement cette ressource.

Les paiements pour services environnementaux

Les paiements pour services environnementaux (PSE) sont un instrument financier permettant de faciliter le déploiement de solutions fondées sur la nature. Les paiements pour services environnementaux (PSE) sont « une transaction volontaire, où un service environnemental, clairement défini, est acheté par un ou plusieurs usagers à un ou plusieurs fournisseurs du servies, le paiement ayant lieu si et seulement si le fournisseur assure effectivement la provision du service » (CGEDD, 2010[56]). Tout acteur économique ou public peut participer à cette transaction.

Les paiements pour services environnementaux (PSE) sont en expansion dans la région parisienne. Les agences de l'eau y contribuent et sont encouragées à le faire par le Plan Eau (Agence de l'eau Seine Normandie, 2022[10]). Eau de Paris s'est par exemple engagée à accompagner techniquement et financièrement (aide allant de 150 à 450 euros par hectare[11] des agriculteurs qui supprimeraient l'usage d'engrais et de pesticides, voire qui adopteraient des modes de culture durables. À ce jour, une centaine d'exploitations ont contractualisé avec Eau de Paris sur près de 15 000 ha de Surface Agricole Utile. Les collectivités peuvent également fournir un cadre permettant de créer les conditions de confiance nécessaire à l'élaboration d'un PSE, voire financer directement le PSE (Encadré 5.4). Dans le cadre de son plan national pour la biodiversité, un budget de 150 millions d'euros est prévu pour inciter à la performance environnementale des systèmes d'exploitation agricole.[12]

Encadré 5.4. Exemples de paiements pour services environnementaux (PSE)

Le Programme Burren (Irlande)

Dans les landes de Burren, une région caractérisée par un écosystème semi-désertique, l'activité agricole a connu une intensification depuis les années 1970s, avec des conséquences néfastes sur l'environnement, telles que la pollution de l'eau, l'érosion des sols et la perte de biodiversité. La région a été désignée Natura 2000, mais les agriculteurs ont contesté cette classification. Des fonds publics nationaux, européens et de l'ONG National Parks and Wildlife Services ont donc été mobilisés pour réaliser un PSE. Il s'agit de paiements pour la maintenance d'infrastructures agricoles avec obligation de résultats mesurés par des indicateurs évaluant l'état des parcelles. Les résultats du programme ont montré des améliorations significatives dans la restauration de l'habitat. Pour la période 2010-2015, les investissements de 2,3 millions d'euros ont permis la réalisation de plusieurs actions, telles que le débroussaillage, la réparation de murs et de haies, la construction de portails, et la création d'infrastructures pour l'alimentation du bétail.

Baux ruraux environnementaux, Métropole européenne de Lille (France)

Dans le but de préserver la biodiversité et la qualité de l'eau au sein des zones cultivées, la Métropole Européenne de Lille (MEL) a mis en place des incitations financières pour encourager les agriculteurs à adopter des pratiques vertueuses. Ainsi, la métropole à conclut des contrats de location ruraux dont les tarifs sont réduits en fonction des engagements que les agriculteurs acceptent de prendre en matière de mesures environnementales.

Source : (Ministère de l'agriculture et de l'alimentation, 2018[57]).

Les fonds dédiés à l'eau

Un fonds dédié à l'eau est une structure de financement dédiée à la gestion durable de l'eau, à la conservation des ressources en eau, et à la résolution des problèmes liés à l'eau. Ces fonds sont gérés par une communauté d'acteurs publics, privés et la société civile et permettent d'investir dans la conservation des écosystèmes, l'accès à l'eau potable ou tout objectif fixé par les administrateurs du fonds. Ce type d'initiative permet de mobiliser des financements privés, en raison des bénéfices tirés par les acteurs économiques (Encadré 5.5).

Encadré 5.5. Exemples internationaux de fonds pour l'eau

Le Fonds pour l'eau du fleuve Colorado (États-Unis)

Le fleuve Colorado est confronté à des problèmes de surexploitation, de diminution du débit d'eau et de dégradation des écosystèmes aquatiques en raison de la demande croissante en eau pour l'agriculture, l'industrie et l'approvisionnement en eau potable. Cela a entraîné des impacts négatifs sur la biodiversité et sur les communautés qui dépendent du fleuve pour leur approvisionnement en eau. Le fonds pour l'eau du fleuve Colorado a été alimenté par l'Agence de protection de l'environnement des États-Unis, des États fédéraux, des entreprises privées et des organisations à but non lucratif. Il a permis de financer une série de projets visant à restaurer les écosystèmes du fleuve, à améliorer la gestion de l'eau et à sensibiliser les parties prenantes aux défis liés à la gestion de l'eau. Il a également permis d'accroître la résilience des communautés et de la nature face aux défis liés à l'eau dans la région.

Le fonds pour l'eau de Cape Town (Afrique du Sud)

Il s'agit d'un partenariat entre la municipalité de Cape Town, l'organisation de protection de l'environnement *The Nature Conservancy*, et d'autres partenaires locaux. L'objectif principal de ce fonds est de mobiliser des financements pour la préservation des bassins versants, l'amélioration de la qualité de l'eau et la gestion durable des ressources en eau dans la région de Cape Town, en Afrique du Sud. Le fonds a mis en avant les avantages économiques potentiels pour les entreprises et le secteur privé de la préservation des bassins versants, notamment en démontrant les bénéfices d'investissements dans des solutions fondées sur la nature pour accroître les réserves d'eau disponibles. Cela inclut la garantie d'un approvisionnement en eau fiable pour les activités industrielles, la protection des infrastructures critiques et la réduction des coûts liés à la gestion de l'eau. Le fonds a développé un modèle financier qui permet aux entreprises de s'engager financièrement tout en obtenant des avantages tangibles, comme une réduction des risques liés à l'eau et une meilleure qualité de l'eau. Le fonds a mis en avant les réalisations et les résultats concrets de ses projets de préservation des bassins versants et de gestion de l'eau. Cela a permis de démontrer aux partenaires privés l'impact positif de leur investissement.

Source : (The Nature Conservancy, 2023[58]).

Références

Agence de l'Eau Seine Normandie (2023), *Bilan des aides signées au 21 Décembre 2023*, https://www.eau-seine-normandie.fr/sites/public_file/deliberations-commission-des-aides/Bilan_des_aides_signees_au_21_decembre_2023.pdf. [8]

Agence de l'Eau Seine Normandie (2023), *https://www.eau-seine-normandie.fr/presse/communiques-de-presse*. [21]

Agence de l'Eau Seine Normandie (2021), *Rapport d'activité 2021*, https://economiev2.eaufrance.fr/sites/default/files/2024-04/doc521-aesn_rapport_activite_2021.pdf. [23]

Agence de l'eau Seine Normandie (2022), *11ème programme d'intervention de l'agence de l'eau Seine-Normandie 2019-24*, https://www.eau-seine-normandie.fr/programme_eau_climat_seine_normandie#:~:text=Le%2011%C3%A8me%20programme%2C%20intitul%C3%A9,s%27adapter%20au%20changement%20climatique. [10]

Agence de l'eau Seine Normandie (2022), *Rapport d'activité 2022*, https://www.calameo.com/agence-de-l-eau-seine-normandie/read/00400191399290f52c0be. [9]

Agence de l'eau Seine Normandie (2019), *COMMUNIQUÉ DE PRESSE DE L'AGENCE DE L'EAU SEINE-NORMANDIE - Budget 2020*. [36]

Agreste (2022), *Mémento de la statistique agricole 2022*, https://driaaf.ile-de-france.agriculture.gouv.fr/IMG/pdf/memento_2022_idf_2_.pdf. [11]

Agreste (2021), *Memento de la statistique agricole 2020*, https://driaaf.ile-de-france.agriculture.gouv.fr/IMG/pdf/220121_memento_2021_modifgp2_cle86dbab.pdf. [12]

Agreste (2019), *Memento de la statistique agricole 2019*, https://driaaf.ile-de-france.agriculture.gouv.fr/IMG/pdf/20200707_memento.pdf. [13]

Agriculture Victoria (2023), *https://agriculture.vic.gov.au/farm-management/managing-for-and-during-drought/dry-season-support/future-drought-fund*. [52]

Annan, F. et W. Schlenker (2015), « Federal Crop Insurance and the Disincentive to Adapt to Extreme Heat », *American Economic Review*, vol. 105/5, pp. 262-266, https://doi.org/10.1257/aer.p20151031. [44]

Aquavesc (2022), *Rapport d'activité*. [32]

Assemblée nationale (2023), *Rapport d'information sur l'évaluation de la prise en compte du retrait-gonflement des argiles*, https://www.assemblee-nationale.fr/dyn/16/dossiers/evaluation_prise_encompte_argile. [48]

Australie (2019), *Future Drought Fund Act*. [53]

CCR (2023), *Les catastrophes naturelles en France - Bilan 1982-2022*. [46]

CDP (2022), *High and Dry - How water issues are stranded assets*, https://cdn.cdp.net/cdp-production/cms/reports/documents/000/006/321/original/High_and_Dry_Report_Final.pdf?1651652748. [24]

CGEDD (2010), *Les « PSE » : Des rémunérations pour les services environnementaux*, https://www.ecologie.gouv.fr/sites/default/files/documents/CEDD%20-%20Ref%20017.pdf. [56]

Congressional Research Service (2019), *Water Infrastructure Financing: The Water Infrastructure Finance and Innovation Act (WIFIA) Program*. [19]

Conseil de l'Union Européenne (2022), *Politique agricole commune 2023-27*, https://www.consilium.europa.eu/fr/policies/cap-introduction/cap-future-2020-common-agricultural-policy-2023-2027/. [22]

Conseil régional d'Île-de-France (2023), *Budget primitif - Délibération N°CR 2022-076*, https://www.iledefrance.fr/sites/default/files/medias/2022/12/CR2022-076DEL_Budget_2023.pdf. [26]

Cour des comptes (2022), *Sols argileux et catastrophes naturelles*, https://www.ccomptes.fr/system/files/2022-02/20220215-sols-argileux-catastrophes-naturelles.pdf. [47]

Descroizaille, F. (2022), *Rapport sur le projet de loi portant réforme des outils de gestion des risques climatiques*, https://www.assemblee-nationale.fr/dyn/15/dossiers/reforme_outils_risques_climatiques_agriculture. [41]

DRIEAT (2023), *Fonds vert : les premiers projets sortent de terre en Ile-de-France*, https://www.drieat.ile-de-france.developpement-durable.gouv.fr/fonds-vert-les-premiers-projets-sortent-de-terre-a12715.html. [25]

DRIEAT (2022), *Le risque lié au retrait-gonflement des sols argileux*, https://www.drieat.ile-de-france.developpement-durable.gouv.fr/le-risque-lie-au-retrait-gonflement-des-sols-a3768.html. [50]

Eau de Paris (2022), *Rapport d'activité 2022*, https://www.eaudeparis.fr/sites/default/files/2023-05/EDP%20-%20Rapport%20annuel%202022%20Eau%20de%20Paris.pdf. [31]

Environmental Protection Agency (2022), *Funding Drought Resiliency Projects*. [54]

EPTB Seine Grands Lacs (2023), *Rapport d'orientations budgétaires*, https://metropolegrandparis.fr/sites/default/files/media/document/04-DFI_ROB%202023.pdf. [28]

EPTB Seine Grands Lacs (2022), *Incidence socio-économique et environnementale des étiages sévères*. [34]

France (2023), *Budget général - Annexe au projet de loi de finances, Mission Écologie, développement et mobilités durables*, https://www.budget.gouv.fr/documentation/documents-budgetaires/exercice-2023/le-projet-de-loi-de-finances-et-les-documents-annexes-pour-2023/budget-general/ecologie-developpement-et-mobilite-durables. [1]

France Assureurs (2023), *L'assurance multirisque climatique sur récoltes*, https://www.franceassureurs.fr/lassurance-protege-finance-et-emploie/lassurance-protege/lassurance-en-pratique-pour-les-professionnels/lassurance-multirisque-climatique-sur-recoltes/. [40]

Gourdier, S. et E. Plat (2018), *Impact du changement climatique sur la sinistralité*, https://brgm.hal.science/hal-01768395. [45]

Gouvernement (2023), *Le Fonds vert accélère la transition écologique dans les territoires : découvrez les premiers lauréats*. [4]

Gouvernement (2022), *Les mesures du Gouvernement pour les agriculteurs contre la sécheresse*, https://www.gouvernement.fr/actualite/les-mesures-du-gouvernement-pour-faire-face-a-la-secheresse. [37]

Groupe de travail sur la publication d'informations financières relatives à la nature (2023), *Recommandations du Groupe de travail sur la publication d'informations financières relatives à la nature*. [55]

INSEE (2022), *INSEE Flash Île-de-France*, https://www.insee.fr/fr/statistiques/6047604. [20]

Institut Paris Région (2022), *Vulnérabilité de la région Île-de-France aux effets du changement climatique*, https://www.arec-idf.fr/fileadmin/NewEtudes/000pack3/Etude_2851/20221115_diag_PRACC.pdf. [27]

Koenig, R. et al. (2022), « Assurance récolte en France : spécificité du régime et déterminants potentiels », *Économie rurale* 380, pp. 7-25, https://doi.org/10.4000/economierurale.9875. [42]

Métropole du Grand Paris (2023), *Budget Primitif - Rapport budgétaire*, https://www.metropolegrandparis.fr/sites/default/files/media/document/Rapport%20BP2023%20avec%20annexe.pdf. [17]

Métropole du Grand Paris (2018), *Plan Climat Air Energie*, https://metropolegrandparis.fr/sites/default/files/media/document/PCAEM.pdf_0.pdf. [49]

Ministère de la Transition écologique (2012), *Le fonds de prévention des risques naturels majeurs*. [3]

Ministère de la Transition écologique et de la Cohésion des territoires (2021), *3 ans d'adaptation au changement climatique : Synthèse de l'évaluation à mi-parcours du 2ème plan national d'adaptation au changement climatique (2018-2021)*, https://www.ecologie.gouv.fr/sites/default/files/documents/Synthese_evaluation_mi-parcours_PNACC-2.pdf. [2]

Ministère de l'agriculture et de l'alimentation (2018), *Favoriser le déploiement des paiements pour services environnementaux - guide à destination des collectivités*, https://agriculture.gouv.fr/les-paiements-pour-services-environnementaux-en-agriculture. [57]

OCDE (2015), *Water and Cities : Ensuring Sustainable Futures*, Études de l'OCDE sur l'eau, Éditions OCDE, Paris, https://doi.org/10.1787/9789264230149-en. [18]

OptiMind (2022), *Réforme de l'assurance récolte*, https://www.optimind.com/medias/documents/6959/Optimind-Publication-reforme-de-l-assurance-recolte.pdf. [51]

Pays-Bas (2021), *Delta Programme - Staying on track in climate-proofing the Netherlands*. [38]

Région Île-de-France (2023), *Les finances régionales en chiffres*, https://www.iledefrance.fr/sites/default/files/2023-08/Chiffres_Finance_Verte_avril_2023.pdf. [16]

Région Île-de-France (2019), *Plan de mobilisation pour la transformation écologique de l'Île-de-France 2024*. [15]

SEDIF (2023), *Budget primitif*, https://www.sedif.com/sites/default/files/2022-12/Budget%20primitif%202023.pdf. [30]

SEDIF (2022), *Le service public de l'eau en chiffres - Édition 2022*. [35]

Sénat (2023), *Rapport d'information sur le financement du risque de retrait des argiles et ses conséquences sur le bâti*, https://www.senat.fr/rap/r22-354/r22-3541.pdf. [6]

Sénat (2023), *Rapport général n° 128 (2023-24), tome III, annexe 11, volume 1*, https://www.senat.fr/rap/l23-128-311-1/l23-128-311-10.html#toc0. [7]

Sénat (2021), *Rapport général n° 163, tome III, annexe 11, volume 3*. [5]

Sénéo (2023), *Budget primitif*, https://www.seneo.fr/wp-content/uploads/2023/04/Budget_Primitif_2023_Seneo_adopte-tampon.pdf. [33]

Serva, O. (2021), *COMMISSION D'ENQUÊTE relative à la mainmise sur la ressource en eau par les intérêts privés et ses conséquences*. [14]

SIAAP (2020), *Rapport d'activité et de développement durable*, https://www.siaap.fr/fileadmin/user_upload/Siaap/6_Presse_et_publications/Publication/Editions/institutionnelles/SIAAP-RADD_2020.pdf. [39]

The Nature Conservancy (2023), *https://waterfundstoolbox.org/*. [58]

Tuffnell (2020), *Rapport d'information sur la gestion des conflits d'usage de l'eau en situation de pénurie d'eau*, https://www.assemblee-nationale.fr/dyn/15/rapports/cion-dvp/l15b3061_rapport-information. [43]

Ville de Paris (2023), *Budget Primitif*, https://www.paris.fr/pages/budget-de-la-ville-de-paris-2529. [29]

Notes

[1] Le fonds a été créé en 2022, avec l'objectif de financer les projets de collectivités territoriales permettant l'amélioration de la performance environnementale et l'adaptation du territoire au changement climatique.

[2] Budget du Fonds Vert : https://www.ecologie.gouv.fr/fonds-vert

[3] Plan France 2030 : https://www.economie.gouv.fr/france-2030

[4] Syndicats intercommunaux, établissements publics territoriaux, syndicats mixtes pour l'assainissement…

[5] Rejet de l'amendement déposé lors de l'examen de la loi de finances 2024 : Aperçu de l'amendement (senat.fr)

[6] Communiqué de presse de l'Agence de l'Eau Seine Normandie : https://www.eau-seine-normandie.fr/sites/public_file/inline-files/CP_2019CAbudget2020vok_0.pdf

[7] Ce syndicat réunit la Ville de Paris, les départements des Hauts-de-Seine, de la Seine-Saint-Denis, du Val-de-Marne, la Métropole du Grand Paris, les communautés d'agglomération de Troyes, Champagne Métropole, du Pays de Meaux, Saint-Dizier, Der et Blaise, et la Région Grand-Est.

[8] Crédit de paiement d'investissement pour l'année 2023

[9] Principes de la réforme de l'assurance récoltes : https://agriculture.gouv.fr/la-reforme-de-lassurance-recolte

[10] https://agriculture.gouv.fr/la-reforme-de-lassurance-recolte

[11] https://www.eaudeparis.fr/actualit%C3%A9s/un-dispositif-unique-pour-accompagner-les-agriculteurs-vers-une-transition-durable

[12] https://pse-environnement.developpement-durable.gouv.fr/le-dispositif

Annexe A. Consultations

Liste des acteurs interrogés

L'OCDE a conduit des entretiens avec des institutions publiques et privées afin d'évaluer le niveau de perception du risque, les mesures mises en œuvre pour y faire face mais aussi comprendre les impacts potentiels d'une raréfaction de l'eau sur l'activité économique de la région Ile-de-France. L'OCDE a également organisé un échange avec des pairs internationaux pour faciliter un partage de connaissances et réaliser un exercice de parangonnage. Les pairs internationaux ont rencontré une partie des acteurs interrogés, signalés par un astérisque dans la liste qui suit.

Acteurs de l'État

• Ministère de la Transition Écologique et Cohésion des Territoires * o Observatoire national sur les effets du réchauffement climatique o Commissariat général au développement durable o Direction Général des Transports o Direction Générale de l'Eau et de la Biodiversité	• Ministère de l'Économie, des Finances et de la Souveraineté industrielle et numérique de France (Direction Générale du Trésor) * o Bureau des assurances o Bureau des politiques sectorielles climatiques
	• Secrétariat Général de la Planification Écologique
	• Office Français de la Biodiversité
• Office national des forêts	• Zone de défense et de sécurité de la Préfecture de Police *
• Direction régionale et interdépartementale de l'Environnement, de l'Aménagement et des Transports d'Île-de-France *	• Direction Régionale et Interdépartementale de l'Alimentation, de l'Agriculture et de la Forêt d'Ile de France *
• Société d'aménagement foncier et d'établissement rural Ile-de-France	• Agence de l'Eau Seine Normandie *
• Voies Navigables de France *	• Agence de la Transition Écologique (ADEME)
• CEREMA *	• Caisse centrale de réassurance

Acteurs des collectivités locales

• Région Ile-de-France	• Métropole du Grand Paris *
• Conseil Départemental du Val de Marne	• Conseil Départemental du Val d'Oise
• Conseil Départemental de Seine Saint Denis *	• Conseil Départemental des Hauts de Seine *
• Ville de Paris *	• Office de tourisme de Paris
• Ville de Sceaux	• Ville de Cergy Pontoise

• Établissement Public Territorial de Bassin Seine Grands Lacs *	• Chambre d'Agriculture de Région Ile-de-France *
• Chambre de Commerce et d'Industrie d'Ile-de-France	• Institut Paris Région *
• Atelier parisien d'urbanisme	

Acteurs de l'eau et de l'assainissement

• Eau de Paris *	• Syndicat des Eaux d'Ile-de-France *
• Aquavesc	• Syndicat interdépartemental pour l'assainissement de l'agglomération parisienne *
• Fédération Professionnelle des Entreprises de l'Eau	• Suez
• Véolia	

Acteurs de la recherche

• INRAE	• Météo France
• Bureau de recherches géologiques et minières	• PIREN-Seine

Acteurs économiques privés, non-gouvernementaux ou associations

• Aquibrie *	• Groupe des industries métallurgiques
• Groupement des industries françaises aéronautiques et spatiales	• Arvalis
• Atout France	• Sogestran
• Haropa Port Paris	• Réseau de Transport d'Electricité
• Électricité de France *	• Sogaris
• Société d'économie mixte d'aménagement et de gestion du marché d'intérêt national de Rungis (SEMMARIS)	• Syctom (syndicat mixte français d'Île-de-France spécialisé dans le traitement et la valorisation des déchets ménagers et assimilés)
• Union nationale des industries de carrières et des matériaux de construction (UNICEM)	• CEMEX
• France Nature Environnement Île-de-France *	• Fédération nationale des collectivités concédantes et régies
• Fraicheur de Paris	• Compagnie parisienne de chauffage urbain
• Ecodécision	

Questionnaire

Par le biais d'un questionnaire, l'OCDE a collecté des informations sur le degré de connaissance du risque et les mesures mises en place pour y faire face dans la région. Différents acteurs ont été visés afin d'analyser également les relations entre décideurs et acteurs économiques et de réseaux concernés par le risque en tant qu'usagers de la ressource. L'OCDE a analysé les réponses de 35 acteurs, parmi lesquels 26 étaient impliqués dans la gestion du risque de sécheresse en tant que représentants de l'État, collectivités, ou opérateurs d'eau potable et d'assainissement. Les 9 acteurs restant sont des acteurs économiques tels que les réseaux de chaleur et froid, les chambres d'agriculture et de commerce ou des acteurs du tourisme et de la logistique urbaine qui seront affectés par la sécheresse.

Questions générales

1. Parmi les propositions suivantes, laquelle (ou lesquelles) reflète(nt) le mieux votre rôle dans la gestion du risque de pénurie d'eau ? Si Autre, préciser

   (Plusieurs réponses possibles)

   ❒Gestion des ressources en eau ❒Élaboration de politiques publiques

   ❒Réglementations ❒Financement d'ouvrages, infrastructures

   ❒Rapport d'activité, Statistiques ❒Contrôles, sanctions ❒Autre

2. Est-ce que votre institution a déjà dû prendre des mesures pour faire face à à une indisponibilité ou pénurie d'eau ? Si oui, préciser
3. Si votre institution a déjà dû prendre des mesures pour faire face à une indisponibilité ou pénurie d'eau, préciser la (les) cause(s).

   (Plusieurs réponses possibles)

   ❒Sécheresse des sols ❒Pollution de l'eau ❒Températures trop élevées

   ❒Étiage sévère, niveau des nappes bas ❒Dégradation environnementale ❒Autre

4. Pensez-vous que la raréfaction de l'eau sera un évènement plus fréquent d'ici 2050 ?
5. Si vous pensez que la raréfaction de l'eau sera un évènement plus fréquent en 2050, préciser de quelle façon :
6. Si vous pensez que la raréfaction de l'eau sera un évènement plus fréquent en 2050, comment pensez-vous que votre rôle actuel pourrait évoluer ?

Évaluation des risques

Méthodes d'évaluation des risques

7. Faites-vous une analyse prospective du risque de raréfaction de l'eau pour l'un des systèmes suivants :

   (Plusieurs réponses possibles)

	Oui	Non
Infrastructures	❒	❒
Transport fluvial sur la Seine	❒	❒
Secteur Agricole	❒	❒
Distribution d'eau potable et/ou non potable	❒	❒
Traitement de l'eau	❒	❒

Écosystèmes	❐	❐
Industrie	❐	❐
Energie	❐	❐
Tourisme	❐	❐
Transport non fluvial	❐	❐
Économie	❐	❐
Autre (préciser)	❐	❐

8. Si vous faites une évaluation prospective sur l'un des systèmes précédents, quel est l'horizon de temps de votre analyse ?
9. Si vous réalisez une évaluation prospective du risque de raréfaction de l'eau sur les systèmes dont vous êtes responsables, tenez-vous compte des conséquences possibles du changement climatique ?
10. Si vous réalisez une évaluation prospective du risque de raréfaction de l'eau sur les systèmes dont vous êtes responsables, tenez-vous compte des projections socio-économiques et/ou démographiques ?
11. Si oui, tenez-vous compte des scénarios d'aménagement urbain correspondants ?
12. Quelles sources de données utilisez-vous pour ces analyses ?
13. Quels sont les défis que vous identifiez pour évaluer le risque de raréfaction de l'eau pour votre institution ?

Élaboration de plans et stratégies

14. Dans le cadre de vos activités, définissez-vous des plans ou stratégie de résilience pour faire face aux impacts du changement climatique ? *(Si non, allez directement à la question 24)*
15. Si oui, est-ce que ces plans/stratégies intègrent les risques liés à l'eau ?
16. Si oui, quels risques liés à l'eau analysez-vous ?
17. Si votre plan ou stratégie mentionne la sécheresse, pouvez-vous partager des références ou documents qui expliquent comment ?
18. Si vous n'avez pas de plans ou stratégie de résilience, avez-vous l'intention de tenir compte de ce risque dans vos activités ?

Gouvernance

19. Participez-vous à des instances de concertation (Comité national de l'Eau, Assises, consultations locales…) visant à améliorer la résilience à la raréfaction de l'eau ? *(Si non, allez directement à la question 32)*
20. Si oui, préciser s'il s'agit de :

(Plusieurs réponses possibles)

❒Consultations écrites ❒Forums, ateliers, ou autre évènement ponctuel

❒D'une enceinte de coordination ad-hoc (e.g. les comités de bassin) ❒Autre (préciser)

21. Si oui, quel est votre rôle ?
22. Est-ce que ces concertations ont influencé les décisions stratégiques de gestion du risque de raréfaction de l'eau ?
23. Collaborez-vous avec d'autres acteurs pour définir les stratégies et mesures d'amélioration de la résilience au risque de raréfaction de l'eau ?
24. Avez-vous des suggestions pour améliorer la coordination entre les différents acteurs de l'eau ?
25. À votre avis, existe-t-il des problèmes de frontières entre les compétences des différentes parties prenantes impliquées dans la gestion du risque de raréfaction de l'eau ?

Mise en œuvre des mesures de résilience

Rôles et responsabilités

26. Quels sont les rôles et responsabilités de votre organisation dans la conception et mise en œuvre des mesures de résilience ?
27. Si pertinent, pouvez-vous fournir tout rapport d'activité, organigramme de votre organisation, statistiques ou liens pour comprendre les ressources humaines consacrées à cet objectif ?

Mesures d'atténuation de la vulnérabilité des citoyens et acteurs économiques

28. Avez-vous mis en place ou contribué à l'une des mesures suivantes.

(Plusieurs réponses possibles)

	Oui	Non
Contrôles des niveaux d'eaux et systèmes d'alerte	❒	❒
Plan sécheresse et mise en place des restrictions d'usage	❒	❒
Politiques publiques pour adapter la demande en eau (e. g régimes d'allocation, fiscalité)	❒	❒
Programmes pour préserver ou créer des ressources (réutilisation des eaux usées, protection des captages…)	❒	❒
Mesures réglementaires (e.g. normes pollution, seuils d'alerte.)	❒	❒
Financements d'infrastructures	❒	❒
Autre (préciser)	❒	❒

29. Si vous avez déjà mis en place ou contribué à définir des politiques publiques incitant à diminuer la consommation d'eau, avez-vous évalué leur efficacité ?
30. Si vous avez mis en place ou contribué à un programme permettant de créer davantage de ressources en eau (réutilisation d'eaux usées traitées, récupération eaux de pluie, désimperméabilisation, réserves d'eau…), en avez-vous évalué l'efficacité ?
31. Si vous avez pris des mesures pour améliorer la résilience de l'aire urbaine fonctionnelle de Paris, vous semblent-elles adaptées aux enjeux de raréfaction de l'eau ?
32. Avez-vous entrepris des enquêtes pour évaluer la connaissance du risque de raréfaction de l'eau dans la population ?
33. Avez-vous entrepris des actions pour sensibiliser la population sur les risques de raréfaction de l'eau ?
34. Si oui, avez-vous mis en place l'une des mesures suivantes ?

    (Plusieurs réponses possibles)

    ❐Campagnes d'information ou sensibilisation ❐Formation, accompagnement des acteurs économiques ❐Conférences, forums ❐Consultations publiques ❐Communication sur les objectifs d'encadrement de la consommation d'eau ❐Aucune ❐Autre (préciser)
35. Selon vous, quels éléments devraient être renforcés pour atténuer la vulnérabilité de l'aire urbaine fonctionnelle de Paris à la raréfaction de la ressource en eau ? :

    (Plusieurs réponses possibles)

    ❐Politiques publiques ❐Régulation ❐Instruments économiques ❐Formation des acteurs à des pratiques plus adaptées ❐Amélioration des technologies ❐Renforcer l'application des règles et instruments économiques ❐Autre (préciser)
36. Quels défis identifiez-vous pour renforcer le rôle de votre institution dans l'amélioration de la résilience de l'aire urbaine fonctionnelle de Paris à la raréfaction de l'eau ?

    (Plusieurs réponses possibles)

    ❐Difficulté d'accès aux données ❐Défis de gouvernance ❐Manque de volonté politique ❐Manque de coordination des acteurs institutionnels ❐Acceptabilité des mesures ❐Manque de capacité (humaine, financière, technique) ❐Autre (préciser)
37. Comment votre institution pourrait contribuer davantage à renforcer la résilience de l'aire urbaine fonctionnelle de Paris face au risque de raréfaction de l'eau ?

Financements des mesures

38. Quel budget consacrez-vous à la gestion du risque de raréfaction de l'eau ? Pouvez-vous donner un lien ou document qui détaille ce budget ?
39. Quelles sont vos sources de revenu pour financer la gestion du risque de raréfaction de l'eau ?

    (Plusieurs réponses possibles)

    ❐Redevances ❐Budget de l'État, transferts de l'État, subventions ❐Fonds européens (y compris fonds de la Politique Agricole Commune) ❐Instruments financiers (obligations, prêts…) ❐Taxes (foncière, GEMAPI…) ❐Revenus commerciaux ❐Autre (préciser)
40. Est-ce suffisant pour s'adapter aux risques induits par le changement climatique ?

41. Y-a-t-il des programmes régionaux ou locaux d'indemnisation en cas de dommages subis par vos actifs en cas d'indisponibilité/pénurie d'eau ?
42. Êtes-vous responsables de programmes régionaux ou locaux d'indemnisation en cas de dommages subis par les acteurs socio-économiques en raison d'une indisponibilité/pénurie d'eau ?
43. Souhaiteriez-vous nous faire part d'autres enjeux que vous avez identifiés sur ce sujet et qui n'auraient pas été abordés dans ce questionnaire ?

Annexe B. Construction des scénarios

Construction du scénario socio-économique « l'Ile de France à l'horizon 2050 »

Une « approche tendancielle » a été retenue pour décrire le développement de l'Ile de France à l'horizon 2050, sans renforcement des politiques d'adaptation au changement climatique. La méthode poursuivie extrapole les évolutions démographiques et sectorielles observées ces dernières années à l'horizon 2050. Ces extrapolations sont ensuite confrontées aux plans de développements et d'adaptation régionaux comme nationaux.

- **Le cycle urbain de l'eau** englobe l'ensemble des processus de production, de distribution, d'utilisation, de collecte et de traitement des eaux dans les zones urbaines. L'évolution de la consommation d'eau potable (et donc des prélèvements pour sa production) est considérée comme proportionnelle à la croissance démographique de l'Ile de France, soit une augmentation de 5% d'ici 2050 (INSEE, 2022[1]).
- **L'agriculture :** Selon la Chambre d'agriculture, l'Institut Paris Région et la DRIAAF, la surface agricole utile pourrait diminuer de 3% à l'horizon 2050. Cette évolution tient compte de la loi de zéro artificialisation nette qui limite l'urbanisation, et reflète donc uniquement les projets déjà validés en Ile de France. En termes de cultures produites, les surfaces maraichères pourraient être multipliées par 8 à l'horizon 2050 par rapport à 2020. En extrapolant le rythme d'augmentation des surfaces irriguées entre 2010 et 2020 (14%) (DRIAAF, 2022[2])), l'étude projette une augmentation des surfaces irriguées de 45% d'ici 2050. Cette tendance est cohérente avec les scénarios du projet Explore 2070 (Ministère de l'Écologie, 2012[3]). Conséquence de ces diverses évolutions, la surface dédiée aux grandes cultures diminuera de 3,5%, essentiellement remplacée par des cultures maraichères. Le scénario conserve les proportions relatives de chaque culture au sein des grands domaines (maraichage et grande culture) identique à celles de 2020, et ne prévoit pas de changement dans le type de culture implantées en Ile-de-France.
- **La production d'énergie** : L'Ile de France importe environ 85% de l'énergie qu'elle consomme, majoritairement sous forme de gaz naturel, d'électricité et de produits pétroliers. L'essentiel de l'énergie produite et consommée par la région concerne la production de chaleur et de froid (86%) et la production d'électricité (13%). Le potentiel de production hydroélectrique de la région étant aujourd'hui pleinement exploitée (0.4% de la production énergétique de la région), la production d'hydroélectricité de la région ne devrait pas connaître d'évolution significative. En revanche, le schéma directeur du réseau de froid parisien prévoit que la quantité d'énergie livrée par leur réseau devrait atteindre 1000 GWh/an en 2050, soit une multiplication par environ 2,5 de la quantité/puissance actuellement délivrée (Ville de Paris, 2019[4]). Cette évolution est appliquée à l'ensemble de la production de froid régionale. Enfin, la valorisation énergétique des déchets est considérée comme stable, étant donnée la capacité des usines de valorisation existantes à couvrir les besoins d'incinération futures. En 2021, la quantité de déchets incinérée atteignait 91.6% de la capacité autorisée dans la région (ORDIF, 2022[5]), et les installations existantes ont donc la capacité d'absorber les déchets additionnels produits par la population croissante de l'Ile de France (5% à l'horizon 2050) prévue dans notre scénario.
- **Le transport fluvial** devrait augmenter significativement à l'horizon 2050. L'extrapolation du taux de croissance annuel actuel du fret fluvial (3%) (VNF, 2022[6]) conduit à une multiplication par 2,5

en 2050 du volume actuel de marchandises transportées par fret fluvial. Cette évolution est alignée avec l'ambition de développer davantage le transport fluvial dans la région, comme le démontre le projet Seine-Escaut qui vise à connecter Paris et Le Havre aux grands ports maritimes de la Mer du Nord, via la Seine, l'Oise, l'Escaut et la Lys. De même, le tourisme fluvial augmente actuellement de 5% par an (Coopération des agences d'urbanisme de la Vallée de la Seine, 2019[7]), résultant en une multiplication du trafic par 2,7 d'ici 2050.

- **L'industrie manufacturière :** L'évolution du secteur est plus complexe à anticiper. La tendance à la fermeture de sites industriels ces dernières années pourrait être compensée par les politiques de réindustrialisation. L'hypothèse d'une industrie manufacturière identique à aujourd'hui (en composition et valeur) est donc retenue.
- **Le cadre bâti** : En considérant que la loi Élan encadrant les nouvelles constructions élimine le risque de retrait gonflement des argiles, le nombre de logements exposés au retrait gonflement des argiles en 2050 est considéré comme identique à celui observé aujourd'hui.
- **Les écosystèmes** : Le scénario suppose que l'étendu des zones naturelles non ou peu anthropisées restera identique à aujourd'hui. La stratégie régionale pour la biodiversité 2020-2030 en Île-de-France (Conseil Régional d'Île de France, 2019[8]) s'engage en effet à préserver les écosystèmes existants mais ne prévoit pas de les développer davantage dans la région.

Tableau A B.1. Développement socio-économique tendanciel de l'Ile de France à l'horizon 2050

Extrapolation des tendances passées de développement socio-économique de l'Ile de France à l'horizon 2050

Système	Sous-système	Évolution en 2050 (référence 2020)
Agriculture	Surface de maraichage	Multiplication par 8
	Production animale	Diminution de 40%
	Surface agricole utile totale	Diminution de 3%
	Surface pour grande culture	Diminution de 3.5%
	Surface irriguée	Augmentation de 45%
Démographie	Population francilienne	Augmentation de 5%
Cycle urbain de l'eau	Demande en eau potable	Augmentation de 5%
	Assainissement	Augmentation de 5%
Energie	Production d'électricité (valorisation des déchets ménagers)	Identique
	Quantité de froid livrée	Multiplication par 2.5
	Production d'électricité (hydroélectrique)	Identique
Industrie	Activité industriel	Identique
Transport fluvial	Fret fluvial	Multiplication par 2.4
	Plaisance fluviale	Identique
	Tourisme fluvial	Multiplication par 3.2
Écosystèmes	Écosystèmes naturels (non urbains)	Identique

Source : Auteurs, en utilisant les données et documents suivants. Agriculture : (Conseil Régional d'Île de France, 2021[9]), (DRIAAF Île de France, 2021[10]), (DRIAAF, 2022[2]), (Ministère de l'Écologie, 2012[3]). Démographie : données INSEE : https://www.insee.fr/fr/statistiques/6666275 ; Cycle urbain de l'eau : ; Energie : dires d'experts, ORDIF, 2022[5] ; Espaces urbains Transport fluvial: (VNF, 2022[6]), (Coopération des agences d'urbanisme de la Vallée de la Seine, 2019[7]) ; Écosystèmes : (Conseil Régional d'Île de France, 2019[8]).

Construction des scénarios de sécheresse

Méthodologie

Trois scénarios de sécheresse en eau sont construits pour évaluer les potentiels impacts économiques d'un tel phénomène aux horizons 2050 et 2100. Ces scénarios reflètent les évènements les plus sévères simulés par les projections climatiques et hydrologiques. Chacun de ces scénarios décrit l'évolution de l'état des différentes ressources (humidité des sols, nappes et cours d'eau) sur une année, en prenant en compte l'impact du changement climatique sur la ressource en eau ainsi que l'influence des usages et des infrastructures existantes (aménagement de la Seine en biefs, lacs réservoirs ...). Le scénario 1 représente une sécheresse sévère, combinant un scénario d'étiage historique (1921) et un scénario de sécheresse des sols historique (1976), tous deux considérés comme probables à l'horizon 2050. Le niveau des nappes souterraines est modélisé à l'horizon 2050 comme l'extrapolation des tendances de diminution de niveau observées entre 2020 et 2022, soit une diminution de 6% de la côte par rapport à 2020. La température des eaux de surface est définie comme le profil de température médian issu d'une modélisation multi-annuelle de température d'eau de Seine dans un scénario RCP8.5 à l'horizon 2050. Le scénario 2 représente la concomitance d'une sécheresse identique à celle du scénario 1 avec une année très chaude, dont le profil correspond au 90th percentile de courbes de températures journalières simulées pour un scénario RCP 8.5 entre 2040 et 2070. Face aux tendances d'aggravation des conditions climatiques d'ici 2100, le scénario 3 est construit comme une dégradation du second scénario de sécheresse. Cette dégradation reflète les projections de diminution de débit moyens (moins 20%) et d'augmentation des températures de surfaces moyennes (+2°C) entre 2050 et 2100. Le niveau des nappes est modélisé en considérant une diminution du niveau des nappes tendancielle entre 2050 et 2100. En l'absence de simulations disponibles, la sécheresse des sols du scénario 3 est identique à celle du scénario 2. Ces trois scénarios sont construits en combinant des projections climatiques, hydrologiques de surface et souterraines ainsi que des données historiques.

Tableau A B.2. Caractéristiques des scénarios de raréfaction

Facteur de raréfaction	Source d'eau	Scénario 1	Scénario 2	Scénario 3
Débit des cours d'eau	Surface (rivières)	Sécheresse 1921	Sécheresse 1921	Sécheresse 1921 moins 20%
Sécheresse agricole	Humidité des sols	Sécheresse 1976	Sécheresse 1976	Sécheresse 1976
Température de l'eau	Surface (rivières)	Médiane températures 2050	Dépassement de 25°C pendant 2 mois	Dépassement de 25°C pendant 3 mois
Nappes phréatiques	Souterraine	Diminution de 6% de la côte	Diminution de 6% de la côte	Diminution de 12% de la côte
Soutien d'étiage	Lacs réservoirs EPTB	Sécheresse 1921	Sécheresse 1921	Sécheresse 1921 moins 20%

Source : Auteurs.

Choix des nappes et cours d'eau à étudier

Bien que l'ensemble des ressources en eau soient exploitées en Ile de France, certaines concentrent davantage les usages. Comme détaillé dans le Tableau A B.3, la Seine et la Marne représentent 99% des prélèvements en eau de surface. Ainsi, dans un souci de simplicité et par manque de données, l'étude ne modélise les niveaux d'étiages que pour ces 2 cours d'eau. Les activités prélevant de l'eau dans d'autres cours d'eau mineurs (affluents de la Marne ou de la Seine) sont considérées comme préleveurs dans l'un de ces deux cours d'eau principaux. On choisit parmi les 2 rivières majeures le confluent le plus proche de la rivière dans laquelle l'eau est prélevée.

Tableau A B.3. Prélèvements d'eau par sources en Ile de France (2018)

Type	Source	Volume (m3)	Pourcentage des volumes prélevés totaux (%)
Rivière	Toutes rivières	2.49E+10	98.6%
	La Seine	2.45E+10	97.2%
	La Marne	2.58E+08	1.0%
	L'Oise	68760671	0.3%
Nappes	Toutes nappes	3.51E+08	1.4%

Source : Banque Nationale des Prélèvements (2018).

Afin d'identifier les nappes les plus importantes pour les prélèvements, les données de prélèvements BNPE sont désagrégées à l'échelle des départements (voir). Les départements de la Seine-et-Marne (77), des Yvelines (78) et de l'Essonne (91) concentrent presque 90% des prélèvements en eau souterraine de la région Ile de France. Ces départements sont alimentés par la nappe de Champigny et les nappes de l'Yprésien/Lutétien, de la Craie et des formations tertiaires. Par manque de données sur les autres nappes, et parce qu'elle sert de référence pour les arrêtés sécheresse dans 6 des 8 départements de la région (Tableau A B.4), seul l'état de la nappe de Champigny est considéré dans cet étude, ainsi que les restrictions consécutives à son niveau d'eau appliquées à l'ensemble des prélèvements en eau souterraine de la région.

Tableau A B.4. Prélèvements d'eau souterraine par département (2018)

Source	Département	Volume prélevé (millions de m^3)	Part dans les prélèvements d'eau souterraine de la région
Souterraine	77	161	45.8%
	78	120	34.2%
	91	29	8.4%
	95	23	6.5%
	94	6.9	2.0%
	92	6.1	1.7%
	93	5.0	1.4%
	75	0.4	0.1%
	Total	351	100.0%

Source : Banque Nationale des Prélèvements (2018).

Choix des stations de référence

La majorité des impacts des sécheresses étant dus à l'application d'arrêtés sécheresse, le débit de chacune de ces trois rivières ainsi que le niveau de la nappe de Champigny sont modélisés aux stations de référence mentionnées dans les arrêtés sécheresse départementaux. La station de référence pour la Seine est Alfortville et Gournay sur Marne pour la Marne. Le niveau des nappes est lui modélisé pour la nappe de Champigny Ouest à Montereau sur Jard.

Débit des rivières

Le débit de la Marne et de la Seine est égal au débit naturel du cours d'eau, auquel s'ajoute le soutien des lacs réservoirs EPTB, moins l'eau consommée pour les différents usages.

Des simulations issues de modèles climatiques et hydrologiques sont utilisées afin de déterminer l'impact du changement climatique sur le débit naturel des cours d'eau. Le Graphique A B.1 représente des simulations de débit naturels de cours d'eau issues de (Boé et al., 2018[11]). Ainsi, la région pourrait connaître davantage de sécheresses extrêmes, bien plus importantes que celles connues ces vingt dernières années. Plus précisément, une sécheresse similaire à celle de 1921, deviendrait un évènement probable (bien qu'extrême) à l'horizon 2050. Cette sécheresse 1921 est donc retenue pour modéliser les débits des cours d'eau dans le scénario 1 et 2. Le comité de Bassin Seine Normandie estime qu'à l'horizon 2100 une baisse des débits des cours d'eau de 10% à 30 % par rapport à la période 1970-2005 pourrait survenir à horizon 2070-2100 (Comité de Bassin Seine Normandie, 2016[12]). Une diminution des débits de 20% par rapport à la sécheresse 1921 est donc retenue pour le scénario 3.

Graphique A B.1. Sévérité et durée des sécheresses agricoles et hydrologiques sur le bassin Seine Normandie (1961-1990 & 2031-2060)

Sévérité moyenne des sécheresses hydrologiques chaque année en fonction du nombre de mois par an passés en sécheresse hydrologique, en moyenne sur le bassin

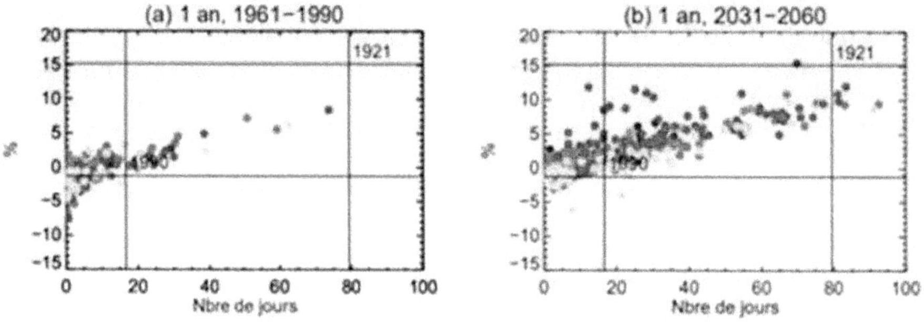

Note : La figure de gauche représente la distribution des débits annuels moyens dans un contexte climatique de la fin du XXe siècle, et la figure de droite la distribution probable au milieu du XXIe siècle. Chaque point représente une année de simulation, et chaque couleur représente un modèle climatique (hydrologique) particulier.
Source : (Boé et al., 2018[11]).

Dans son étude sur le soutien d'étiage, l'EPTB a reconstitué le débit naturel de la Seine à Alfortville et de la Marne à Gournay sur Marne pour la sécheresse 1921. De plus, l'EPTB a estimé les consommations d'eau mensuelles par usages pour chacun des cours d'eau. Ces consommations sont corrigées proportionnellement à l'évolution des différents usages émanant du scénario socio-économique à l'horizon 2050.

Enfin, le débit naturel diminué des consommations est soutenu par un débit constant provenant des lacs réservoirs du 1er juin au 30 novembre.

Le Graphique A B.2 montre l'évolution du débit « réel »[1] de la Seine à Alfortville, ainsi que les valeurs de débit pour les différents niveaux d'arrêtés sécheresse.

Graphique A B.2. Débit de la Seine à Alfortville (Scénario 1, 2 & 3)

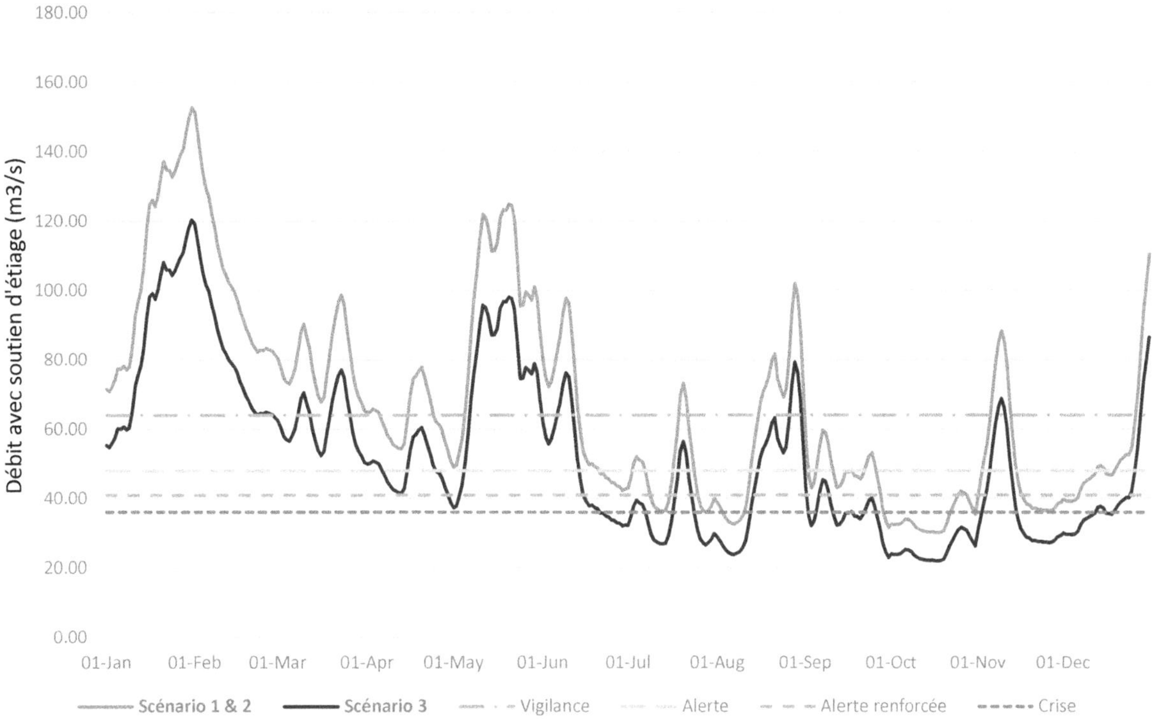

Source : Auteurs, basé sur les données de débit et de consommation de l'EPTB Seine Grand Lac.

Niveau des nappes

Les nappes constituant une réserve en eau (et non un flux comme les cours d'eau), l'évolution de leur niveau est graduelle, et non annuelle comme les rivières. Ainsi, le niveau des nappes à l'horizon 2050 et 2100 est estimé en extrapolant les tendances actuelles, corrigées de l'évolution des usages et de l'augmentation de la pluviométrie moyenne. L'intention derrière cette approche est d'analyser ce qui se passerait si les dynamiques de remplissage et vidange actuel des nappes se perpétuaient à l'horizon 2050. Les données ADES permettent d'analyser les niveaux historiques des nappes. Le Graphique A B.3 représente l'évolution de la piézométrie de la nappe de Champigny Ouest et montre une diminution progressive du niveau piézométrique de la nappe entre 2020 et 2022. Sans prendre en compte l'absence de recharge consécutif à la sécheresse de l'année 2022, le niveau maximum atteint par la nappe a baissé en moyenne de 0.4% par an. Cette tendance est corrigée de l'évolution des consommations et de l'impact du changement climatique sur le remplissage des nappes. Les besoins en eau pour l'eau potable et l'irrigation (qui constituent 93% des usages d'eaux souterraines de la région), augmentent de 8.0% à l'horizon 2050 dans notre scénario. De plus, Aquibrie estime que le changement climatique induira une augmentation moyenne des précipitations qui augmentera la recharge des nappes de 10% à l'horizon 2060 comparé à 2020, et de 12% à l'horizon 2100. Combiner ces 3 effets (diminution tendancielle du niveau de la nappe, augmentation du remplissage moyen et augmentation des besoins en eau) permet de calculer un taux d'évolution moyen du niveau de la nappe, qui est alors projeté à l'horizon 2050. Pour la projection à l'horizon 2100, les besoins et usages restent identiques à ceux de 2050 dans notre scénario socio-économique. Seule la tendance à la diminution du niveau de la nappe, en partie compensée par l'augmentation de la pluviométrie moyenne, et donc du remplissage, demeurent.

Graphique A B.3. Évolution du niveau de la nappe de Champigny à Montereau sur Jard (2010-2023)

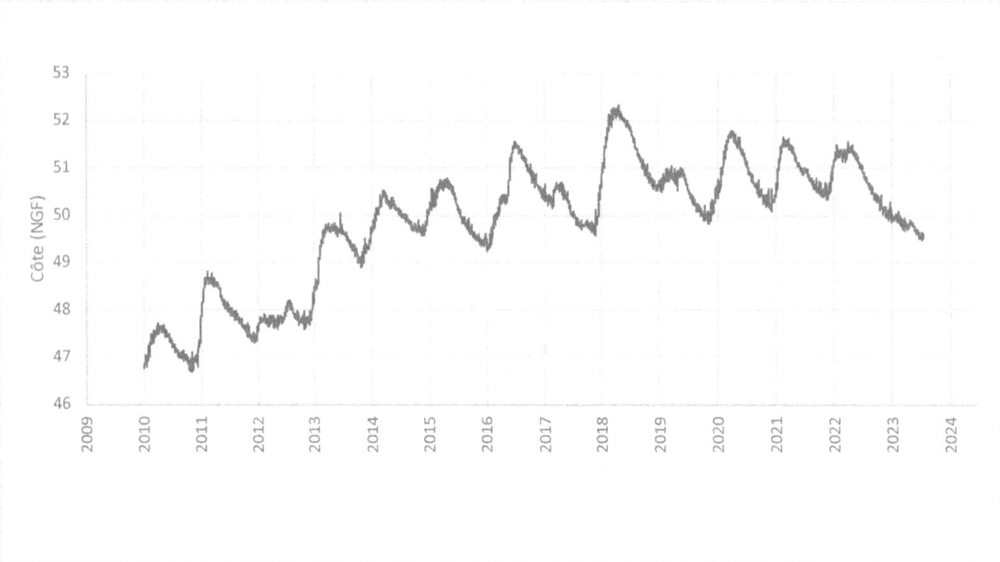

Source : Auteurs, base sur les données ADES.

Afin d'étudier l'impact d'une raréfaction des ressources en eau souterraine, il faut aussi modéliser la dynamique annuelle au remplissage et à la vidange des nappes. Le Graphique A B.3 montre que les périodes de vidange et de remplissage de la nappe sont saisonnières et grossièrement identiques chaque année : la nappe se remplit l'hiver et au début du printemps, et se vide l'été et l'automne.

L'évolution annuelle du niveau de la nappe dans chaque scénario résulte de l'extrapolation linéaire des tendances au remplissage et à la vidange, qui permettent de définir le niveau maximum atteint (au 1er avril) et minimum (au 1er décembre) pour chacun des scénarios. Les scénarios adoptent une version schématique de l'évolution saisonnière de la nappe (Graphique A B.3). La nappe se vide de manière linéaire du 1er avril au 1er décembre et se remplit du 1er décembre au 1er avril. Le profil annuel est obtenu en reliant linéairement les niveaux maximum et minimum. Le Graphique A B.4 illustre la modélisation de la côte de la nappe de Champigny Ouest dans le scénario 1 et 2.

Graphique A B.4. Évolution annuelle du niveau de la nappe de Champigny (Montereau sur Jard, Scénario 1 et 2)

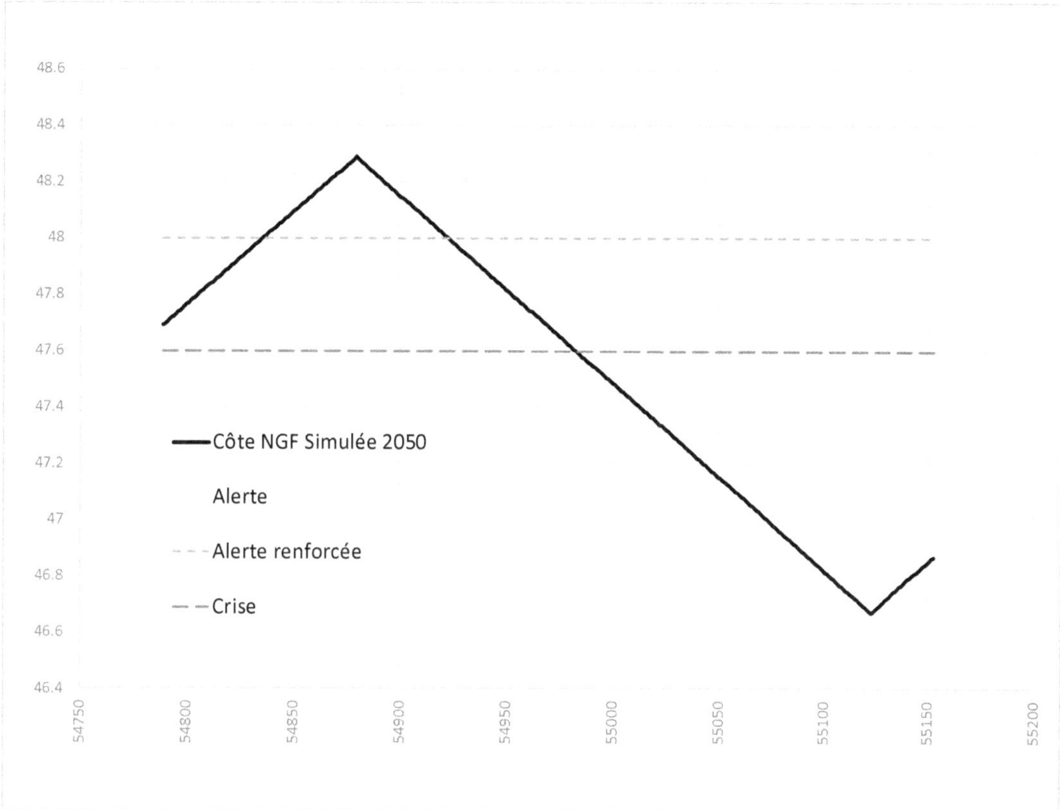

Source : Auteurs.

Température des cours d'eau

Une eau trop chaude conduit à une situation de raréfaction car elle peut limiter certains usages comme la production d'énergie ou le refroidissement industriel. L'EPTB a modélisé la température de l'eau de la Seine à l'écluse de Suresnes à l'horizon 2050. Les données fournies par l'EPTB donnent la température simulée journalière pour chaque année entre 2010 et 2070 pour le scénario RCP 8.5. Comme le montre la Figure D.6 ci-dessous, le scénario 1 représente la température médiane plausible à l'horizon 2050, et utilise le profil de température médian (0.5 percentile). Le scénario 2 a pour objectif d'étudier la concomitance d'une sécheresse historique 1921 avec une année chaude, et reprend donc le 90ème percentile de cette distribution. Enfin, la température du scénario 3 est modélisée comme étant celle du scénario 2 auquel on ajoute 2°C, augmentation moyenne des températures attendue dans le scénario RCP8.5 entre 2050 et 2100 (Ministère de la Transition Écologique, 2023[13]). La Seine concentrant l'essentiel des prélèvements relatifs à la production d'énergie (voir Annexe C), la température de la Seine modélisée à Suresnes est appliquée pour l'ensemble des usages franciliens dépendant de la ressource en eau.

Graphique A B.5. Évolution de la température de la Seine à Suresnes (Scénario 1, 2 et 3)

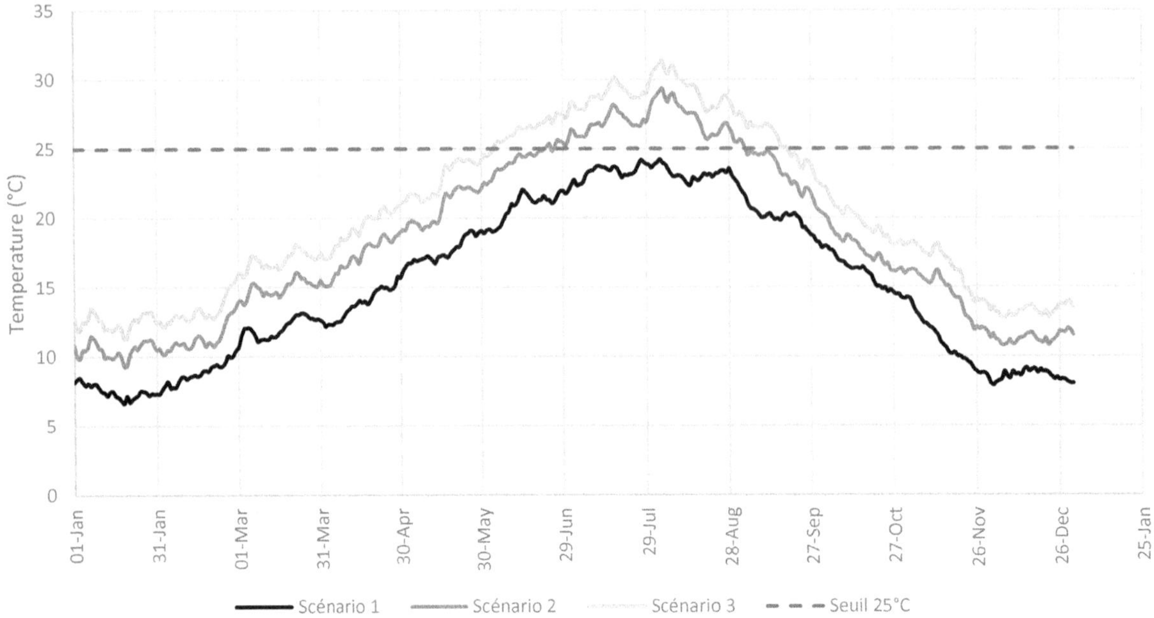

Source : Auteurs, basé sur les données de température EPTB.

Remplissage et gestion des lacs EPTB

L'institution gérant les lacs réservoirs a estimé le niveau de remplissage de chacun des lacs dans le cas de l'étiage 1921 considéré dans les scénarios 1 et 2 de l'étude. Ces taux de remplissage varient de 24% pour le lac Seine à 36% pour le lac Aube, et sont utilisés dans les scénarios 1 et 2. Pour le scénario 3, les débits des rivières alimentant les lacs étant estimés comme 20% inférieurs à ceux des scénario 1 & 2, les taux de remplissage de chaque lac sont 20% inférieurs à ceux des scénarios 1 et 2.

Pour tenir également compte de l'influence de l'évaporation induite par les températures croissantes que pourraient connaître la région sur le remplissage des lacs, l'étude s'appuie sur des projections réalisées par Météo France (Météo France, 2019[14]). La perte par évaporation retenue pour notre étude est de 700mm par an (perte identique pour les 3 scénarios de raréfaction). Cette perte est multipliée par la surface des lacs pour estimer la quantité d'eau perdue sur l'année.

Le volume d'eau disponible pour le soutien d'étiage en été (jusqu'au 31 octobre inclus) dans chacun des scénarios correspond au volume des tranches d'exploitation de chaque lac, multiplié par le taux de remplissage des lacs pour chacun des scénarios (Tableau A B.5), auquel est soustrait la quantité d'eau évaporée. Si besoin, la tanche de réserve peut aussi être utilisée pour poursuivre le soutien d'étiage après le mois d'octobre. Le débit de soutien d'étiage des lacs est supposé constant de juin à octobre, et est donc calculé comme le volume disponible (tranche d'exploitation) dans chaque lac divisé par le temps de vidange (5 mois). Compte tenu des profils de débit naturel, un soutien d'étiage prolongé sur les mois de novembre et décembre est nécessaire, et correspond au volume de la tranche de réserve dans chaque lac divisé par le temps de vidange (2 mois). La Marne est soutenue uniquement par le lac « Marne », et la Seine par la somme des débits des 4 lacs réservoirs.

Tableau A B.5. Calcul du débit de soutien d'étiage des lacs réservoirs EPTB Seine Grands Lacs

Débit de soutien d'étiage des lacs pour les scénarios 1 et 2

Soutien d'étiage des lacs réservoirs EPTB (scénario 1 &2)								
Lac	Taux de remplissage	Tranche morte (millions m3)	Tranche de réserve (millions m3)	Tranche exploitation (millions m3)	Surface des lacs (km^2)	Perte évaporation (mm)	Débit soutien d'étiage ÉTÉ (1er Juin au 31 Octobre) (m3/s)	Débit soutien d'étiage HIVER (1er Novembre au 31 Décembre) (m3/s)
Marne	26%	10	15	325	48	700	2.5	2.8
Aube	36%	3	21	150.5	23.2	700	1.7	3.9
Seine	24%	8	12	185	23.2	700	1.0	2.3
Pannecière	34%	6	6	68	5.2	700	0.9	1.1

Source : Auteurs, basé sur les taux de remplissage issus des simulations EPTB et les données d'évaporation Météo France.

Sécheresse des sols

Un modèle d'impact des sécheresses sur les rendements agricoles développé par la Caisse Centrale de Réassurance est utilisé pour estimer l'impact de la sécheresse des sols sur l'agriculture. Ce modèle utilise un indicateur de sécheresse original pour calculer l'impact de conditions météorologiques données sur le rendement des cultures de blé, d'orge et des prairies. En utilisant des simulations issues de modèles climatiques à horizon 2050, le modèle permet donc d'établir une distribution des pertes de rendements futures potentielles. En utilisant les derniers déciles des pertes de rendements simulées, il est possible d'identifier les pertes de rendement en blé et orge dues à un évènement de sécheresse extrême à l'horizon 2050 (Tableau A B.6). Afin d'estimer l'impact de cet évènement pour les autres cultures comme le colza, la pomme de terre (non incluses dans le modèle), les pertes de rendements en blé estimées par le modèle sont comparées au niveau de pertes historiques en blé pour la région. Les pertes de 22% et 24% estimées par le modèle pour le blé et l'orge respectivement (Tableau A B.6) correspondent aux pertes de rendement historiques de la sécheresse 1976 (voir Annexe C). Ainsi, calculer les pertes de rendement induites par cette sécheresse 1976 sur les autres types de cultures permet d'estimer l'impact global de sécheresse extrême à l'horizon 2050.

Tableau A B.6. Modélisation de l'impact des sécheresses sur les rendements en blé et orge

	Blé tendre		**Orge**	
	Climat Actuel	Horizon 2050 (RCP 8.5)	Climat Actuel	Horizon 2050 (RCP 8.5)
Probabilité de survenance d'un événement sécheresse (Taux de pertes >0%)	35%	44%	35%	44%
Pertes de récoltes moyenne pour la région	4%	5%	4%	6%
Quantile 90 des événements de sécheresse	5%	12%	10%	18%
Pertes de récoltes maximales pour la région	22%	22%	21%	24%

Source : Auteurs, d'après données transmises par la Caisse Centrale de Réassurance.

Menace de la raréfaction sur le transport fluvial

Débit minimum navigation sur la Seine

La Seine concentre l'essentiel du trafic fluvial de fret et touristique francilien (VNF, 2019[15]). Pour permettre la navigation sur le fleuve, de nombreuses écluses ont été construites et font de la Seine un fleuve aménagé en biefs (portion du cours d'eau entre deux écluses). De plus, le fleuve est soutenu par les lacs réservoirs. Ces infrastructures permettent un maintien des profondeurs nécessaires à la navigation même en présence de débits naturels relativement faibles. L'objectif de cette section est de calculer le débit minimal de la Seine en dessous duquel la navigation est menacée, pour évaluer la résilience du transport fluvial sur la Seine aux épisodes de raréfaction étudiés dans cette étude.

La navigation fluviale est menacée en période d'étiage lorsque le débit du fleuve ne permet plus d'assurer la profondeur nécessaire à la navigation et/ou que le trafic fluvial ne peut plus être absorbé, notamment aux points critiques que constituent les écluses. L'aménagement de la Seine en biefs assure le maintien de la profondeur requise si le débit du fleuve permet le remplissage du bief entre deux passages d'écluses. Le débit minimal nécessaire à une navigation « normale » sur la Seine est donc égal à la quantité d'eau perdue lors d'un éclusé (passage d'écluse) divisé par le temps disponible pour le remplissage entre 2 éclusés. Afin d'établir le débit critique pour l'ensemble de la navigation fluviale sur l'axe Seine, les calculs sont effectués au niveau de l'écluse de Suresnes, écluse critique car elle présente les volumes d'éclusé les plus importants, et donc ceux qui « consomment » le plus d'eau.

La quantité d'eau consommée par éclusé est égale au volume de l'éclusé. L'écluse de Suresnes est composée de 3 écluses, de dimension différente, qui fonctionnent en alternance. Le volume moyen par éclusé est donc égal au volume moyen de ces 3 écluses, soit environ 9300 m3. Le temps disponible pour le remplissage de l'écluse dépend du nombre d'éclusé réalisable en un temps donné. Selon VNF, un maximum de 9 éclusés peut être réalisé par heure. Un éclusé s'effectuant lors de la phase de remplissage ou de vidange, cela représente un maximum de 6 vidanges par heure. Le débit minimal nécessaire au bon fonctionnement de l'écluse, et donc à la navigation sur la Seine est donc égale à (9300*6)/(3600)=15.5 m3/s. Ce débit limite n'est pas franchi dans les scénarios 1 et 2 (minimum 22m3/s), et n'est franchi que 4 jours début décembre dans le scénario 3, quand les lacs arrêtent de soutenir l'étiage. L'analyse à partir des données disponibles permet donc d'écarter l'impact de la raréfaction pour le transport fret et tourisme sur la Seine.

Étude de résilience du Canal Seine-Nord Europe

L'ouverture du futur Canal Seine-Nord Europe, qui reliera en 2030 Compiègne (60) à Aubencheul-au-Bac (59), sera l'un des principaux facteurs d'augmentation du trafic fluvial en Ile de France. Ainsi, étudier sa résilience à des épisodes d'étiages sévères est déterminant pour évaluer l'impact d'une raréfaction de la ressource sur le transport fluvial francilien.

L'eau du canal est puisée dans l'Oise, et soutenue par la retenue d'eau dite de la Louette. D'après les données disponibles sur le site de Canal Seine Nord Europe (Société du Canal Seine-Nord Europe, 2022[16]), cette retenue de 14 millions de m3 peut alimenter le canal pendant 4 mois. Ainsi, le débit nécessaire au bon fonctionnement du canal est égal à 1.3 m3/s. L'absence de données ou simulation sur les débits de l'Oise à Compiègne (lieu de jonction entre l'Oise et le canal) lors d'un épisode similaire à 1921 ne permet pas de comparer ce débit critique au potentiels débits atteints lors d'épisodes de raréfaction extrême. En revanche, le débit critique calculé est plus de deux fois inférieur au débit minimum journalier observé à Sempigny en amont de Compiègne (3m3/s en août 1976) sur la période 1955-2023. Dans le cas de la Seine à Alfortville, des débits équivalents au débit minimal simulé pour l'année 1921 sont observés historiquement. Ainsi, il semble raisonnable de considérer que le canal ne sera pas perturbé par des évènements de raréfaction similaires à ceux considérés dans cette analyse.

Références

Boé, J. et al. (2018), *Scénarios sécheresse sur le bassin Seine-Normandie.* [11]

Comité de Bassin Seine Normandie (2016), *Stratégie d'adaptation au changement climatique du bassin Seine-Normandie*, Comité de Bassin Seine-Normandie. [12]

Conseil Régional d'Île de France (2021), *Plan régional pour une alimentation locale, durable et solidaire l'alimentation des franciliens : un enjeu de souveraineté, de santé et de relance*, Région Île-de-France. [9]

Conseil Régional d'Île de France (2019), *Stratégie régionale pour la biodiversité 2020-2030*, https://www.iledefrance.fr/espace-media/applis_js/rapports_cp-cr/2019-09-19/CR-2019-060.pdf. [8]

Coopération des agences d'urbanisme de la Vallée de la Seine (2019), *Le Tourisme Fluvial et Maritime dans la Vallée de la Seine*, https://www.vdseine.fr/fileadmin/Site_Vallee_de_la_Seine/Rencontres2019/4juillet2019/des_escales_aux_territoires.pdf. [7]

DRIAAF (2022), *Agreste Île-de-France - Mémento 2022.* [2]

DRIAAF Île de France (2021), *Recensement agricole 2020 - 1ers résultats.* [10]

INSEE (2022), *Projections démographiques en Île-de-France à horizon 2070 : vieillissante, la région resterait la plus jeune de France métropolitaine*, https://www.insee.fr/fr/statistiques/6666275. [1]

Météo France (2019), *Evaporation sur des Lacs Reservoirs*, https://services.meteofrance.com/changement-climatique/evaporation-sur-des-lacs-reservoirs. [14]

Ministère de la Transition Écologique (2023), *DRIAS - Les futurs du climat*, http://www.drias-climat.fr/decouverte/cartezoom/experience/EUROCORDEX2020_DISTRIBUTION_ELAB/Q05/RCP4.5/RCP4.5/H2/APAV/APAV/A1 (consulté le 27 mars 2023). [13]

Ministère de l'Écologie, D. (2012), *Explore 2070 : Synthèse du projet Explore 2070 : Prospective socio-économique et démographique.* [3]

ORDIF (2022), *L'incinération des déchets non dangereux en Ile de France*, https://www.ordif.fr/fileadmin/DataStorage/user_upload/ORDIF_Notice_UIDND_2020-2021_v6_schema_HD.pdf (consulté le January 2023). [5]

Société du Canal Seine-Nord Europe (2022), *Chiffres Clés.* [16]

Ville de Paris (2019), *Schéma directeur du réseau de froid.* [4]

VNF (2022), *Bilan 2021 du fret fluvial : des trafics en hausse sur le bassin de la Seine*, https://www.vnf.fr/vnf/presses/bilan-2021-du-fret-fluvial-des-trafics-en-hausse-sur-le-bassin-de-la-seine/. [6]

VNF (2019), *Rapport d'activité 2019*, https://www.vdseine.fr/fileadmin/Site_Vallee_de_la_Seine/Ressources/logistique_et_transport_de_marchandise/Rapport_d_activite_2019_de_VNF_Bassin_de_la_Seine.pdf. [15]

Notes

[1] Le débit réel est le débit qui peut être observé et mesuré dans le cours d'eau. Il correspond donc au débit naturel, auquel on ajoute le soutien des lacs et déduit les consommations.

Annexe C. Evaluation des coûts

Détail du calcul des coûts directs par secteur

Impact des arrêtés sécheresse

La raréfaction de l'eau découle en grande partie de mesures réglementaires telles que les arrêtés sécheresses et les limites de température de rejets.

En plus des arrêtés sécheresse départementaux, un arrêté cadre définit les usages de l'eau pour les Installations Classées pour la Protection de l'Environnement (ICPE). Dans notre analyse, ces restrictions d'usage s'appliquent seulement à l'industrie manufacturière, absente des activités visées par les arrêtés départementaux (Tableau A C.1).

Tableau A C.1. Restrictions d'usages consécutives aux arrêtés sécheresses

Restrictions d'usages appliquées dans l'étude aux différentes activités prises en compte

	Conséquences arrêté sécheresse			
	Vigilance	Alerte	Alerte renforcée	Crise
Navigation				Arrêt navigation canaux
Industrie		Diminution de 5% des prélèvements d'eau	Diminution de 10% des prélèvements d'eau	Diminution de 25% des prélèvements d'eau
Irrigation (Eau de surface)				Interdiction
Irrigation (Eau souterraine)		Diminution de 5% des prélèvements d'eau	Diminution de 20% des prélèvements d'eau	Diminution de 40% des prélèvements d'eau
Irrigation (Eau souterraine, cultures spécialisées)				Diminution de 5% des prélèvements d'eau
Eau potable				

Note : Les cases sont grisées lorsqu'aucune restriction n'a lieu. Les règles d'irrigation concernant les cultures spécialisées sont appliquées aux productions légumières et fruitières.
Source : Auteurs, basé sur les arrêtés sécheresse départementaux et interdépartementaux franciliens et l'arrêté cadre ICPE.

Pondération des usages par source

Les restrictions étant appliquées en fonction de l'état de chaque nappe ou cours d'eau, il est important de connaître les activités dépendantes de chaque source (Seine, Marne ou eaux souterraines). Les données de la Banque Nationale de Prélèvement d'Eau (BNPE) permettent de connaitre la quantité d'eau prélevée annuellement par chaque site (au-delà de 10 000 m^3 par an). Ces différents usagers étant classés en fonction de leur activité, il est possible de connaître la quantité d'eau prélevée par secteur et par source. En considérant que, au sein d'un même secteur, la quantité d'eau prélevée est proportionnelle à la valeur économique de l'établissement, il est possible d'estimer la part du secteur dépendant de chacune des ressources en eau considérées. Une restriction s'appliquant sur un cours d'eau ou une nappe impact donc chaque secteur proportionnellement à sa dépendance à cette source.

Tableau A C.2. Prélèvements d'eau par sources et usages en Ile de France (2018)

	SOURCE	IRRIGATION	INDUSTRIE	ENERGIE	CANAUX	EAU TURBINEE	EAU POTABLE	TOTAL
SURFACE	Total	8.4%	54.5%	99.9%	100.0%	100.0%	64.9%	98.6%
	Seine	5.8%	54.5%	99.9%	0.0%	100.0%	33.4%	97.2%
	Marne	2.0%	1.5%	1.0%	100.0%	0.0%	23.5%	1.1%
	Oise	0.0%	0.0%	0.0%	0.0%	0.0%	8.0%	0.3%
SOUTERRAINE	Total	91.6%	45.5%	0.1%	0.0%	0.0%	35.1%	1.4%
	77	53.7%	16.8%	0.0%	0.0%	0.0%	15.9%	0.6%
	78	11.3%	10.4%	0.0%	0.0%	0.0%	13.0%	0.5%
	91	24.4%	7.2%	0.0%	0.0%	0.0%	2.2%	0.1%
	95	1.6%	2.8%	0.0%	0.0%	0.0%	2.4%	0.1%
	75	0.0%	0.8%	0.0%	0.0%	0.0%	0.0%	0.0%
	92	0.0%	2.0%	0.0%	0.0%	0.0%	0.6%	0.0%
	93	0.0%	1.1%	0.0%	0.0%	0.0%	0.5%	0.0%
	94	0.6%	4.4%	0.1%	0.0%	0.0%	0.5%	0.0%

Note : La répartition des prélèvements est issue des données de prélèvements pour l'année 2018.
Source : Auteurs d'après les données de prélèvements BNPE 2018.

Agriculture

L'impact économique d'une raréfaction de la ressource en eau sur l'agriculture est consécutif à des pertes de rendements dues à deux facteurs : la sécheresse des sols et les restrictions d'irrigation. Le secteur agricole est divisé en deux sous-secteurs,[1] que sont la grande culture, regroupant les productions céréalière (blé, orge, maïs), oléagineux (colza), de betteraves et de pommes de terre, et la production de fruits et légumes (pomme de terre exclues). Les cultures dites « grandes cultures » sont impactées par la sécheresse des sols et les restrictions d'irrigation. En revanche, la production de fruits et légumes dépend déjà grandement de l'irrigation (65% en 2020 (DRIAAF, 2022[1])), et le changement climatique ne fera qu'augmenter la dépendance des cultures à cette technologie (augmentation de 45% des besoins d'irrigation à l'horizon 2050 selon notre scénario socioéconomique). Ainsi, l'hypothèse est faite que les productions fruitières et légumières sont impactées par des restrictions d'irrigation seulement, et que ces restrictions impactent l'ensemble de la production (identique à avoir 100% des cultures de fruits et légumes irriguées à l'horizon 2050).

Impact de la sécheresse des sols

L'impact des sécheresses des sols sur les rendements grande culture se fait en deux étapes. Tout d'abord, l'impact potentiel du changement climatique sur les rendements agricoles est approché en utilisant un modèle de la CCR. Ce modèle s'appuie sur un indice de sécheresse, le DOWKI, pour *Drought and Overwhelmed Key Indicator,* qui permet d'estimer des pertes de rendements en fonction de projections climatique (pluviométrie et température). Ainsi, le modèle permet d'estimer une distribution de pertes (ou gains) de rendements pour divers scénarios climatiques à l'horizon 2050. La perte de rendement correspondant au 90e percentile dans un scénario RCP 8.5 est retenue. En revanche, ce modèle n'est à ce jour calibré que pour le blé, l'orge et les prairies. Afin d'estimer les pertes de rendements pour les autres cultures, les rendements historiques de la région sont utilisés. L'objectif est de comparer les pertes de rendements estimées par le modèle pour l'orge et le blé aux pertes de rendements « réelles » historiques. Si les pertes de rendements en blé et orge estimées par le modèle correspondent à des pertes observées pour ces cultures pour une année sèche dans le passé, alors les pertes subies cette même année sont appliquées aux autres cultures considérées (grande culture uniquement).

Les pertes ou gains de rendements historiques sont calculés en suivant la méthode élaborée par (Debaeke et Bertrand, 2008[2]). Le Graphique A C.1 montre les rendements historiques pour le blé en Ile de France de 1968 à 2022. Ces rendements augmentent quasi-linéairement avec le temps depuis les années 1970 (cette tendance est similaire pour l'ensemble des cultures considérées). Ainsi, il est possible d'estimer le rendement théorique pour une culture pour une année donnée en utilisant l'équation de la droite de régression représentée sur le graphique. L'écart à la valeur théorique permet d'approcher le gain ou perte de rendements pour cette année donnée. Les pertes de rendements en blé et orge estimées par le modèle de la CCR correspondent à celles relevées pour l'année 1976, année de sécheresse historique pour la région. Les pertes de rendements dues à la sécheresse des sols retenues pour l'ensemble des cultures correspondent donc aux pertes observées lors de la récolte 1976.

Graphique A C.1. Évolution des rendements moyens de blé tendre et épeautre en Ile de France (1968-2022)

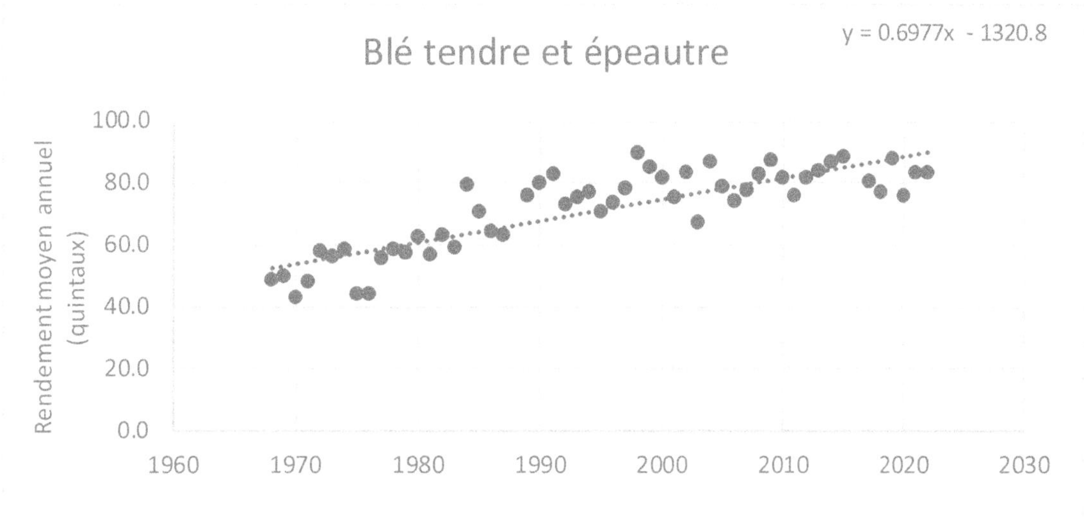

Source : Auteurs, base sur les données de statistiques agricoles régionales et nationales.

Impact des restrictions d'irrigation sur les rendements agricoles

L'impact des restrictions d'irrigation est calculé en utilisant des données d'efficience d'irrigation (ou efficience d'usage de l'eau) propres à chaque culture (Tableau A C.3). L'efficience d'irrigation représente le gain de rendement obtenu par mm de précipitations (ou d'irrigation) supplémentaire. Les données pour l'efficience d'irrigation en grande culture (sauf betterave) ont été mises à disposition par Arvalis,[2] et les valeurs pour les autres cultures ont été estimées comme le rapport entre le rendement moyen par ha en 2020 (DRIAAF, 2022[1]) et les besoins annuels en eau (voir source tableau ci-dessous). En accord avec les informations fournies par Arvalis, il est estimé qu'un tour d'irrigation correspond à 30mm de précipitation efficace, et que les agriculteurs effectuent un maximum d'un tour d'irrigation par semaine par parcelle. Ainsi, une interdiction d'irrigation d'une semaine correspond à une perte de rendement égale à trois fois l'efficience d'irrigation divisée par le rendement moyen. Cette perte de rendement absolue est traduite en pourcentage de perte de rendements.

Tableau A C.3. Efficacité d'usage de l'eau par culture

	Culture principales	Rendement moyen (q/ha)	Besoins en eau annuels (m3/ha)	Efficacité de l'eau (q/ha/10mm)	Source besoins en eau
Grande culture	Mais			3.5	Arvalis
	Betteraves	394	6000	6.6	IRRIFRANCE
	Pommes de terre			7	Arvalis
Légumes	Laitues	220	2830	7.8	BRL: Memento 2019
	Haricots verts	121	2100	5.8	UNILET
	Petits pois	100	2250	4.4	UNILET
	Oignons	400	4950	8.1	UNILET
	Carottes	309	4500	6.9	UNILET
	Épinards	135	1500	9.0	UNILET
	Tomates	479	5830	8.2	BRL: Memento 2019
Fruits	Pomme	175	8040	2.2	BRL: Memento 2019
	Poire	255	8040	3.2	BRL: Memento 2019

Source : Auteur, basé sur les données issues des sources renseignées dans la dernière colonne.

Calcul du coût total pour l'agriculture

Le coût économique total de chaque scénario pour l'agriculture est égal aux pertes de rendements induites par chacun des scénarios (grande culture et production de fruits et légumes) multipliées par le prix de vente de chaque culture. Pour la grande culture, les pertes de rendements totales sont égales à la somme des pourcentages de pertes dues à la sécheresse des sols et des pourcentages de pertes dues aux restrictions d'irrigation multipliées par le pourcentage de surface irriguée. Les restrictions d'irrigation pour la grande culture correspondent à une interdiction d'irrigation totale pour les prélèvements en eau de surface lors du dépassement du seuil de crise, et à une diminution de respectivement 5%, 20% et 40% lors du franchissement de seuils d'alerte, alerte renforcée et crise pour les eaux souterraines.

Les pertes de rendements totales pour la production de fruits et légumes sont égales aux pertes dues aux restrictions d'irrigation. Ces restrictions correspondent à une interdiction d'irrigation totale pour les prélèvements en eau de surface lors du dépassement du seuil de crise, et à une diminution de 5% des prélèvements lors du dépassement de ce même seuil pour les eaux souterraines. Le prix de vente de chaque culture est le prix de vente en 2020. Ce prix est obtenu en combinant les données de prix de vente 2022 de chaque culture (cours des matières premières pour la grande culture et marché de Rungis pour les fruits et légumes) et l'indice de prix de l'indice Mensuel des Prix Agricoles à la Production (IPPAP) de l'INSEE. La prise en compte de prix contemporains à la production permet de corriger d'éventuels biais à la surproduction/sous production en 2020.

Le coût total pour le secteur agricole est déterminé comme le pourcentage de perte de rendement total pour chacun des deux secteurs (grandes cultures et fruits et légumes) multiplié par la valeur de chacun de ces secteurs en 2050. La valeur ajoutée future de chaque secteur est déterminée comme le produit de la valeur de la production en 2020 par hectare et de la surface occupée par chacun de ces secteurs à l'horizon 2050. L'évolution des surfaces correspond aux évolutions décrites dans le scénario économique.

Tableau A C.4. Impact de la raréfaction sur l'agriculture (scénarios 1 et 2)

Secteur agricole	Grandes cultures	Fruits et légumes	Agriculture totale
Surface totale 2020 (ha)	496,660	6634	563,965
Valeur ajoutée (2020, millions d'euros)	603	258	961
Valeur ajoutée (2020, milliers d'euros par ha)	1.21	38.87	1.70
Évolution 2050	Diminution de 3.5%	Multiplication par 8 des surfaces actuelles	
Valeur ajoutée 2050 (millions d'euros)	245	874	1,121
Part économique dans agriculture (2050, %)	22%	78%	
Pertes totales agricoles scénario 1 et 2 (%)	**39%**	**6.5%**	**14%**
Pertes totales valeur ajoutée scénario 1 et 2 (millions d'euros)	**96**	**57**	**154**

Source : Calcul des auteurs.

Transport fluvial

Comme indiqué dans l'Annexe 5.5, seule la navigation des bateaux de plaisance est impactée par une raréfaction de la ressource en eau aux horizons 2050 et 2100. La navigation des navires de plaisance est impactée lors du passage du seuil de crise des arrêtés sécheresse, qui interrompt alors le remplissage, et donc la navigation sur les canaux. Dans cette étude, l'arrêt de la navigation est compté en jours de restrictions de remplissage (navigation). Le coût journalier d'arrêt de la navigation est estimé comme égal à la dépense moyenne touristique effectuée par l'ensemble des plaisanciers par jour de navigation en Ile de France en période estivale, période qui concentre plus de 50% des navigations.

Tableau A C.5. Impact de la raréfaction sur le transport fluvial (scénarios 1 et 2)

Plaisance en Ile de France (période estivale, 2050)	
Dépenses touristiques durant les navigations (2020, millions d'€)	9.6
Navigation en été	54%
Part de la plaisance Bassin de la Seine en Ile de France	100%
Valeur de la plaisance sur les canaux (été) (par jours, milliers €, 2050)	50.7
Coût arrêtés sécheresses (CA, millions€)	**0.66**
Coût arrêtés sécheresses (VA, millions€)	**0.37**
Tourisme fluvial Vallée de la Seine (annuel, Millions €, 2050)	416
Valeur Fret Fluvial Seine (annuel, Millions €, 2050)	367.9
Plaisance canaux (par jours, milliers €, 2050)	50.7
Part de la plaisance dans transport fluvial estival (semaine ou jour)	**2.4%**
Perte annuelles scénarios 1 et 2 (en pourcentage du chiffre d'affaire annuel du transport fluvial)	**0.1%**

Source : Auteurs.

Production énergétique

La production énergétique francilienne repose sur la ressource en eau pour la production hydraulique via les barrages, mais aussi la production de froid et de vapeur (réseau de chaleur), ainsi que le refroidissement des usines de valorisation des déchets. La production hydraulique, dont le potentiel semble atteint en Ile de France, et qui ne représente que 0.4% de l'énergie électrique produite en Ile-de-France en 2021 (ROSE, 2023[3]), est exclue de l'étude. Les réseaux de chaleur sont aussi exclus de l'analyse de coût. Ils produisent une vapeur permettant la production d'eau chaude sanitaire pour de nombreux hôpitaux et autres établissements d'importance vitale, et seront donc probablement préservés des restrictions de prélèvements. De plus, le réseau doit être maintenu sous pression continuellement sous peine de ne plus être fonctionnel. Selon la CPCU, la relance du système pourrait prendre plus de 6 mois.

L'étude se concentre donc sur la production d'énergie via la valorisation des déchets ménagers et la production de froid. Ces activités puisent l'eau utile à leur fonctionnement essentiellement dans la Seine. Elles sont sensibles à la quantité (profondeur) d'eau dans la Seine pour assurer le pompage. Comme présenté dans l'Annexe B, la profondeur de l'eau en Seine reste inchangée dans tous les scénarios de raréfaction, et l'immersion des pompes n'est donc pas menacée. En revanche, ces activités sont aussi soumises à la réglementation concernant les températures de rejets en milieu naturels, et notamment l'arrêté du 24 Août 2017[3] qui limite le rejet d'eau dans l'environnement à 30°C. Le réchauffement moyen de l'eau (différence entre la température de l'eau puisée dans le milieu et celle de l'eau rejetée en aval) de ces installations est de 5°C. Pour maintenir une température de rejet réglementaire, les unités doivent diminuer leur production proportionnellement à la température du fleuve. Concrètement, lorsque la température de la Seine dépasse 25°C, la production d'énergie décroit de 20% par degrés supplémentaire, pour devenir nulle au-delà de 29°C.

La production de froid utilisant de l'eau de Seine est majoritairement supportée par deux acteurs : le SUC et Fraîcheur de Paris (ex CLIMESPACE). Le SUC utilise uniquement de l'eau de Seine pour la production de froid, et d'après nos entretiens, la production de Fraicheur de Paris reposera à 70% sur l'eau de Seine (et 30% sur des tours réfrigérantes à air) à l'horizon 2050. La quantité de froid délivrée par le réseau devrait atteindre 1000 GWh/an en 2050 selon le schéma directeur du réseau de froid parisien, soit une multiplication par 2,5 de la puissance actuellement délivrée (Ville de Paris, 2019[4]). La même évolution est appliquée au SUC. D'après les informations transmises par Fraîcheur de Paris lors des interviews, les besoins de froid (et donc la production) sont sept fois plus importants en été qu'en hiver. Les pertes de production dues à des températures en Seine élevées sont donc égales à la production journalière estivale moyenne multipliée par le nombre de jour passés à des températures excédant les 25°C, multiplié par la diminution forcée de la production (20% par degré supplémentaire au-delà de 25°C, production nulle au-delà de 29°C). Afin de calculer le coût économique de cette perte de production, un prix de vente du froid est calculé en divisant le chiffre d'affaires de Fraicheur de Paris en 2021 par sa production en 2021 (le prix appliqué est identique pour le SUC).

Tableau A C.6. Impact de la raréfaction sur la production de froid (scénarios 1 et 2)

	Fraicheur de Paris (ex CLIMESPACE)	SUC
Production annuelle 2019 (GWh/an) (2021CLIMESPACE)	374	82.8
Production annuelle 2050 (GWh/an)	1000	207
Part de la production via eau de Seine	70%	100%
Production journalière estivale (GWh)	6.3	1.3
Perte production scénario 1 (GWh)	147.6	43.6
Prix énergie 2021 (milliers €/GWh)	248.7	248.7
Coût de l'arrêt (millions €)	**36.7**	**10.9**
Perte de revenu annuel	**14.8%**	**21.1%**

Source : Auteurs.

La même démarche est appliquée pour estimer l'impact de la raréfaction sur la production d'énergie (vapeur et électricité) via la valorisation des ordures ménagères (Tableau A C.7). Les prix de revente de l'électricité et de la chaleur sont issus de l'enquête AMORCE.

Tableau A C.7. Impact de la raréfaction sur la production d'énergie via la valorisation des ordures ménagères (scénarios 1&2)

	Chaleur	Electricité
Production annuelle 2021 (GWh)	4163	885
Production journalière (GWh)	11.4	2.4
Perte production scénario 1 (GWh)	380.9	81.0
Prix vente 2020 (€ HT / MWh)	22.2	57
Coût de l'arrêt (millions €)	**8.5**	**4.6**
Perte de revenu annuel	**9.2%**	**9.2%**

Source : Auteurs.

Afin d'estimer l'impact de la raréfaction sur le secteur énergétique francilien dans son ensemble, les pertes économiques décrites ci-dessus sont comparées à la valeur économique du secteur (Tableau A C.8).

Tableau A C.8. Impact de la raréfaction sur la production énergétique francilienne (scénarios 1 et 2)

Production d'énergie en Ile de France (2050)	
Production d'électricité totale (TW, 2020)	3.4
Production Energie renouvelables et récupération (TWh, 2020)	17.4
Production d'électricité renouvelable (TWh, 2020)	1.1
Production d'énergie totale IDF (TWh,2020)	19.7
Production d'énergie renouvelable IDF (annuelle 2050). Multiplié par:	4
Energie renouvelable seule (TWh, 2020)	8.3
Production d'énergie IDF annuelle (TWh, 2050)	44.5
Production mensuelle d'énergie IDF (TWh, 2050)	3.7
Production mensuelle de froid via refroidissement Seine (estivale) (TWh, 2050)	0.2
Production mensuelle de chaleur et électricité via valorisation énergétique (TWh, 2050)	0.4
Part de la production de froid (Seine) et valorisation énergétique dans production d'énergie mensuelle estivale (2050)	**17.6%**
Part de la production énergétique francilienne perdue (Scenario 2)	**1.8%**
Coût du scénario 1 pour la production énergétique francilienne (production, Millions €)	**60.6**
Coût du scénario 1 pour la production énergétique francilienne (valeur ajoutée, Millions €)	**24.1**

Source : Auteurs.

Industrie manufacturière

Une partie des sites de production industrielle sont dits ICPE (Installation Classées pour la Protection de l'Environnement). Or, si ces sites prélèvent plus de 10 000m3 d'eau dans le milieu annuellement, ils sont soumis aux restrictions d'usage de l'eau définis par l'arrêté du 30 juin 2023 (Ministère de la Transition écologique et de la Cohésion des territoires, 2023[5]). Cet arrêté prévoit une réduction du prélèvement d'eau de 5 % lors du franchissement du seuil d'alerte, de 10% lors de l'alerte et une réduction du prélèvement d'eau de 25 % en cas de crise.

La nomenclature ICPE (Ministère de la Transition écologique et de la Cohésion des territoires, 2023[6]) est utilisée pour déterminer les secteurs manufacturiers (classification INSEE) potentiellement ICPE. Les secteurs de l'agroalimentaire (C1), de la cokéfaction et raffinage (C2) et de la fabrication d'autres produits industriels, couvrant notamment le textile, la métallurgie, la fabrication de papier, l'industrie chimique (C5) font partie de la nomenclature.[4] La base de données de la Banque Nationale de Prélèvement d'Eau (BNPE) permet d'identifier 187 entités prélevant plus de 10 000m3 annuellement, ce qui représente 1,1% des sites industriels de ces secteurs d'activité en Ile de France. En considérant que les plus grosses entreprises industrielles françaises, représentant 2% du nombre totale d'unités légales, représentent 42% de la valeur ajoutée du secteur (INSEE, 2020[7]), on estime que les sites ICPE prélevant plus de 10 000m3 représentent environ 20% de la valeur ajoutée de leur secteur d'activité respectifs (C1, C2 et C5), soit 13% de la valeur ajoutée du secteur industriel manufacturier de la région.

Nous faisons l'hypothèse que les établissements optimisent au maximum leurs prélèvements par rapport à leur niveau de production, et qu'ils n'ont donc d'autre choix que de réduire leur production proportionnellement aux réductions de prélèvement défini par arrêté. Ainsi, le coût pour l'industrie manufacturière est calculé proportionnellement à la part de valeur ajoutée de l'industrie concernée par les arrêtés. Les produits intérieurs bruts régionaux 2020 de l'INSEE (INSEE, 2024[8]) sont utilisés pour estimer la valeur ajoutée du secteur industriel manufacturier francilien, qui est supposé similaire à l'horizon 2050 en valeur et composition à ce qu'il est aujourd'hui.

Production d'eau potable

Les scénarios de raréfaction considérés ne présentent pas de risque pour la production d'eau potable francilienne. Le maintien du niveau d'eau sur la Seine et la Marne grâce à l'aménagement en biefs et au soutien des lacs réservoirs permet en effet d'assurer les prélèvements. De plus, même si l'Oise, qui ne bénéficie pas du soutien des lacs, atteignait des niveaux qui ne permettaient pas le pompage pour la production d'eau potable, les autres usines du réseau interconnectés peuvent assurer une production d'eau potable en quantité suffisante pour compenser l'arrêt de l'usine sur l'Oise.

Les sécheresses présentent aussi une menace en termes de qualité. Or, les producteurs d'eau potable semblent confiants sur l'absence de coût significatif lié à une hausse des températures. Aucune donnée ne permet pour l'instant d'évaluer les coûts éventuels liés à une moindre dilution des milieux.

Cadre bâti

L'impact de la raréfaction sur le cadre bâti est dû au phénomène de retrait gonflement, qui impacte majoritairement les maisons individuelles anciennement construites sans fondations. Fruit de l'alternance du gonflement des argiles en périodes humides et de leur retrait lors des périodes sèches, le phénomène de retrait gonflement est multifactoriel et son lien avec la sévérité des sécheresses encore mal connu. Faute de pouvoir analyser l'impact des sécheresses futures sur l'intensité du phénomène, l'étude reporte les résultats de l'estimation effectuée par le Sénat (Sénat, 2023[9]) qui a quantifié le coût du retrait gonflement des argiles à l'échelle françaises. L'Ile de France représente 11,5% des logements exposés au phénomène (Institut Paris Région, 2022[10]). En supposant que les dommages soient proportionnels au nombre de logements exposés, les dégâts subis en 2022 par l'Ile de France représentent donc aussi 11,5% des dégâts totaux subis par la France, soit 346 millions d'euros, ce qui représente 0.02% de la valeur du capital immobilier francilien.

Évaluation des coûts indirects

Le modèle ARIO

Contexte et vue d'ensemble

Le modèle macro-économique ARIO (pour Adaptive Regional Input-Output) est un modèle entrée-sortie (*I-O*) conçu pour calculer les coûts indirects des chocs exogènes de capital ou de production. L'économie est modélisée comme un ensemble de secteurs économiques et un ensemble de régions. Dans ce qui suit, nous appelons une industrie un couple spécifique (secteur, région). Chaque secteur économique fabrique un produit générique et puise ses intrants dans un inventaire. Chaque secteur répond à une demande totale composée d'une demande finale (consommation des ménages, dépenses publiques et investissements privés) de toutes les régions (demande locale et exportations) et d'une demande intermédiaire[5] (réapprovisionnement des stocks). Un état d'équilibre initial de l'économie est construit sur la base de tableaux d'entrées-sorties multirégionaux (tableaux MRIO).

Deux types de chocs peuvent être mis en œuvre : soit au niveau de la production (une industrie est forcée de manière exogène à produire moins), soit au niveau du capital (une industrie perd de manière exogène une partie de ses facteurs de production et est donc forcée de produire moins ainsi que de reconstituer son stock de capital). Le modèle décrit ensuite comment les chocs exogènes se propagent dans l'économie à chaque pas de temps (un pas de temps correspond à un jour). L'impact économique direct se compose des chocs susmentionnés, tandis que l'impact économique total comprend également les coûts indirects. L'impact économique total peut être mesuré de deux manières : en termes (i) de demande finale non satisfaite ou (ii) de perte de production relative.

Description détaillée

- **État initial**

L'état initial fait référence à l'équilibre économique avant le choc. Les valeurs initiales des commandes intermédiaires $\boldsymbol{O}(t=0)$, de la consommation finale $\boldsymbol{Y}(t=0)$ et de la production $\boldsymbol{x}(t=0)$ sont issues des tableaux MRIO. Les stocks $\boldsymbol{\Omega}(t)$ sont des stocks d'intrants dans lesquels une industrie peut puiser (voir ci-dessous pour une description détaillée des stocks) et $\boldsymbol{\Omega}(t=0)$ est initialisé en utilisant les commandes intermédiaires initiales $\boldsymbol{O}(t=0)$: par défaut, il est supposé que chaque industrie possède N jours d'intrants à l'avance dans ses stocks.[6]

- **Stocks**

Dans ARIO, les secteurs économiques n'utilisent pas directement les intrants d'autres secteurs, mais puisent dans leurs stocks, qui peuvent ensuite être réapprovisionnés par des commandes intermédiaires $\boldsymbol{O}(t)$. Le stock d'une industrie est un vecteur qui spécifie la quantité de chaque produit que cette industrie a en stock. Chaque secteur a besoin d'intrants intermédiaires dans des proportions données par les tables MRIO à l'état initial. Les industries puisent des intrants dans leurs stocks pour essayer de produire au niveau de production optimal $\boldsymbol{x}^{\mathrm{Opt}}(t)$. Cependant, ces stocks ne peuvent pas être vidés : la production réelle $\boldsymbol{x}^{a}(t)$ peut donc être inférieure à la production optimale $\boldsymbol{x}^{\mathrm{Opt}}(t)$ pour s'assurer que les stocks sont supérieurs à un certain seuil (voir la section Production pour plus de détails). Les stocks ont été intégrés dans ARIO afin de rendre compte de manière plus réaliste des chocs de la chaîne d'approvisionnement, qui peuvent être atténués par des stocks d'intrants. L'état actuel d'un stock pour un intrant donné est exprimé comme le nombre de pas de temps qu'un secteur peut produire avec cet intrant au niveau de production actuel.

- **Chocs directs**

Les chocs directs sont exogènes et peuvent se produire à tout moment t. Conceptuellement, ces chocs sont les conséquences économiques directes des événements modélisés. Il peut s'agir (i) de pertes directes de capacité de production ou (ii) de destructions de capital. Le capital est le seul facteur de production, de sorte que dans tout secteur, une destruction de capital de x% se traduit par une perte de production identique de x%, tant que le capital n'est pas reconstitué. Il existe deux façons de modéliser la reconstitution du capital. La première consiste en une demande de reconstitution endogène $\boldsymbol{\Gamma}(t)$, qui entraîne une diminution de la production réelle allouée à la demande finale $\mathbf{Y}(t)$ ou aux commandes intermédiaires $\mathbf{O}(t)$. La seconde est purement exogène et sans coût pour les agents économiques : le stock de capital dans une industrie directement touchée revient à son niveau initial au fil du temps, sans qu'il soit nécessaire d'épargner la production.

- **Production**

Le module de production calcule la production réelle $\boldsymbol{x}^{a}(t)$ pour chaque industrie à chaque pas de temps t.

- Pour ce faire, il calcule la capacité de production $\boldsymbol{x}^{Cap}(t)$, qui correspond à la production dans l'état initial $\boldsymbol{x}(t=0)$ moins la réduction de la capacité de production (réduction exogène directe de la capacité de production et réduction de la production due à la destruction du capital non encore reconstruit). Dans ARIO, le capital est le seul facteur de production.
- La production optimale $\boldsymbol{x}^{Opt}(t)$ est définie comme le minimum entre la capacité de production $\boldsymbol{x}^{Cap}(t)$ et la demande totale : le modèle est axé sur la demande et les industries ne produisent pas plus que la demande totale.
- Enfin, la production réelle $\boldsymbol{x}^{a}(t)$ est calculée à partir de $\boldsymbol{x}^{Opt}(t)$, en tenant compte des contraintes de stocks. La production réelle est une fonction Leontieff des intrants. Les industries produisent dans les limites des intrants qu'elles ont en stock. Plus précisément, une industrie ne peut produire $\boldsymbol{x}^{a}(t)$ que si elle dispose de suffisamment d'intrants de chaque type pour produire $\boldsymbol{x}^{a}(t)$ pendant n pas de temps consécutifs, afin de modéliser le comportement d'anticipation prudente des producteurs.[7] Fondamentalement, si le stock d'un intrant est inférieur de x% à la quantité nécessaire pour produire $\boldsymbol{x}^{a}(t)$, la production réelle $\boldsymbol{x}^{a}(t)$ est réduite de x% par rapport à la production optimale $\boldsymbol{x}^{Opt}(t)$, de sorte que les niveaux de production réels respectent les contraintes de stock. Cette contrainte doit être satisfaite pour chaque type d'intrant concerné. Les intrants nécessaires à la production sont alors prélevés sur leurs stocks respectifs.[8]

- **Commandes et demandes**

Le module de commande/demande calcule les différents types de demandes. La demande totale se compose de la demande finale $\boldsymbol{Y}(t)$, des commandes intermédiaires $\mathbf{O}(t)$ et de la demande de reconstruction $\mathbf{\Gamma}(t)$.

- La demande finale $\mathbf{Y}(t)$pour chaque région est exogène et fixée par les tables MRIO.
- Les commandes intermédiaires $\mathbf{O}(t)$ sont déterminées sur la base des stocks et se décomposent de deux parties : la première est la quantité d'intrants utilisée pour produire au cours de l'étape actuelle, tandis que la seconde est une fraction $1/\tau_{\text{inv}}$ de l'écart restant par rapport à l'objectif de stock. Les objectifs de stocks sont définis comme les stocks nécessaires pour produire à $\boldsymbol{x}^{Opt}(t)$.
- Si la reconstitution du capital est endogène, seule une fraction $1/\tau_{\text{Rebuild}}$[9] de la demande de reconstitution restante est commandée à chaque étape, de sorte que la reconstitution n'est pas instantanée mais prend un temps caractéristique τ_{Rebuild}. La demande de reconstruction est utilisée pour reconstituer les stocks de capital et rétablir ainsi les capacités de production au même niveau qu'avant le choc. Si la reconstitution du capital est exogène, il n'y a pas de demande de reconstitution.

- **Distribution**

Le module de distribution répartit la production réelle entre les différentes demandes. La distribution suit un schéma de rationnement proportionnel : si la demande totale ne peut être satisfaite, les commandes intermédiaires $\mathbf{O}(t)$, la demande finale $\mathbf{Y}(t)$ et la demande de reconstruction $\mathbf{\Gamma}(t)$ reçoivent une part de la production réelle proportionnelle à leur part dans la demande totale.

- **Suproduction**

Dans ARIO, lorsqu'elles ne peuvent pas répondre à la demande totale, les industries peuvent temporairement augmenter leur capacité de production de $\boldsymbol{x}^{Cap}(t)$ à $\alpha\boldsymbol{x}^{\text{Cap}}(t)$. Il s'agit d'un processus graduel : en cas de besoin, le facteur de surproduction α peut passer de 1 à une valeur de base α^b >1. α peut alors croître jusqu'à $\alpha_{\max}$ avec un temps caractéristique exogène τ_α.[10] L'évolution de α vers $\alpha_{\max}$ dépend également d'un indice de rareté, défini comme la demande non satisfaite divisée par la demande totale : elle est d'autant plus rapide que l'indice de rareté est élevé. Dans l'état actuel du développement d'ARIO, la surproduction est gratuite pour les agents économiques : elle est limitée par le fait qu'elle n'est pas instantanée et qu'elle ne peut pas dépasser $\alpha_{\max}$.

- **Échanges de biens**

Les biens produits dans le même secteur mais dans des lieux différents sont parfaitement substituables. La balance commerciale n'est pas modélisée, mais elle est prise en compte dans l'état initial.

- **Ajustement des fournisseurs et acheteurs**

Les industries peuvent, dans une certaine mesure, changer de fournisseurs et d'acheteurs, ce qui introduit davantage de substituabilité dans ARIO que dans un modèle entrée-sortie « pur ». Lorsque les pénuries commencent à apparaître, la demande est toujours répartie entre les fournisseurs dans des proportions à celles avant le choc. Toutefois, à mesure que la demande non satisfaite augmente, les fournisseurs qui n'ont pas été touchés par des effets directs (sur le capital ou la production) peuvent surproduire et capter la demande de nouveaux acheteurs. Les acheteurs déplaceront alors marginalement leurs commandes ers les producteurs qui peuvent surproduire. Cet article s'inspire de l'article de guan et al. (2020[11]). Dans la version originale du modèle, les industries distribuent la demande de biens intermédiaires à chaque fournisseur dans la même proportion que dans l'équilibre initial, ce qui rend les chaînes d'approvisionnement beaucoup moins flexibles. ARIO peut être exécuté avec des chaînes d'approvisionnement rigides (paramètre « noAlt ») ou flexibles (paramètre « Alt »).

Spécificités et limites du modèle

Le modèle présente deux limites principales : la simplicité des mécanismes décrits et la quantité de données nécessaires pour faire fonctionner le modèle. Bien que certaines caractéristiques de l'économie, comme l'existence des stocks qui lissent la propagation des chocs ou l'introduction d'une demande de reconstruction en réponse à la destruction de capital, aient été ajoutées à ARIO pour approcher de manière plus fine le fonctionnement de l'économie réelle, ces mécanismes demeurent simples. Le modèle ne prend pas en compte les variations possibles des prix ou les caractéristiques de l'équilibre général, comme le font les modèles d'Équilibre Général Calculables (EGC), et utilise des règles rigides, similaires à tous les secteurs économiques, pour modéliser le comportement des entreprises. Basé sur un cadre de modélisation de type entrée-sortie, ARIO est conçu pour étudier les conséquences de chocs économiques à court terme : les agents sont limités dans leurs possibilités de substitution, à la fois en tant que fournisseurs et en tant qu'acheteurs.

La deuxième limite est la grande quantité de données d'entrée nécessaires pour faire fonctionner le modèle. En général, les données permettant d'évaluer la valeur de nombreux paramètres (par exemple les temps caractéristiques ou le facteur de surproduction α) ne sont pas disponibles à l'échelle locale, et il faut utiliser des valeurs typiques tirées de la littérature, qui sont souvent identiques d'un secteur à l'autre.

Les deux limites sont liées : plus le modèle est complexe, plus il faut de données pour le calibrer. Le choix d'ARIO est donc le résultat d'un compromis entre ces deux préoccupations.

Calibrer ARIO pour l'Ile de France

ARIO doit être calibré sur un équilibre économique initial, déterminé en utilisant la base de données EUREGIO (Commission européenne, Centre commun de recherche (CCR), 2020[12]), qui est un ensemble de tableaux d'entrées-sorties (I-O) interrégionaux cohérents contenant des informations à la fois sur la spécialisation sectorielle, sur les liens entre les différents secteurs économiques au sein et entre les différentes régions (Thissen et al., 2018[13]). Ces tableaux sont disponibles pour chaque année entre 2006 et 2010. L'étude se base sur la version la plus récente (EUREGIO 2010) Les secteurs économiques détaillés dans EUREGIO figurent Tableau A C.9.

Les 24 pays européens détaillés au niveau régional dans EUREGIO sont divisés selon la convention NUTS2. La nomenclature NUTS (Nomenclature des unités territoriales statistiques) est un système hiérarchique de découpage du territoire économique de l'Union européenne et du Royaume-Uni et la NUTS2 correspond au niveau régional.

Tableau A C.9. Secteurs économiques de la base EUREGIO

Secteurs économiques
Activités des services financiers
Activités immobilières
Agriculture, chasse, sylviculture
Autres industries manufacturières
Cokéfaction et raffinage, industrie chimique
Construction
Distribution
Fabrication d'équipements électriques, communication et transport
Hébergement et restauration
Industrie agricoles et alimentaires
Industrie textiles, cuirs et autre
Industries extractives et approvisionnement en énergie
Services collectifs, sociaux et personnels
Transport, stockage et communication

Source : (Thissen et al., 2018[13]).

Le dernier tableau EUREGIO disponible correspondant à l'année 2010, les simulations sont effectuées avec des coefficients techniques décrivant l'état de l'économie mondiale à cette date. Cette méthode suppose que la structure de l'économie mondiale en 2050 ne sera pas trop différente de celle de 2010.

Implémentation de chocs consécutifs aux sécheresses dans ARIO

Les coûts économiques directs des épisodes de sécheresse peuvent être de deux types.

- Dommages aux actifs : par exemple, intrusion d'eau salée entraînant la dégradation des sols, dommages aux bâtiments à cause du phénomène de retrait-gonflement des argiles ou encore dommages aux écosystèmes dus à un manque d'eau (Freire-González, Decker et Hall, 2017[14]).
- Réduction de la capacité de production : par exemple, agriculture pluviale et irriguée, difficulté en approvisionnement en eau potable, faibles débits réduisant la production hydroélectrique, température de l'eau élevée limitant la production d'énergie nucléaire (Banque Mondiale, 2019[15]).

Les dommages peuvent être mis en œuvre dans ARIO sous la forme d'une destruction de capital ou d'une réduction de la capacité de production. L'ampleur et la durée de ces impacts économiques directs doivent être connues et réparties entre les secteurs économiques de l'EUREGIO. Les dommages aux actifs n'ont pas été inclus dans le calcul des coûts indirects parce qu'ils consistent principalement en des dommages aux logements dus au phénomène de rétraction des argiles du sol et que la prise en compte de ces pertes est complexe. Premièrement, il est difficile de savoir si le logement est disponible ou non pendant les travaux de rénovation : s'il l'est toujours, cela n'aurait aucun sens de diminuer la valeur ajoutée de la « location » (réelle ou imputée). Deuxièmement, les loyers imputés ne sont pas inclus dans EUREGIO (Thissen et al., 2018[13]). Enfin, les coûts indirects induits par la réduction de la valeur ajoutée locative ne sont pas qualitativement clairs : étant donné que la contraction des stocks se produit dans les logements privés et non dans les bâtiments commerciaux, il s'agit principalement d'une perte de consommation finale pour les ménages qui ne se propage pas le long de la chaîne d'approvisionnement.

Analyse de sensibilité

Comme décrit précédemment, le comportement des entreprises est modélisé par diverses paramètres décrivant les processus de surproduction et les stocks. Ces paramètres sont basés sur des valeurs empiriques provenant de la littérature scientifique. Cependant, les mécanismes de surproduction se sont avérés conduire à des résultats de modélisation irréalistes dans les premières simulations : par exemple, le secteur 'Agriculture' dans la région affectée commence à surproduire avant la fin de la sécheresse, ce qui n'est pas concevable dans les terres affectées par la sécheresse. À l'origine, la surproduction a été mise en œuvre dans ARIO pour modéliser l'augmentation de la production afin d'alimenter la reconstruction du capital détruit après la fin de l'événement. C'est pourquoi la surproduction n'est pas autorisée dans notre jeu de paramètres principal, en choisissant α_{max}=1 au lieu de α_{max}=1,25 (valeur issue de la littérature. La sensibilité des résultats à cette hypothèse est étudiée à la fin de cette note.

Scénarios de coûts directs

Seuls 6 secteurs de l'EUREGIO sont affectés par des coûts directs : « Agriculture, chasse, sylviculture », « Transport, stockage et communication », « Industries extractives et approvisionnement en énergie » (scénarios 2&3 uniquement), et « les secteurs manufacturiers », « Industrie agricoles et alimentaires », « Industrie textiles, cuirs et autre » et « Autres industries manufacturières ».

Les coûts directs, calculés sous la forme de perte de valeur ajoutée mensuelle, par secteur pour chacun des trois scénarios de raréfaction sont utilisés pour modéliser les coûts directs. Ces coûts sont exprimés en euros 2020 et correspondent aux niveaux de production 2020 de la région Ile-de-France. Les coûts directs sont ensuite convertis en valeurs cohérentes avec les tableaux entrées-sorties EUREGIO 2010, en transformant les euros 2020 en euros 2010 et en adaptant ces coûts aux valeurs ajoutées 2010. Selon les données de l'INSEE, entre 2010 et 2020, l'inflation a été de 11 % et la croissance de la valeur ajoutée réelle de l'Ile-de-France de 14,61 %.

Simulations des coûts indirects

Les coûts directs présentés précédemment sont utilisés comme scénarios d'interruption de la production dans ARIO. Le modèle est exécuté avec l'ensemble des paramètres décrits précédemment pour la durée des chocs directs (de janvier de l'année 1 à septembre de l'année 2). Dans ce qui suit, la plupart des analyses correspond au scénario 1. La partie suivante détaille la dimension temporelle de l'apparition des coûts directs et indirects, puis explore la décomposition sectorielle des coûts indirects. Le reste de la note examine la propagation géographique des coûts indirects à travers la France et l'UE ainsi que l'effet de chaque impact sectoriel séparément, avant de présenter les résultats de l'analyse de sensibilité. Enfin, comme les résultats précédents n'étaient présentés que pour le scénario 1, la dernière partie compare les résultats entre les trois scénarios.

Sauf indication contraire, toutes les valeurs de coût indiquées sont des pertes de valeur ajoutée (VA) et non des pertes de production brute.

Temporalité des coûts directs et indirects

Le scénario de sécheresse envisagé comporte deux échelles temporelles :

- Certains impacts ne se produisent qu'au cours de l'été de l'année 1 (« Industries extractives et approvisionnement en énergie » et « Transport et communication ») ;
- Les impacts sur l'agriculture et l'industrie manufacturière durent une année entière, mais ne commencent pas en même temps (septembre de l'année 1 pour l'agriculture, janvier de l'année 1 pour les industries manufacturières, Graphique A C.2 en comparant les panneaux [a] et [b]).[11]

Les impacts totaux (ligne bleue) peuvent être beaucoup plus importants que les impacts directs (ligne orange) (Graphique A C.2 [c] et [d]). Par exemple, dans le graphique [c], les impacts directs estivaux sont faibles par rapport aux impacts totaux, qui sont principalement dus à une baisse de la demande des industries manufacturières vers le « secteur des industries extractives et de la fourniture d'énergie ».

Graphique A C.2. Temporalité des pertes directes et totales de valeur ajoutée (valeur relative) pour le scénario 1.

Perte de valeur ajoutée pour l'Ile de France pour les secteurs « Agriculture, chasse, sylviculture » (a), « Autres industries manufacturières » (b), « Industries extractives et approvisionnement en énergie » (c), et « Transport, stockage et communication » (d)

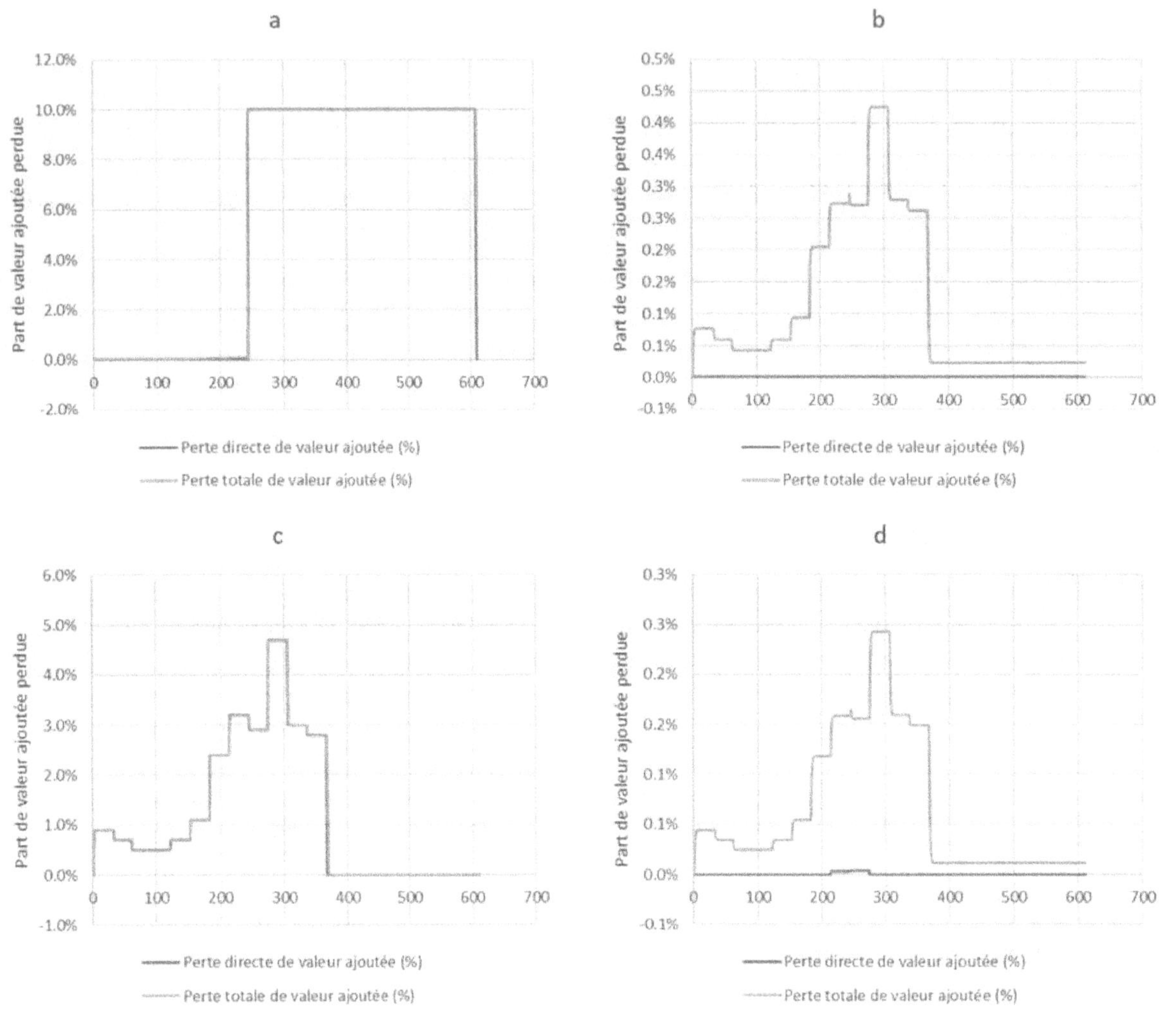

Source : Auteurs.

Tous les secteurs de l'économie française sont affectés par les interruptions de production dues à la sécheresse en Ile-de-France. Certains secteurs sont principalement touchés par des interruptions directes de production, comme les 'Autres industries manufacturières' (Graphique A C.3, la barre orange représentant les pertes totales est presque au même niveau que la barre bleue qui représente les pertes directes). D'autres, comme la distribution ou l'immobilier, la location et les activités commerciales, ne sont touchés que par des liens d'entrée-sortie. Les secteurs qui subissent les pertes indirectes les plus importantes en valeur absolue sont les secteurs de services « Activités immobilières » et « Distribution » (Tableau A C.10). Dans les simulations, la propagation des pertes est principalement due au fait que les industries arrêtent leur production et n'achètent donc pas d'intrants intermédiaires à leurs fournisseurs habituels. Il n'y a pas de propagation vers l'avant (des producteurs vers les acheteurs) parce que les interruptions de production ne sont pas assez longues ou fortes pour compenser l'effet d'atténuation des stocks.

Graphique A C.3. Pertes directe et indirecte de valeur ajoutée par secteur (France, Scenario 1)

Pertes de valeur ajoutée exprimées en pourcentage de la valeur ajoutée du secteur à l'échelle nationale

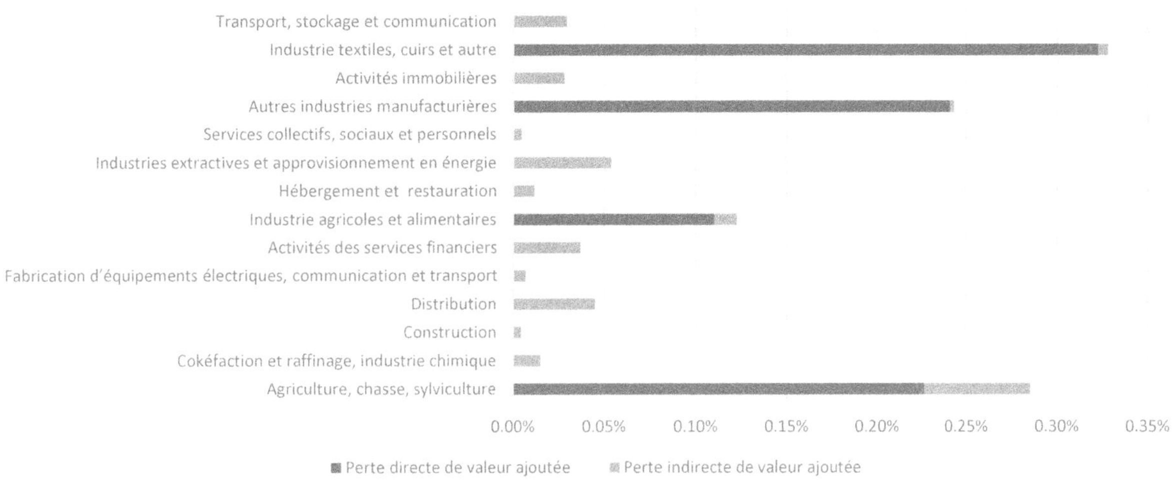

Source : Auteurs.

Tableau A C.10. Décomposition sectorielle des coûts indirects, France entière, Scenario 1

Secteur	Coûts indirects à l'échelle nationale (valeur ajoutée, 2020 millions)
Agriculture, chasse, sylviculture	50
Cokéfaction et raffinage, industrie chimique	15
Construction	11
Distribution	180
Fabrication d'équipements électriques, communication et transport	8
Activités des services financiers	79
Industrie agricoles et alimentaires	7
Hébergement et restauration	11
Industries extractives et approvisionnement en énergie	42
Services collectifs, sociaux et personnels	49
Autres industries manufacturières	5
Activités immobilières	312
Industrie textiles, cuirs et autre	1
Transport, stockage et communication	81
Somme	**769**

Source : Auteurs.

Propagation géographique des coûts indirects

Les pertes de valeur ajoutée se propagent en dehors de l'Île-de-France vers d'autres régions françaises et même dans le monde entier, mais pas avec la même ampleur. La perte de PIB relative au PIB régional pour les autres régions françaises est comprise entre 1 % et 10 % des pertes relatives pour l'Ile de France (Graphique A C.5). Si d'autres régions européennes sont touchées, leurs pertes sont inférieures à 1 % des pertes relatives de l'Île-de-France. Le Graphique A C.4 indique les régions françaises et les pays européens les plus touchés en valeur absolue.

Graphique A C.4. Perte totale pour les régions françaises et pays européens, Royaume-Uni inclus

Régions françaises	Perte totale (directe et indirecte) de valeur ajoutée (2020 M€)
Île-de-France	1416
Nouvelle-Aquitaine	31
Grand Est	25
Hauts-de-France	24
Occitanie	21
Auvergne-Rhône-Alpes	18
Bourgogne-Franche-Comté	15
Pays de la Loire	15
Bretagne	13
Provence-Alpes-Côte d'Azur	13
Normandie	12
Centre-Val de Loire	11
Corse	2

Pays de l'Union Européenne et Royaume Uni	Pertes totales (Valeur ajoutée, 2020 millions €)
Allemagne	45.9
Royaume Uni	14.2
Belgique	8.5
pays Bas	8.5
Espagne	8.1
Italie	5.8
Irlande	2.3
Suède	1.3
Luxembourg	1.3
Pologne	1.2
Danemark	1
Autrche	1
République tchèque	0.8
Hongrie	0.6
Portugal	0.4
Roumaine	0.4
Finlande	0.4
Slovaquie	0.2
Grece	0.1
Lithuanie	0.1
Bulgarie	0.1
Slovenie	0.1
Lettonie	0.04
Malte	0.03
Estonie	0.02
Chypre	0.01
Pertes totales (2020, millions €)	**102.288**

Source : Auteurs.

Graphique A C.5. Perte de valeur ajoutée pour les régions européennes, Scenario 1

Perte de valeur ajoutée pour les régions européennes (niveau NUTS2), en part de PIB perdu relatif à la part de PIB perdue par l'Ile de France [à gauche], et en part du PIB [à droite]

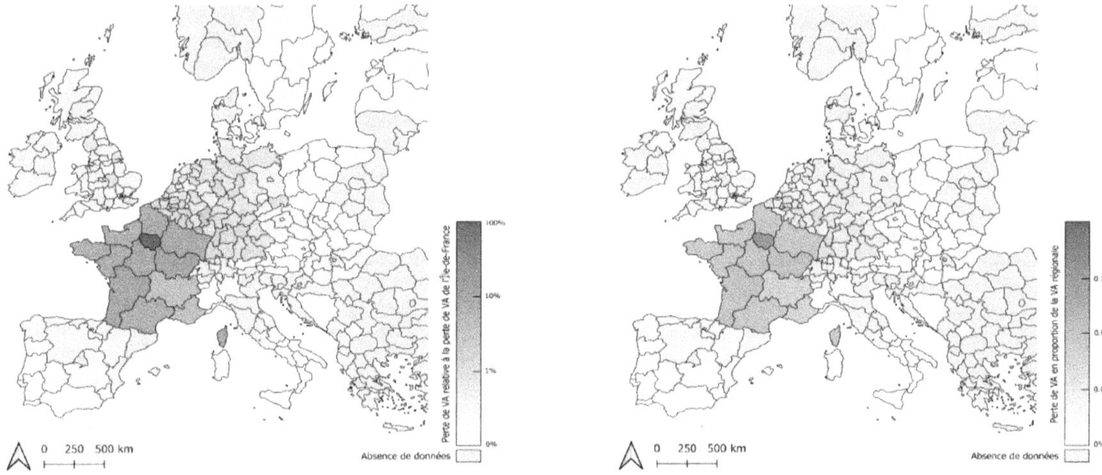

Note : A gauche : Les différentes régions françaises subissent des pertes de production comprises entre 1% et 10% des pertes de l'Ile-de-France en proportion de leur Valeur Ajoutée régionale [zone rouge], alors que les régions des pays voisins ont tendance à subir des pertes inférieures à 1% des pertes de l'Ile-de-France [zone orange]. A droite :Les pertes sont données ici en valeur relative à la production de la région étudiée. En Ile-de-France, la perte de valeur ajoutée s'élève à 0,12% de la production régionale sur la durée de la simulation (612 jours).
Source : Auteurs.

Effet des différents impact sectoriels

L'ampleur de la propagation de chaque choc sectoriel sur le reste de l'économie française est étudiée dans le Tableau A C.11. Pour isoler l'importance des chocs subis par chaque secteur, des simulations sont effectuées avec seulement le coût subi par un secteur Les coûts indirects sont ensuite évalués et leur composition sectorielle est analysée. Il apparaît que les chocs subis par les secteurs manufacturiers entraînent des coûts indirects plus importants par euro de choc direct (ratios d'amplification plus élevés), en particulier pour le secteur « Industrie agricoles et alimentaires ». Cela s'explique principalement par le fait que les secteurs manufacturiers ont de faibles ratios de valeur ajoutée par rapport à la production, ce qui signifie que ces secteurs utilisent davantage de biens de consommation intermédiaires. Comme la propagation des coûts se fait principalement vers l'arrière dans les simulations actuelles, ces secteurs entraînent davantage de pertes de consommation intermédiaire lorsqu'ils cessent de produire.

Tableau A C.11. Coûts directs, indirects et amplification sectorielle à l'échelle de la France, scénario

	Coût direct (millions €)	Coût indirect (millions €)	Coût total (millions €)	Amplification
Agriculture	191.2	156.0	347.2	+82%
Transport, stockage et communication	0.4	0.1	0.5	+37%
Industrie agricoles et alimentaires	62.4	230.2	292.6	+370%
Autres industries manufacturières	457.2	478.7	935.9	+210%
Industrie textiles, cuirs et autre	54.9	52.1	107.0	+95%

Source : Auteurs.

Analyse de sensibilité

Deux hypothèses ont fait l'objet d'une analyse de sensibilité pour chaque scénario. Les besoins de reconstruction étant nuls, et la possibilité de surproduire sur une échelle de temps aussi courte semblant peu réaliste, α_max=1 (pas de surproduction) a été choisi comme paramètre par défaut. Une analyse de sensibilité avec une valeur plus conventionnelle du paramètre (α_max=1,25) a été réalisée. Une plus grande rigidité dans l'ajustement de la chaîne d'approvisionnement a aussi été testée (paramètre « noAlt »).

Les ratios d'amplification (pertes indirectes/directes) sont plus élevés lorsqu'il n'y a pas de surproduction et lorsque les chaînes d'approvisionnement sont plus rigides (Tableau A C.12). Ainsi, les configurations principales (première colonne) entraînent des coûts totaux plus élevés que les autres configurations où la surproduction est autorisée, mais moins de coûts que lorsqu'il n'y a pas de surproduction et que les chaînes d'approvisionnement sont plus rigides.

Tableau A C.12. Analyse de sensibilité aux paramètres d'ajustement de la chaîne d'approvisionnement et la surproduction, scénario 1.

	Alt-(αmax=*1)* [main settings]	Alt-αmax=*1,25*	noAlt-(αmax=*1,25)*	noAlt-(αmax=*1)*
Coûts directs	**3 638 M€**	3 638 M€	3 638 M€	3 638 M€
Coûts totaux pour la région Ile-de-France	**7 263 M€**	6 827 M€	6 608 M€	7 256 M€
Coûts totaux pour la France	**7 998 M€**	7 446 M€	7 522 M€	8 285 M€
Ratio coûts directs/Coûts indirects à l'échelle française	**+120 %**	+105 %	+107 %	+127 %

Source : Auteurs.

Comparaison des couts induits par les trois scenarios de raréfaction

Les résultats globaux ne sont pas vraiment différents entre le scénario 1 et le scénario 2 (Tableau A C.13), car les coûts directs sont extrêmement similaires et la décomposition sectorielle très proche. Les coûts du scénario 3 sont nettement plus élevés, ce qui est intuitif puisque les coûts directs sont plus élevés.

Tableau A C.13. Comparaison des coûts directes et indirectes pour les trois scenarios de raréfaction.

	Scenario 1	Scenario 2	Scenario 3
Pertes directes de valeur ajoutée (Ile-de -France)	766 M€	790 M€	1 333 M€
Pertes indirectes de valeur ajoutée (Ile-de -France)	1 416 M€	1 438 M€	2 449 M€
Pertes totales de valeur ajoutée (Ile-de -France)	1 618 M€	1 639 M€	2 781 M€
Amplification des coûts directs, France entière	111%	107%	109%
Pertes totales de valeur ajoutée (Union Européenne,	102 M€	101 M€	172 M€

Source : Auteurs.

Références

Banque Mondiale (2019), *Assessing Drought Hazard and Risk*, Banque Mondiale, Washington, DC, https://doi.org/10.1596/33805. [15]

Commission européenne, Centre commun de recherche (CCR) (2020), *Regional Input-Output Data for Europe*, http://data.europa.eu/89h/84356c3b-104d-4860-8ce3-075d2eab37ab. [12]

Debaeke, P. et M. Bertrand (2008), « Évaluation des impacts de la sécheresse sur le rendement des grandes cultures en France », *Cahiers Agriculture*, vol. 17/5, pp. 437-443, https://doi.org/10.1684/agr.2008.0230. [2]

DRIAAF (2022), *Agreste Île-de-France - Mémento 2022.* [1]

Freire-González, J., C. Decker et J. Hall (2017), « The Economic Impacts of Droughts: A Framework for Analysis », *Ecological Economics*, vol. 132, pp. 196-204, https://doi.org/10.1016/j.ecolecon.2016.11.005. [14]

Guan, D. et al. (2020), « Global supply-chain effects of COVID-19 control measures », *Nature Human Behaviour*, vol. 4/6, pp. 577-587, https://doi.org/10.1038/s41562-020-0896-8. [11]

Hallegatte, S. (2013), « Modeling the Role of Inventories and Heterogeneity in the Assessment of the Economic Costs of Natural Disasters », *Risk Analysis*, vol. 34/1, pp. 152-167, https://doi.org/10.1111/risa.12090. [16]

INSEE (2024), *Produits intérieurs bruts régionaux et valeurs ajoutées régionales de 1990 à 2022*, https://www.insee.fr/fr/statistiques/5020211. [8]

INSEE (2020), *Les entreprises en France, Édition 2020*, https://www.insee.fr/fr/statistiques/4986825?sommaire=4987235#tableau-figure7_radio1. [7]

Institut Paris Région (2022), *Vulnérabilité de la région Île-de-France aux effets du changement climatique*. [10]

Ministère de la Transition écologique et de la Cohésion des territoires (2023), *Arrêté du 30 juin 2023 relatif aux mesures de restriction, en période de sécheresse, portant sur le prélèvement d'eau et la consommation d'eau des installations classées pour la protection de l'environnement*, https://www.legifrance.gouv.fr/jorf/id/JORFTEXT000047784127. [5]

Ministère de la Transition écologique et de la Cohésion des territoires (2023), *NOMENCLATURE DES INSTALLATIONS CLASSÉES*, https://aida.ineris.fr/sites/aida/files/2023-10/BrochureNom_v54public.pdf. [6]

ROSE (2023), *TABLEAU DE BORD*, https://www.roseidf.org/panorama-regional-1-1-1/. [3]

Sénat (2023), *Rapport d'information sur le financement du risque de retrait des argiles et ses conséquences sur le bâti.* [9]

Thissen, M. et al. (2018), « EUREGIO: The Construction of a Global IO Database With Regional Detail for Europe for 2000–2010 », *SSRN Electronic Journal*, https://doi.org/10.2139/ssrn.3285818. [13]

Ville de Paris (2019), *Schéma directeur du réseau de froid.* [4]

Notes

[1] La production animale ne représentant que 6% de la valeur de la production agricole francilienne ((DRIAAF, 2022[1]), et l'impact d'un manque d'eau sur la production de ce secteur étant très difficile à évaluer, le secteur est exclu de l'analyse. De même, les forêts sont très sensibles à des phénomènes de sécheresse pluriannuelles, mais peu à des évènements de sécheresses extrêmes (hors feux de forêts), et l'impact de la raréfaction sur la production de bois n'est pas considérée dans cette analyse.

[2] Seules les cultures aujourd'hui irriguées dans la région sont retenues pour le calcul de l'impact des restrictions d'irrigation.

[3] Arrêté du 24/08/17 modifiant dans une série d'arrêtés ministériels les dispositions relatives aux rejets de substances dangereuses dans l'eau en provenance des installations classées pour la protection de l'environnement.

[4] Les secteurs de la Fabrication d'équipements électriques, informatiques ; fabrication de machines (C3) & Fabrication de matériel de transport (C4) ne font pas partie de la nomenclature ICPE et sont donc exclus des impacts potentiels des arrêtés sécheresse ICPE.

[5] Les expressions « demande intermédiaire » et « commandes intermédiaires » sont utilisés comme synonymes dans le reste de la note.

[6] Dans la version actuelle, N est base sur une analyse documentaire et est généralement égal à 90 jours. Voir (Hallegatte, 2013[16]).

[7] Pour cette analyse, n est défini sur la ase d'une revue de littérature et est égale à 72 jours (Hallegatte, 2013[16]).

[8] Certaines exceptions à cette règle générale existent pour les produits qui ne sont pas considérés comme essentiels à la production et ne peuvent donc la limiter. Dans le modèle, seuls deux secteurs d'EUREGIO ont été qualifiés de non essentiels : « Hébergement et restauration » et « Activités financières ».

[9] Les caractéristiques des variables de temps $1/\tau_{\mathrm{Rebuild}}$ et $1/\tau_{\mathrm{inv}}$ sont définis comme dans (Hallegatte, 2013[16])

[10] $\alpha_{\max}$ a généralement pour valeur 125 % et τ_{α} est égale à 365 jour. Voir (Hallegatte, 2013[16])

[11] Les interruptions de production pour les secteurs manufacturiers commencent plus tôt, car les niveaux d'eau souterraine sont bas avant même le début de l'été dans scénarios de sécheresse considérés.

www.ingramcontent.com/pod-product-compliance
Lightning Source LLC
LaVergne TN
LVHW082034051026
849532LV00011B/3352
* 9 7 8 9 2 6 4 4 4 8 8 7 2 *